"十三五"职业教育规划教材

环 境 监 察

阮亚男　主　编

孙立波　主　审

中国环境出版集团·北京

图书在版编目（CIP）数据

环境监察/阮亚男主编. —北京：中国环境出版
集团，2018.7（2022.1 重印）
"十三五"职业教育规划教材
ISBN 978-7-5111-3695-4

Ⅰ．①环… Ⅱ．①阮… Ⅲ．①环境监测—高等
职业教育—教材 Ⅳ．①X83

中国版本图书馆 CIP 数据核字（2018）第 122632 号

出 版 人　武德凯
责任编辑　侯华华
责任校对　任　丽
封面设计　宋　瑞

出版发行　**中国环境出版集团**
　　　　　（100062　北京市东城区广渠门内大街 16 号）
　　　　　网　　　址：http://www.cesp.com.cn
　　　　　电子邮箱：bjgl@cesp.com.cn
　　　　　联系电话：010-67112765（编辑管理部）
　　　　　　　　　　010-67112735（第一分社）
　　　　　发行热线：010-67125803，010-67113405（传真）
印　　刷　北京市联华印刷厂
经　　销　各地新华书店
版　　次　2018 年 7 月第 1 版
印　　次　2022 年 1 月第 2 次印刷
开　　本　170×230
印　　张　24
字　　数　386 千字
定　　价　52.00 元

前　言

　　党的十八大以来，党中央、国务院高度重视生态文明建设，把生态环境保护工作摆到很重要的位置，着重打好大气、水、土壤污染防治三大战役，努力提高我国生态环境管理系统化、科学化、法治化、精细化、信息化水平。党的十九大报告中，习近平总书记指出，建设生态文明是中华民族永续发展的千年大计。必须树立和践行"绿水青山就是金山银山"的理念，坚持节约资源和保护环境的基本国策，像对待生命一样对待生态环境，实施最严格的生态环境保护制度。《"十三五"生态环境保护规划》重点任务包括：完善法律法规，严格环境执法监督；完善环境执法监督机制，推进联合执法、区域执法、交叉执法，强化执法监督和责任追究，推动环境执法力量向基层延伸。

　　《环境监察》教材定位面向高职高专环境监察一线职业人才的培养。作为高职高专环保类专业的教材，本书是浙江省"十一五"重点教材建设项目（浙教高教〔2011〕10号）研究成果的进一步完善，也是浙江省精品课程《环境监察》（浙教高教〔2011〕9号）的配套教材。《环境监察》阐述了环境监察做什么、怎么做的依据、范围、方法、任务、程序和职业规范，按照"基础充实、理论够用、实用性强"原则，融合了高职《环境法规》（依法）、《环境监察》（执法）与《环境管理》（管理）三教材学科体系的相关课程内容，重构任务导向模块化教学体系。全书共分七大项目，分别是污染源监察、生态环境监察、环境专项法律应用、环境监察行政执法、排污申报与纳税管理、环境污染事故与纠纷的调查处理，以及环境监察信息化管理。

　　本书的开发依照高职学生的学习兴趣和认知规律，强调项目化篇章、工作任务导向、案例分析等现代教学法理念。以项目分类、情境案例分析任务驱动呈现职场工作，以完成工作任务开展教学过程，设置"教学目标""相关知识点""思考与训练"和"相关资料（拓展学习）"4 个栏目，构建"课堂模仿实践+课外拓展实践"的教学模式，创新课程教学方法。使学生体验职场环境，在训练中掌握专业知识和技能，提升职业素质。

环境监察学科的教材开发始于 2009 年，基于校企合作、工学结合共同建设，2013 年《环境监察实务》由中国人民大学出版社出版。为高职高专院校培养基层环境执法人员和企业环境管理人员发挥了良好的指导作用。教材改革成果获"浙江省成人教育与职业教育协会成果三等奖"。经过近十年的环境监察教材改革和实践，结合当前我国环境监督执法发展方向，《环境保护法》《水污染防治法》《大气污染防治法》《固体废物污染环境防治法》《海洋污染防治法》《环境影响评价法》《环境保护税法》《建设项目环保条例》等法律法规和环境标准相继修订或出台，2018 年版《环境监察》将更符合当前环境监察的发展需求，更能发挥教材的指引作用。为高职高专环保专业的教学、地方环境监察人员、企业环境管理人员以及相关从业人员的培训和工作提供参考价值。

本书由阮亚男主编，陶星名编写前言和认知项目，张志学编写项目二，姚华珍编写项目七、附录和校对工作，由孙立波教授审阅。本书得到环保专家夏爱萍高工和司法专家王东明法官的大力支持，在此表示感谢。

由于编者的水平有限，本书难免存在各种疏漏甚至错误，教材形式也会有一些值得商榷之处，敬请各位专家和读者提出宝贵意见和建议。

（课件申请邮箱：ruanyn@126.com）

编　者

2018 年 3 月于杭州

目　录

认知环境监察

【能力目标】

- 认知环境监察与环境管理的关系；
- 分析环境监察的工作特点和建设任务；
- 提出环境监察任职资格和能力要求。

【知识目标】

- 掌握环境监察的含义、特点和作用；
- 理解环境监察机构的基本职能和标准配置；
- 了解环境监察的发展要求。

一、环境监察的概念

（一）环境管理

1. 环境与环境管理

环境是人类赖以生存和发展的物质基础。《中华人民共和国环境保护法》（以下简称《环保法》）所称环境，是指影响人类生存和发展的各种天然的和经过人工改造的自然因素的总体，包括大气、水、海洋、土地、矿藏、森林、草原、湿地、野生生物、自然遗迹、人文遗迹、自然保护区、风景名胜区、城市和乡村等。

环境保护是指采取行政、经济、技术、法律等措施，保护和改善生活环境与生态环境，合理利用自然资源，防治污染和其他公害，使之更适合人类的生存和发展。

环境管理就是综合运用经济、技术、法律、行政、宣传教育等手段，调整人类与自然环境的关系，通过全面规划使社会经济发展与环境相协调，达到既满足人类生存和发展的基本需要，又不超出环境的容许极限，最终实现可持续发展的目的。

环境管理的核心是实施社会经济与环境的协调发展，它涉及人类社会经济和生活的方方面面，既关系到人民群众现实的生活质量和身体健康，又关系到人类长远的生存与发展，是一项"公益性"十分突出的事业，因此它早已成为政府的一项基本职能。

2. 环境管理的 5 个基本手段

（1）法律手段。依法管理环境是防治污染、保障自然资源合理利用并维护生态平衡的重要措施。我国已形成了由国家宪法、环境保护法、与环境保护有关的相关法、环境保护单行法、环保法规、环境标准等组成的环境保护法律体系，成为管理环境的基本依据。

（2）经济手段。运用经济杠杆、经济规律和市场经济理论，促进和诱导人们的生产、生活活动遵循环境保护和生态建设的基本要求。例如，国家实行的排污收费制度、废物综合利用的经济优惠政策、污染损失赔偿、生态资源补偿等。

（3）技术手段。是指借助那些既能提高生产率，又能把对环境的污染和生态的破坏控制到最小限度的管理技术、生产技术、消费技术及先进的污染治理技术等，达到保护环境的目的。例如，国家推广的环境保护最佳实用技术和清洁生产技术等。

（4）行政手段。是指国家通过各级行政管理机关，根据国家的有关环境保护方针、政策、法律、法规和标准实施的环境管理措施。例如，对污染严重而又难以治理的"十五小"企业实行的关、停、取缔。

（5）宣传教育手段。是指通过基础的、专业的和社会的环境宣传教育，不断提高环保人员的业务水平和社会公民的环境意识，使全民爱护环境。实现科学管理环境，提倡社会监督。例如，各种专业环境教育、环保岗位培训、社会环境教育等。

（二）环境管理与环境监察

环境管理的重要工作之一是抓好环境现场管理，尤其是环境的现场执法工作。

环境监察是指专门的执法机构对辖区内的污染源及其污染物排放情况进行监督，对海洋及生态破坏事件进行现场调查取证处置，并参与处理的执法行为。重点突出"现场"和"处理"。

（三）我国环境监察的发展历程

我国环境监察的起源与发展大体经历了四个阶段：

一是探索起步阶段（1986 年前）。从第一次全国环保会议到 1978 年年底党的十一届三中全会这一时期，我国实行计划经济，企业的排污行为实际上是政府的责任，环境问题主要用行政管理方式加以解决。1982 年 7 月，国务院颁布了《征收排污费暂行办法》，全国环保部门开始了排污费征收工作，并成为我国早期环境执法的主要形式。

二是试点阶段（1986—1995 年）。党的十一届三中全会后，我国实行政治经济体制改革，逐步由计划经济向市场经济过渡，经济迅速发展，企业经营者为了追求最大利润目标，逃避污染防治降低成本成为市场竞争的主要手段。建立环境执法专职队伍迫在眉睫。1986—1992 年，国家环保总局先后在广东顺德、山东威海等地开展监理试点，探索建设一支与环境法律法规相适应的专职执法队伍。工作范围由过去单一的征收排污费扩展为"三查两调一收费"。1991 年国家环保总局制定颁布了《环境监理工作暂行办法》和《环境监理执法标志管理办法》。1995 年，国家环保总局颁布了《环境监理人员行为规范》。同时，人事部批复同意国家环境保护系统环境监理人员按照国家公务员制度进行管理。

三是发展阶段（1996—2001 年）。1996 年，国家环保总局颁布了《环境监理工作制度（试行）》和《环境监理工作程序（试行）》，环境监理队伍正式建立，走向规范化、制度化发展的道路。同年，国务院颁布了《关于环境保护若干问题的决定》，开始实施污染物总量控制制度。1999 年开始建立污染源自动监控系统。同年中旬，国家环保总局发出《进一步加强环境监理工作若干意见的通知》，对环境监理队伍的性质、机构、职能、队伍管理、规范执法行为和标准化建设做了具体规定。初步形成了以环境监察队伍为主体的环境执法监督体系。

　　四是深化阶段（2002 年至今）。2002 年 7 月 1 日，国家环保总局发文要求全国各级环境保护局所属的"环境监理"类机构统一更名为"环境监察"机构，树立执法权威。2003 年 10 月，中央机构编制委员会办公室批复同意国家环保总局成立环境监察局。2006 年 11 月，环境监察局印发了《全国环境监察标准化建设标准》和《环境监察标准化建设达标验收暂行办法》，要求加快推进环境监察标准化建设，提高环境执法能力与水平。2012 年环保部公布了《环境监察办法》，自2012 年 9 月 1 日起施行。2014 年，被称为世上最严的新的《环境保护法》修订出台（自 2015 年 1 月 1 日起施行）。同年，国务院办公厅下发《国务院办公厅关于加强环境监管执法的通知》（国办发〔2014〕56 号），要求和组织开展环境保护大检查为重点，坚持严格规范执法、公开公正执法、高效廉洁执法，加强督查督办和监察稽查，加大违法案件查办和信息公开力度，坚决打击各类环境违法行为，加强队伍建设和管理，落实执法责任制，逐步建立适应新常态的环境监管执法体制机制。

　　2018 年 3 月 13 日，第十三届全国人大一次会议审议通过国务院机构改革方案，设立生态环境部，为国务院组成部门。将环境保护部的职责，国家发展和改革委员会的应对气候变化和减排职责，国土资源部的监督防止地下水污染职责，水利部的编制水功能区划、排污口设置管理、流域水环境保护职责，农业部的监督指导农业面源污染治理职责，国家海洋局的海洋环境保护职责，国务院南水北调工程建设委员会办公室的南水北调工程项目区环境保护职责整合，组建生态环境部，作为国务院组成部门。生态环境部对外保留国家核安全局牌子。不再保留环境保护部。

生态环境部的主要职责是，制定并组织实施生态环境政策、规划和标准，统一负责生态环境监测和执法工作，监督管理污染防治、核与辐射安全，组织开展中央环境保护督察等。

二、我国环境监察的作用与成效

（1）促进了环境保护法律法规的贯彻实施。

环境执法是环境立法实现的途径和保障，是防治污染、保障自然资源合理利用并维护生态平衡的重要措施。例如，2015 年 1—10 月，全国共检查企业 141 万家次，依法查处违法排污企业 4.68 万家、违法违规建设项目企业 6.37 万家，责令停产 2.86 万家，关停取缔 1.7 万家，罚款处罚 4.7 万家。

（2）促进了产业结构调整和升级。

环境监察在贯彻落实国家宏观经济调控措施，遏制重点行业盲目建设势头和高能耗行业的无序扩张态势方面发挥了积极作用，也在控制高能耗、高污染产品出口，防止发达国家污染转移等方面发挥了重要作用。例如，2016 年通过执法检查，加快淘汰落后产能，化解钢铁过剩产能超过 6 500 万 t、煤炭产能超过 2.9 亿 t。

（3）解决了突出的环境污染问题。

各级环境监察机构按照国务院的统一部署，联合有关部门持续开展了专项行动，针对群众反映突出的环境热点问题，组织开展了大规模监察执法行动，大大改善了环境质量。2016 年国家环保部开展 16 个省（区）中央环境保护督察工作，共受理群众举报 3.3 万件，约谈 6 307 人，问责 6 454 人，有力落实地方党委和政府以及有关部门环境保护责任。

（4）维护了公众环境权益。

2001 年以来，全国各级环保部门通过"12369"热线平均每年接到群众举报的环境事件 60 万～70 万件。近年环保专项行动，平均每年立案查处的事件均在 2.5 万～3 万件，其中有 56%～60% 是通过"12369"热线举报投诉后立案查处的。

（5）推进了排污收费制度改革。

实行排污收费制度是"谁污染谁治理"和"污染者付费"原则的具体化，是用经济手段加强环境保护的一项行之有效的措施。我国从 2003 年正式开始征收排污费，截至 2015 年，全国累计征收排污费 2 000 多亿元，缴纳排污费的企事业单位和个体工商户累计 500 多万户。排污收费制度对于防治环境污染发挥了重要作用。

（6）促进了生态环境保护。

自 2003 年 4 月在全国范围内开展生态环境监察试点工作以来，各地采取多种形式开展了对重点区域和重点项目的生态环境监察，加强了对自然保护区、风景名胜区、滩涂与湿地、饮用水水源地、工业园区、矿区、油田开发、农村生态环境（秸秆禁烧、畜禽养殖污染、网箱养鱼、有机食品生产基地）、非污染性建设项目（高尔夫球场、水电站、公路、铁路、南水北调工程）、野生动物及生物物种资源等生态环境监察，起到了预防为主、保护生态环境的目的。80 个试点地区共开展生态环境现场监察 15 654 次，查处生态破坏案件 5 682 个，取缔、关闭违法企业 5 148 个，罚款 2 869.2 万元。在保护生态环境方面取得显著成效，有效提高了建设单位的环境保护意识。

三、环境监察的特点

1. 委托性

环境监察机构是在环境保护主管部门（以下简称环保部门）领导下，受其委托在本辖区实施环境监督执法和行政处罚工作。在委托形式上，由环保部门向接受委托的环境监察机构出具书面委托书，对职权范围和委托时限加以说明。

2. 直接性

环境监察的主要工作任务是现场执法，包含大量的环保政策法规宣传，现场检查和取证，询问被检查人，进行现场处置。因此，需要直接面对被监察对象，并且取得的信息是最迅速的。

3. 强制性

环境监察是单方面的执法行为，是环境执法主体的代表。为保障环境监察工作的顺利进行，充分体现执法工作的严肃性和强制性，环境监察员在执行任务时被赋予法律权力。主要依据有：

《环保法》第二十四条规定："县级以上人民政府环保部门及其委托的环境监察机构和其他负有环境保护监督管理职责的部门，有权对排放污染物的企业事业单位和其他生产经营者进行现场检查。被检查者应当如实反映情况，提供必要的资料。实施现场检查的部门、机构及其工作人员应当为被检查者保守商业秘密。"

4. 及时性

环境监察工作的核心是加强排污现场的监督、检查、处理，运用征收排污费、罚款等经济和行政手段强化对污染源的监督处理，这决定了环境监察必须及时、快速、准确、高效。做到赶赴现场快、原因分析快、事故处理快，使环境监察人员充分发挥"环境警察"的作用。

5. 公正性

环境监察代表国家监督环保法规的执行情况，必须顾全国家和人民的根本利益。不允许监察机构与监察人员直接参与企业的生产经营活动，也不允许监察人员与监察的相对人有直接的利害关系；监察人员的工资福利依照公务员制度进行管理。这些都保障监察工作的公正性。

四、环境监察工作的组织

（一）环境监察机构组成

各级环保部门设立的环境监察机构就是在各级环保部门的领导下，依法对辖区内一切单位和个人履行环保法律法规，执行环境保护各项政策、制度和标准的情况进行现场监督、检查、处理的专职机构。

环境监察机构是依据环境保护法律法规，受环保部门委托，专门对污染源现场直接执法的职能机构，是环境管理的基础。

国家环保总局（2008年3月升为环境保护部，2018年改为生态环境部）规定，我国环境监察机构分为五级，并按省、市、县、乡镇确定环境监察机构的具体名称。如表 0-1 所示。

表 0-1　我国环境监察机构设置

级别	环保机构名称	环境监察机构名称
一	生态环境部（2018 年）	环境监察局、环境应急与事故调查中心、六个环境督查中心
二	省、自治区、直辖市环保局（厅）	环境监察总队（局）
三	市、州、盟环保局	环境监察支队（局）
四	县（县级市）旗、区环保局	环境监察大队（分局）
五	乡、镇、街道	环境监察中队（所）

在机构纳入公务员序列之前，各级环保部门可在行政机构内设立环境监察处、科、股。

江苏、陕西、河北、安徽、辽宁、江西、广东、甘肃等省成立了环境监察局，重庆市环境监察总队升格为副局级。

（二）环境监察机构管理体制

环境监察机构受同级环保部门领导并行使现场执法权，业务受上一级环境监察机构指导。《"十三五"生态环境保护规划》提出，实行省以下环保机构监测监察执法垂直管理制度。

（三）环境监察机构的主要职责

根据《环境监察办法》（部令　第 21 号）第六条规定，环境监察机构的主要职责包括：

（1）监督环境保护法律、法规、规章和其他规范性文件的执行；

（2）现场监督检查污染源的污染物排放情况、污染防治设施运行情况、环境保护行政许可执行情况、建设项目环境保护法律法规的执行情况等；

（3）现场监督检查自然保护区、畜禽养殖污染防治等生态和农村环境保护法律法规执行情况；

（4）具体负责排放污染物申报登记、排污费核定和征收；

（5）查处环境违法行为；

（6）查办、转办、督办对环境污染和生态破坏的投诉、举报，并按照环保部门确定的职责分工，具体负责环境污染和生态破坏纠纷的调解处理；

（7）参与突发环境事件的应急处置；

（8）对严重污染环境和破坏生态问题进行督查；

（9）依照职责，具体负责环境稽查工作；

（10）法律、法规、规章和规范性文件规定的其他职责。

（四）环境监察机构与其他部门的关系

1. 与环保部门的关系

各级环保部门一般由三个系统组成，即宏观环境管理与决策系统、现场监督执行系统和支持保证系统。

宏观环境管理与决策系统。由环保机关内各主要职能部门组成，如有污染管理、综合计划、法制、宣教等科室，主要运用政策、制度、规划、计划、协调等措施，参与社会经济发展决策，防治环境污染与生态破坏，并统揽全局的业务工作。

现场监督执行系统。是以环境监察机构为核心，负责现场监督检查单位和个人执行环保法规的情况，参与处理违法行为，执行环保机关的有关行政处罚决定。

支持保证系统。由环境监测站、科研所、产业协会、环保学会等组成，为环境监督管理提供技术支持。

2. 与环境监测站的关系

环境监察工作具有政策性强的特点，环境监测具有科学技术性强的特点。环境监察执法以环保法规为准绳，以监测数据为依据（排污收费、判定违法排污行为）。

环境监测是环境保护的耳目，是环境监督的技术之一，是环境决策的依据，是科学管理环境的基础。合法的监测数据只能由环境监测站提供，环境监察机构只有采样、取证权。

普遍的做法是环境监察机构专门委托培训一些监察员，掌握一些简单项目的现场监测技术，如水样采集、烟尘黑度测试、噪声声级测量等项目的开展，但监察人员必须经监测上岗考核合格并持证上岗，其监测数据还要得到监测站的认可，否则不能作为环境监察的依据。

3. 与其他行政执法部门的关系

人大组织的或由工商、城管、交通、公安等部门参加的联合执法检查（人大检查环保工作，以及多部门参加的联合环境执法）；与交警部门、水资源部门或林业部门共同解决特定污染问题（交通噪声、汽车尾气、水源保护区巡查、污染纠纷、生态保护等）；争取司法部门的支持，保证有关环境行政处罚正确并得以及时执行；争取财政、金融部门的支持（"收支两条线"，在排污费的催交、扣交、划拨等）。

五、环境监察的建设

（一）环境监察队伍建设

环境监察机构的设置和人员构成，应当根据本行政区域范围大小、经济社会发展水平、人口规模、污染源数量和分布、生态保护和环境执法任务量等因素科学确定。

按照人事部《关于同意国家环境保护系统环境监理人员依照国家公务员制度进行管理的批复》的要求，环境监察人员应依照公务员制度管理。

目前，我国已经建立了国家、省、市、县四级环境监察网络，环境监察人员大专学历以上占 60%（2009 年年底前），但大多集中在大中城市，县级仍有相当一部分环境监察人员素质低，对法律法规、执法规范、生产工艺、污染治理等不熟悉，影响执法能力。据有关资料显示，目前地方监察执法人员 7 万人以上，其中河南、河北、山西三省约占 50%，河南省占 1 万人以上。

1. 环境监察员的基本条件

（1）政治素质好，有事业心、责任感，作风正派，廉洁奉公，熟悉环境监察业务，掌握环境法律法规知识，熟悉环保基本知识，具有一定的组织协调和独立分析处理问题的能力。

（2）各级环境监察人员的录用必须依照公务员的录用办法，公开招考，择优聘用，坚持持证上岗制度。新进入队伍的人员必须通过培训，取得合格证书，否则不得颁给环境监察证件，不得独立执行现场监督管理公务。在职的环境监察人员每5年应接受一次培训。环境监察人员培训由国家和省级环保部门分别组织。

根据《国务院办公厅关于加强环境监管执法的通知》（国办发〔2014〕56号）文件精神，增强基层监管力量，提升环境监管执法能力。建立重心下移、力量下沉的法治工作机制，加强市、县级环境监管执法队伍建设，具备条件的乡镇（街道）及工业集聚区要配备必要的环境监管人员。大力提高环境监管队伍思想政治素质、业务工作能力、职业道德水准，2017年年底前，现有环境监察执法人员要全部进行业务培训和职业操守教育，经考试合格后持证上岗；新进人员，坚持"凡进必考"，择优录取。研究建立符合职业特点的环境监管执法队伍管理制度和有利于监管执法的激励制度。

（3）环境监察员在执行任务时应统一标志，佩戴"中国环境监察"证章，出示"环境监察"证件。环境监察标志、监察证章和证件由环保部统一监制，省级环保部门统一颁发。

从事现场执法工作的环境监察人员，应当持有"中国环境监察执法证"。实施现场检查时，从事现场执法工作的环境监察人员不得少于两人，并出示"中国环境监察执法证"等行政执法证件，表明身份，说明执法事项。

2. 环境监察员的职业素质

进入新时期，面对新形势、新任务，要保证严格执法、规范执法、廉洁执法，增强队伍的凝聚力，每一位环境监察人员就必须以更高的标准、更大的努力，自觉提高自身素质，争做中国环保新道路的探索者，进一步强化八种意识，即"全局意识、法制意识、学习意识、敬业意识、协作意识、创新意识、责任意识和廉洁意识"，义不容辞地担负起时代赋予的历史使命和重大责任。积极推行"阳光执法"，严格规范和约束执法行为。

3. 环境监察的权力

（1）现场检查权。根据《环境监察办法》第十三条规定，现场执法工作的环境监察人员进行现场检查时，有权依法采取以下措施：①进入有关场所进行勘察、采样、监测、拍照、录音、录像、制作笔录；②查阅、复制相关资料；③约见、询问有关人员，要求说明相关事项，提供相关材料；④责令停止或者纠正违法行为；⑤适用行政处罚简易程序，当场做出行政处罚决定；⑥法律、法规、规章规定的其他措施。

（2）处罚权。环境监察机构的处罚权有两种情况：第一，地方环境保护法规授权环境监察机构实施行政处罚的，按地方环境保护法规的授权规定执行；第二，地方各级环保部门根据国务院有关决定和国家环保部有关规章的规定，可以在其法定权限内委托环境监察机构实施行政处罚。受委托的环境监察机构应以环保部门的名义行使行政处罚权，并接受委托部门的监督。

（3）建议权。环境监察机构的主要职责是现场监察，应该了解现场监察情况，在环保部门需要了解情况，制定环境保护规划，要作出调解或处理决定时，环境监察机构要及时提出建议。

（4）执行权。环境监察机构是环保部门所属的唯一的现场执法机构，受环保部门的委托（或法律法规授权），负责环境现场的监督、检查和处理。平时要对环境现场的状况进行检查，发现有异常情况要及时处理，要求排污者立即改正违法行为，调解污染纠纷，发生污染事故时要及时控制污染，减轻污染危害。对环保局的行政决定要坚决执行。

4. 环境监察人员的义务

在执行任务时，必须按照有关规定，执行有关程序，规范执法行为，并有为被检查单位和个人保守业务和技术秘密的义务。

5. 环境监察工作的年度考核要求

2007年9月发布了《环境监察工作年度考核办法》（试行）。按优秀、良好、合格和不合格 4 个等级考核。

(二) 环境监察执法能力建设

1. 环境监察机构的标准化建设

标准化建设包括两部分指标：一是人员部分，包括人员编制、人员学历和持证上岗率等；二是执法装备部分，包括交通工具（执法车辆、车载样品保存设备、车载 GPS 卫星定位仪等）、取证设备（摄像机、录像机、照相机、录音设备、林格曼仪、水质快速测定仪、声级计、酸度计、暗管探测仪、烟气污染物快速测定仪、粉尘快速测定仪、标准采样设备、放射性个人剂量报警仪、通信工具、计算机、传真机等项指标）、应急装备（应急指挥系统、应急车辆、车载通信、办公设备、应急防护设备和取证设备等）。

按照《国务院办公厅关于加强环境监管执法的通知》要求，强化执法能力保障。推进环境监察机构标准化建设，配备调查取证等监管执法装备，保障基层环境监察执法用车。2017 年年底前，80%以上的环境监察机构要配备使用便携式手持移动执法终端，规范执法行为。强化自动监控、卫星遥感、无人机等技术监控手段运用。健全环境监管执法经费保障机制，将环境监管执法经费纳入同级财政全额保障范围。

2. 污染源自动监控的建设

为提高环境执法管理的科学性、信息化，国家环保总局 2005 年 9 月发布《污染源自动监控管理办法》，对排污申报、排污收费、污染源适时监控、预防污染事故等发挥明显作用。

根据国家环保总局《关于印发〈环境监察局和环境应急与事故调查中心机构建设方案〉的通知》，环境监察局负责建立和维护全国重点污染源数据系统，并纳入统一的信息网络；指导地方环保排污收费以及全国污染源自动化监控体系建设工作。建立健全了国家、省、市三级环境监控中心，对全国 65%的重点污染源实现实时监控、形成监控网络。目前，污染源自动监控系统能监控水污染物中的 COD、TOC、$NH_3\text{-}N$、总磷以及部分重金属，大气污染物中的 SO_2、NO_x、烟尘等主要污染因子，还能够通过视频监视污染源现场情况。

（三）环境监察存在的主要问题

（1）地区工作不平衡、压力传导不够、层级衰减突出。部分地区地方环境保护检查工作的力度、深度和细度还不够，进度有所滞后。一些地区对打击环境违法行为工作推进不力。

（2）受经济下行影响企业环境守法形势不容乐观。违法项目清理和处理工作仍有较大难度，部分企业为减少运营成本，擅自停运环保设施，偷排偷放等环境违法时有发生，环境监管形势依然严峻。

（3）环境保护"一岗双责"工作机制和基层环境监管能力保障尚有较大差距。部分地区没有制定环境保护部门责任规定、环境保护行政问责办法或将环境监管执法纳入各有关部门绩效考核指标体系。各地环境监管能力参差不齐，部分地区特别是县级环境监管人员严重不足、装备老化、能力建设滞后等问题依然突出，环境监管投入与日益繁重的工作任务还不相适应。

（四）环境监督执法的工作重点

根据《国务院办公厅关于加强环境监管执法的通知》，就加强环境监管执法提出以下要求：

（1）严格依法保护环境，推动监管执法全覆盖。有效解决环境法律法规不健全、监管执法缺位问题。完善环境监管法律法规，落实属地责任，全面排查整改各类污染环境、破坏生态和环境隐患问题，不留监管死角、不存执法盲区，向污染宣战。

（2）对各类环境违法行为"零容忍"，加大惩治力度。坚决纠正执法不到位、整改不到位问题。坚持重典治乱，铁拳铁规治污，采取综合手段，始终保持严厉打击环境违法的高压态势。

（3）积极推行"阳光执法"，严格规范和约束执法行为。坚决纠正不作为、乱作为问题。健全执法责任制，规范行政裁量权，强化对监管执法行为的约束。

（4）明确各方职责任务，营造良好执法环境。有效解决职责不清、责任不明和地方保护问题。切实落实政府、部门、企业和个人等各方面的责任，充分发挥社会监督作用。

（5）增强基层监管力量，提升环境监管执法能力。加快解决环境监管执法队伍基础差、能力弱等问题。加强环境监察队伍和能力建设，为推进环境监管执法工作提供有力支撑。

【思考与训练】

（1）环境监察具备哪些特点？主要职责是什么？

（2）环境监察员应具备哪些素质和能力要求？

（3）分析我国环境监察存在的问题，提出环境监察未来要做好哪些工作？

【相关资料】

全国环境监察标准化建设标准

环发〔2011〕97号

第一部分：队伍建设

类别	序号	指标内容	建设标准			备注
			一级	二级	三级	
机构与人员	1	机构	经当地编制主管部门发文批准的独立机构；机构名称符合国家环保总局环发〔2002〕100号文件规定或为环境监察（分）局；组织健全，正式运行			
	2	人员规模	综合考虑辖区面积、经济社会发展水平、污染源数量分布及检查频次要求等因素，原则上东、中、西部地区省级分别不少于50人、40人、30人，直辖市本级不少于60人，东、中、西部100万人口以上城市本级分别不少于50人、45人、40人，东、中、西部50万~100万人口中等地市本级不少于40人、35人、30人，其余不少于20人			

类别	序号	指标内容	建 设 标 准			备 注
			一 级	二 级	三 级	
机构与人员	3	人员管理	人员全部纳入公务员管理或参照公务员管理			
	4	人员学历（大专以上）	95%	90%	85%	不含工勤人员
	5	环保相关专业人员	35%	30%	25%	
	6	执法人员培训率	100%	95%	90%	指环境监察岗位培训率
	7	执法人员持证上岗率	100%	95%	90%	指持"中国环境监察执法证"
	8	职能到位	基本职能按环境保护部规定的职能能够到位			
基础工作	9	执行环境监察工作制度	制度健全、遵守和实施			
	10	执行环境监察工作程序	程序完整合理，操作简单实用，执行规范有序			
	11	执行环境监察政务信息报送制度	按有关文件要求报送			
基础工作	12	政务公开制度	按5项公开要求公开			
	13	档案管理工作	填写工整规范，资料齐全完整			
经费保障	14	基本支出	全部纳入财政预算安排			包括人员工资、日常公用经费等
	15	执法经费	全部纳入财政预算安排			含执法工作经费和执法装备运行维护费用

第二部分：装备建设

类　别	序号	指标内容	建设标准			标配/选配
			一级	二级	三级	
交通工具	1	执法车辆	1辆/2人（省级至少3辆越野车）	1辆/3人	1辆/4人	标配
	2	车载GPS卫星定位仪	每车1台			选配
	3	多通道卫星通信执法指挥车	满足工作需要			
	4	车载通信设备	满足工作需要			
	5	车载办公设备	满足工作需要			
	6	车载样品保存设备	满足工作需要			
	7	车载电台	满足工作需要			
	8	环境监察执法船	满足工作需要			
	9	无人驾驶航拍飞机	满足工作需要			
取证设备	10	摄像机	1部/2人	1部/3人	1部/4人	标配
	11	照相机	1部/2人	1部/3人	1部/4人	
	12	录音设备	1部/2人	1部/3人	1部/4人	
	13	影像设备（电视机和DVD机等）	3套	2套	2套	
	14	手持GPS定位仪	3部	2部	1部	
	15	测距仪	3部	2部	1部	
	16	流量计	3部	2部	1部	
	17	酸度计	4部	3部	2部	
	18	声级计	1部/3人	1部/5人	1部/8人	
	19	采样设备	5套	4套	3套	
	20	勤务随录机	5台	4台	3台	
	21	烟气污染物快速测定仪	满足工作需要			选配
	22	个人防护设备	满足工作需要			
	23	暗管探测仪	满足工作需要			

类别	序号	指标内容	建设标准			标配/选配
			一级	二级	三级	
取证设备	24	水质快速测定仪	满足工作需要			选配
	25	烟气黑度仪	满足工作需要			
	26	粉尘快速测定仪	满足工作需要			
	27	冰心钻	满足工作需要			
	28	溶解氧仪	满足工作需要			
	29	放射性个人剂量报警仪	满足工作需要			
	30	管道探测仪	满足工作需要			
通信工具	31	固定电话	1 部/2 人	1 部/3 人	1 部/4 人	标配
	32	传真机	每间办公室 1 台			
办公设备	33	台式计算机	1 台/人			
	34	打印机	10 台	8 台	5 台	
	35	便携式打印机	5 台	3 台	2 台	
	36	笔记本电脑	1 台/2 人	1 台/3 人	1 台/5 人	
	37	复印机	1 台			
信息化设备	38	排污收费管理系统	1 套			
	39	环境执法管理及移动执法系统	系统 1 套 移动执法工具箱：每车 1 套和（或） 手持 PDA：1 台/人			
	40	污染源在线监控中心	1 个			
	41	"12369"环保举报热线	1 套			
	42	卫星遥感图片	满足工作需要			选配

第三部分：业务用房

序号	指标内容	建设标准			备注
		一级	二级	三级	
1	办公用房	人均不少于 12 m²	人均不少于 10 m²	人均不少于 8 m²	均为使用面积
2	执法接待室	不低于 70 m²	不低于 60 m²	不低于 50 m²	
3	取证设备间	不低于 50 m²，内设小型操作间			
4	样品室	不低于 30 m²			

序号	指标内容	建　设　标　准			备　注
		一　级	二　级	三　级	
5	档案室	不低于 80 m²			均为使用面积
6	排污申报受理厅	不低于 80 m²，包括受理区和申报区			
7	"12369"环保热线投诉受理夜间值班室	2 间，20 m²/间			
8	车位面积	30 m²/辆			
9	污染源监控中心用房	按照《污染源监控中心建设规划》（环函〔2007〕241 号）规定执行			

备注：

①硬件装备包括标配和选配。标配属于必配的装备，除信息化设备外其他均为最低建设指标；各地可根据本地实际将部分选配列入标配，也可增加选配内容。

②该标准中按照人员数量配备的项目，其人员基数指的是执法人员数量（不含正式编制的后勤和工勤人员）。例如，执法车辆 1 辆/2 人，即为每 2 名执法人员配备 1 辆执法车。

③第一部分 5 项"环保相关专业"主要包括环境工程、环境科学、生态学、化学、应用化学、生物科学、资源环境与城乡规划管理、大气科学、给水排水工程、水文与水资源工程、化学工程与工艺生物工程、农业建筑环境与能源工程、森林资源保护与游憩、野生动物与自然保护管理、水土保持与荒漠化防治、农业资源与环境、土地资源管理以及其他环境保护部认可的环境保护相关专业。

④第二部分 2 项"车载 GPS 卫星定位仪"应具有导航和轨迹定位功能。

⑤第二部分 19 项"采样设备"包括：符合环境监测规范的水质采样设备、大气采样设备和土壤采样设备等。

⑥第二部分 20 项"勤务随录机"为具有录像、拍照和（或）录音等功能的取证设备。

⑦第二部分 22 项"个人防护设备"：分为重型防护设备和轻型防护设备。重型个人防护设备应包括重型防护服、防毒面具、空气呼吸器、救生衣、防酸长筒靴、耐酸手套和放射性个人剂量报警仪；轻型个人防护设备，应包括轻型防护服、防毒面具、救生衣、防酸长筒靴、耐酸手套。

⑧第二部分 39 项"环境执法管理及移动执法系统"包括："移动执法终端"支持平台、服务器、网络设备、存储设备、操作系统软件、数据库软件、地理信息系统软件、遥感软件等。"移动执法系统"具有照相、摄像、录音、视频通话、GPS 定位与导航、法律法规查询、企业基本情况查询等功能，可实现与污染源在线监控中心平台音频、视频同步双向传输，并具有现场执法和任务管理等功能。"移动执法系统"配套终端主要包括移动执法工具箱（内有上网本、3G 上网卡、便携式打印机、数码摄像机、扫描棒、录音笔等）和（或）手持 PDA。"移动执法系统"地市级以上为标配，县区级为选配，并可自行选择配备移动执法工具箱或手持 PDA，也可两者都配备。

⑨第二部分 40 项"污染源在线监控中心"包括：服务器、用于监控指挥的大屏幕、实时监控报警接收设备和联网通信设备等硬件，以及基于电子地图、实现对污染源现场排放情况在线、实时、自动的监控和报警、并可以对有关数据进行汇总、分析及应用的软件。

⑩第二部分 41 项"12369 环保举报热线"若已在应急或其他机构配备的不再配备。

项目一　污染源监察

【任务导向】

工作任务 1　废水污染源治理与排放现场监察

工作任务 2　废气污染源治理与排放现场监察

工作任务 3　固废处理处置与其他污染源排放现场监察

【活动设计】

在教学中，以工业污染源废水、废气、固废、噪声治理与排放的现场监察为任务驱动，以完成工作任务构建模块化教学内容，开展"导、学、做、评"一体教学活动。采用现场教学法、案例教学法和角色扮演等多种方法和手段开展教学，通过项目训练和评价达到学生掌握知识和职业技能的教学目标。

【案例导入】

情境案例 1： 某市环境监察支队接到群众举报，市所辖县有部分企业时有带颜色的废水直接排入河道，河水水质污染日趋严重。市环境监察支队决定开展一次区域环保突击检查。计划用 3 天时间，兵分 3 路，联合县环境监察大队，对辖区三个县内几十家重点污染行业（纺织印染、化工企业）进行环保突击检查。晚上，环境监察人员带着照明灯来到一条无名小溪边发现，一股黄水从溪边急速涌出，污染了一半的溪面。拍照取证后，监察人员直奔附近市某织染有限公司排污口。随即发现依污水处理池而设的排泥管道有异常，原本用来通剩余污泥的管道上，居然有个旁通阀阀门。阀门外又私接一根暗管，直接通向溪边。排出去的是工厂废水沉淀后的污泥。这家企业"名气"很大，环保部门曾依法对它进行过查处。上年 7 月，县环保监察部门第一次接群众举报，现场发现工厂私设暗管，直接排放污染物。没多久，又接到群众举报。第二次来查发现河水异常，由于工厂门卫拖延开门时间，没有现场查到。由于这家企业已两次被查到非法排污，情节较严重，市环境监察支队向上级进行通报，要求加重处罚。环保突击检查发现，被查企业中有 4 家被初步确定直接排放超标污水，另外 2 家企业存在漏排。

工作任务：

（1）根据以上案例，制定一份污染源专项检查工作方案。

（2）结合案例，提出废水污染源监察从哪些方面着手？检查中的哪些排污事实可认定为违法行为？

情境案例 2： 为进一步改善城市环境空气质量，某市环保监察支队计划开展区域内工业废气污染专项整治活动。结合污染源信息档案和近期接到群众的投诉，决定接下来的一周时间，环境监察人员分批对辖区内的锅炉废气污染治理设施运行情况、工矿生产以及工艺废气的治理情况进行逐个检查。通过检查发现，市区北边的一燃煤电厂和某棉纺纺织印染厂烟囱冒黑烟现象严重，其除尘设备存在不经常使用的事实，西北区域某化工厂的生产车间时有飘出带强烈刺激性气味的白色气体，原因是该化工厂的生产车间所产生的酸气没有经过集中收集净化处理直接排放，周围群众反应强烈。

工作任务：

（1）根据以上案例，列出废气污染源监察从哪些方面着手？

（2）结合案例现场检查结果，哪些行为可认定为违法行为？

情境案例 3： H 市 W 县环保局接到群众举报，C 镇 N 村公路两侧沟渠内发现危险废弃物。经环境监察人员现场核实排查，环境监测站取样监测显示：危险废弃物含有二氯乙烷、甲醇、甲烷等有毒物质，都属于《国家危险废物名录》中的危险化学品，会对人的中枢系统造成伤害。经有关部门核查，还有部分相同的危险废物转移到 L 县境内倾倒，传言都出自同一家制药厂——Z 省 D 市 D 制药有限公司。总共有 1 000 多桶含有二氯乙烷、甲醇、甲烷等成分的废弃有毒化学危险品被转移到 A 省境内两县倾倒。由于当地相关部门处置及时，没有造成人员伤亡。

为此，D 市环保局成立调查组，针对全市的化工企业进行排查，主要排查有无类似 D 公司的情况，对方的企业是否有资质，处置是否规范。

2010 年 1 月 5 日，A 省环保厅与 Z 省环保厅就本次危险废物倾倒事件污染赔偿问题已达成一致，D 公司一次性赔偿跨省非法倾倒危险废物事件对 W、L 两县造成的污染损失及处置费用总计人民币 220 万元，其中 W 县 60 万元，L 县 160 万元。相关责任人 H 市两县某村村民徐某、任某和杨某已被刑拘，高某还在潜逃，已被公安部门网上通缉。

据报道，危险废物已被全部转移到 C 市超越废物处理中心去处理，危化物泄漏到地面的已经"掘地三尺"，连同泥土一起运走。但危化物遗留的气味一直持续很久不散。

工作任务：

（1）我国危险废物的管理政策该如何执行？

（2）根据上述案例，如何认定违法行为？

情境案例 4：某县一大型制酒厂，为了拓宽经营范围，扩建一个用薯干制酒精的车间，粉碎车间紧靠厂墙建设，厂墙外 15 m 左右处就是居民区。建成投产后，粉碎机工作时噪声隆隆，并有强烈振动，严重影响了附近居民的生活，导致多人健康受损，神经衰弱或精神异常。居民多次向厂方投诉，厂方仍不积极采取措施，结果居民与厂方发生了严重冲突，并引发了上访等社会问题，干扰了当地正常社会经济秩序。该县环保局负责受理此事，安排环境监察机构到现场调查。经检查发现粉碎机工作时厂界噪声达到 90 dB 以上，且没有任何降噪措施。

工作任务：

（1）根据以上案例，制定一份工业企业厂界噪声的监测方案。

（2）结合案例，如何认定违法行为？

模块一 污染源常规监察管理

【能力目标】

- 能对区域污染源进行调查和评价；
- 能进行污染源常规监察；
- 能制定污染源监察方案。

【知识目标】

- 了解污染源类别、污染源调查与评价内容；
- 理解污染源监察常规任务；
- 明白污染源监察程序和形式。

一、污染源监察的概念

污染源是指向环境排放有毒有害物质或对环境产生有害影响的场所、材料、产品、设备和装置。分天然污染源和人为污染源。

排污者是指直接或间接向环境排放污染物的法人、个体工商户或个人。

污染源监察是环境监察机构依据环境保护法律、法规对辖区内污染源污染物的排放、污染治理和污染事故以及有关环境保护法规执行情况进行现场调查、取证并参与处理的具体执法行为。

污染源监察实质是监督、检查污染源排污单位履行环境保护法律、法规的情况，污染物的排放和治理情况。通过环境监察，发现违法、违章行为，采取诸如排污收费、罚款、限期治理、关停整改等措施，督促排污单位自觉减少污染物的产生与排放，主动采取防治措施，达标排放并实施污染物总量控制，从而达到保护辖区环境质量的目的。

污染源监察是环境监察的重点，是环境保护不可缺少的组成部分。

二、污染源调查与评价

(一) 污染源类别

污染源按人类活动功能可分为工业污染源、农业污染源、交通污染源和生活污染源。

工业企业（如钢铁、有色金属、电力、矿业、石油采炼、石油化工、造纸、建材等工业行业）生产中的各个环节，如原料粉碎、筛分、加工过程、化学反应过程、燃烧过程、洗选过程、热交换过程，产品的包装与库存等生产设备和场所都可能成为工业污染源。各种工业生产过程由于使用的原料、生产工艺、生产设备不同，排放的污染物种类、组成、性质都有很大区别，产生和排放规律也不同，往往呈现不规则的变化。即便是同一种生产过程，其污染物的产生与排放水平也会因技术水平、规模大小、管理水平、治理水平等有很大差异，给环境监察带来困难。

农业污染源主要包括畜禽养殖、秸秆、化肥、地膜、农药在农田中的使用、蓄积与迁移，农副产品加工企业、农村集镇等。

交通污染源是指飞机、船舶、汽车、火车等运输工具及其管理场所、配套设施和服务企业。它们具有移动性、间歇排放污染物等特点。

生活污染源主要是指城市和人口密集的居住区所产生的，污染物产生于人们的日常生活、商业活动、公共设施中。

了解污染源的科学分类，有助于把握各类污染源的特点和规律，实施有效的环境监察。

(二) 污染源调查

污染源调查是取得污染源详细资料的有效途径。

污染源调查是在环保部门的领导下，环境监察机构可协同其他环境管理部门共同开展环境污染源动态调查和数据采集工作，掌握辖区内污染源的基本情况，稳定辖区内重点污染源、一般污染源名录和各污染源排放的主要污染物的动态数据库。

重点污染源是指环保部门在环境管理中确定的污染物排放量大、污染物环境毒性大或存在较大环境安全隐患、环境危害严重的污染源。对重点污染源实行重点监控、重点管理。

污染源调查分普查与详查两种方式。

1. 普查

首先要确定调查对象，即确定调查辖区内的各种污染源的名录，确定重点污染源和一般污染源，确定污染源的污染要素类型，逐一对各污染单位的原材料消耗、生产工艺、规模，污染性质、排污量、污染治理情况及对周围环境影响的污染因素进行深入调查和了解，确定污染排放方式和规律、污染排放强度及污染物流失原因。在污染源普查过程中，可以获得大量的调查、分析数据及其他资料，普查可以掌握辖区内的污染源分布规律，在普查的基础上确定重点污染源和一般污染源。

2. 详查

在普查的基础上，对重点污染源进行深入的调查分析。调查的内容主要有排污方式和规律，污染物的物理、化学和生物特性，主要污染物的跟踪分析，污染物流失原因分析等。

3. 调查主要内容

（1）企业基本情况。包括企业所在位置、功能区及环境现状；企业经济类型、开工年份、产量、产值、环境管理和检测机构以及人员配置等。

（2）原料、能源和水资源情况。包括能源的类型、产地、成分、实际消耗量、主要产品的能耗及节能措施；水资源类型、供水方式、重复用水、主要产品的水耗及节水措施；原辅材料的种类、成分、消耗定额、主要产品的原辅材料的消耗量。

（3）生产工艺和排污情况。包括生产工艺流程、主要设备、主要化学反应、主要技术路线及生产工艺的水平；污染物产生规律、污染物产生的部位、排放方式和去向、污染物的种类、毒性、浓度和排放量。

（4）污染治理情况。包括污染治理设施的使用方法、种类、投资、运行成本、污染治理的效率及存在的问题。

（5）污染危害情况。包括污染危害的程度、原因、损失、污染事故的隐患及周围群众的反映。

（6）生产发展情况。包括企业的发展方向、规模、发展趋势、预期污染物排放量及影响。

（三）污染源评价

污染源调查可以获得大量调查数据及资料，污染源评价就是依据这些资料，采用科学的分析评价方法，区分各种污染物以及各个污染源对环境的潜在危害，分清主次，找出主要的污染物和污染源，以便确定主要环境问题，提高环境监督管理的效率。

污染源评价通常要考虑污染物排放量和生物毒性两方面的因素，采用等标污染负荷法或排毒系数法进行标化评价。具体评价方法请参见有关环境评价专门书籍。在污染源调查和污染源评价过程中要注意建立污染源档案和重点污染源数据库，以便在日常环境监察工作中方便地查询和使用有关资料。

三、污染源常规监察任务

（一）对排污单位内部落实环境管理制度的检查

1. 环境管理机构设置的检查

在《环境保护法》第四十二条、《建设项目环保设计规定》《建设项目环境保护设施竣工验收管理规定》《工业企业环境保护考核制度实施办法》以及一些行业和地方环境保护规定中都提出了企业应建立健全自身环境保护机构与规章制度的要求。

企业环境管理机构的职责主要是编制自身环境保护计划，建立和落实各项企业的环境管理制度，协调企业内部、企业之间、企业与社会之间的环境保护关系，实施企业环境监督管理。根据企业的规模、生产的复杂程度、环境污染的大小等，可采取设置专门机构、联合机构、专职岗位等多种形式进行设置。

2. 企业环境管理人员设置的检查

企业环境管理机构必须有相应的人员去落实环境保护责任。在这个管理体系中，厂长（法人代表）是当然的企业污染防治法定责任者，承担政府环境保护责任目标中所规定的污染物削减和防止造成污染的责任目标。为了落实责任、达到目标，需要在企业内部将责任目标层层分解，制定管理规则，进行监督检查和考核，做到具体工作专人具体负责。

企业环境管理人员可以是专职或兼职，但必须具备一定的业务素质。根据《关于深化企业环境监督员制度试点工作的通知》，大力推进企业环境监督制度。企业环境监督员制度是指在特定企业（通常指国家重点监控污染企业，有条件的地区可扩大到省级或市级重点监控污染企业）设置负责环境保护的企业环境管理总负责人和具有掌握环境基本法律和污染控制基本技术的企业环境监督员，规范企业内部环境管理机构和制度建设，全面提高企业的自主环境管理水平，推动企业主动承担环境保护社会责任。

3. 企业环境管理制度建设检查

企业落实自身环境管理制度主要检查以下几方面：

（1）企业环境保护规划和计划。企业环境保护计划是根据规划目标所制订的年度计划，是有关措施落实的具体时间计划。

（2）企业环境保护目标责任制。包括污染物排放的标准、总量控制的指标、污染物削减的指标、排污许可证的指标等。企业内部的环境管理要做到目标化、定量化、制度化管理。

（3）有关的专项管理制度。为了使企业的各项环境保护工作规范化，企业还应根据自身的生产排污特点，制定一些相关的具体规章制度，常见的有：环境监测制度、污染防治设施运行操作规程及管理制度、危险化学品的管理制度、环境突发事件的应急管理和报告制度、污染源档案管理制度、环保人员的岗位责任制度等。

（二）污染源检查

按照环境保护部发布的《工业污染源现场检查技术规范》（HJ 606—2011）有关规定，从 2011 年 6 月 1 日实施。工业污染源现场检查主要包括以下内容：

（1）环境管理手续检查。检查排污者的环评审批和验收手续是否齐全、有效。检查排污者是否曾有被处罚记录以及处罚决定的执行情况。

（2）了解生产设施。了解排污者的工艺、设备及生产状况，是否有国家规定淘汰的工艺、设备和技术，了解污染物的来源、产生规模、排污去向，具体内容应包括：①原辅材料、中间产品、产品的类型、数量及特性等情况；②生产工艺、设备及运行情况；③原辅材料、中间产品、产品的贮存场所与输移过程；④生产变动情况。

（3）污染治理设施检查。了解排污者拥有污染治理设施的类型、数量、性能和污染治理工艺，检查是否符合环境影响评价文件的要求；检查污染治理设施管理维护情况、运行情况及运行记录。是否存在停运或不正常运行情况，是否按规程操作；检查污染物处理量、处理率及处理达标率，有无违法、违章的行为。

（4）污染源自动监控系统检查。按照《污染源自动监控管理办法》等规章的要求进行检查。

（5）污染物排放情况检查。检查污染物排放口（源）的类型、数量、位置的设置是否规范。是否有暗管排污等偷排行为。检查排放口（源）等排放污染物的种类、数量、浓度、排放方式等是否满足国家或地方污染物排放标准的要求。检查排污者是否按照《环境保护图形标志——排放口（源）》（GB 15562.1）、《环境保护图形标志　固体废物贮存（处置）场》（GB 15562.2）以及《〈环境保护图形标志〉实施细则（试行）》（环监〔1996〕463 号）的规定，设置环境保护图形标志。

（6）环境应急管理检查。开展现场环境事故隐患排查及治理情况监察；检查排污者是否编制和及时修订突发性环境事件应急预案；应急预案是否具有可操作性；是否按预案配置应急处置设施和落实应急处置物资；是否定期开展应急预案演练。

（三）排污量的核定监察

排污收费（或环境保护税的收缴）的工作基础是搞好排污申报工作，排污申报工作主要分年申报和月核定工作，最重要的是搞好月核定工作。环境监察对排污单位污染源的日常检查，还应包括对排污单位各类污染源的排放情况的测算，对生产能力、生产规模、原材料消耗，废水废气的排放、固体废物和超标噪声的排放情况，不仅要有定性的估计，还应该有定量的测算。为环境监督和排污收费（或环境保护税的收缴）工作服务。

（四）污染物排放总量控制的监察

（1）贯彻国家产业和技术政策，对属于国务院和省级人民政府明令关停、取缔和淘汰的落后生产能力、工艺设备、产品等排污单位，不得给予排污总量控制指标。

（2）排污单位排放污染物必须满足国家和地方污染物排放标准，超过标准排放污染物的排污单位，首先要做到稳定达标排放各种污染物。

（3）总量控制的地区应确定排污总量控制指标，确定主要污染物的削减计划。所有建设项目的污染物排放指标必须纳入所在区域或流域的污染物排放总量控制计划。当建设项目新增加的污染物排放量超过该区域污染物总量控制计划或严重影响城市、区域环境质量时，总量控制指标只能在该区域内调剂，不得给予新增加的排污总量控制指标。

（4）排污单位进行改制、改组或兼并后，其排污总量不得超过原指标值；对于分离出来的排污单位，其排污总量控制指标原则上应从原单位排污总量控制指标中划拨。

四、污染源的环境监察管理

（一）污染源监察的信息管理

按污染源的位置分布、所属行业类别、排放污染物的类型、规模大小、经济类别、所属流域、污染物排放去向等分类，建立污染源信息的动态数据库，并利用计算机等现代化管理设备对数据进行管理。目的是对辖区内的污染源进行污染调查、排污核算、分类管理，在此基础上制订具体的环境监察计划。

1. 信息资料的收集

为了对污染源进行分类管理，首先要收集污染源的信息，污染源的信息采集有以下方法：

（1）污染源调查。污染源调查获取的资料是污染源监察工作的基础。在有条件的地方，环境监察机构在环保部门领导下会同其他环境管理部门共同开展环境污染源调查工作。通过全面调查，建立重点污染源、一般污染源名录和各污染源排放的主要污染物的动态数据库。

（2）排污申报登记。《排污费征收使用管理条例》明确规定环境监察机构负责辖区内排污单位的排污申报登记的申报和核定工作，通过排污申报登记制度的实施对污染源进行定量化管理。

（3）环境保护档案材料登记。环保部门在环境统计中获得的污染源信息，执行环境影响评价制度、"三同时"制度等监督管理中积累的污染源的档案材料，以及环境监察机构在日常环境监察中对有关污染源进行调查、处理和减排核查中积累的材料，均为获取污染源信息的重要来源之一。

（4）其他信息来源。通过污染源自动监控数据、群众举报、信访、"12369"环保热线、领导批示、媒体报道、其他部门转办等信息来源。

2. 信息资料加工整理

污染源原始数据库建立后，下一步就是要采用科学的评价方法，结合本辖区环境的特点，找出不同地区、不同行业的主要污染源和主要污染物，确定目前的主要环境危害，绘制重要污染源分布图，图中不仅要标出污染源的位置和名称，还应将污染负荷标识清楚。在此基础上，制订污染源现场检查计划。

（二）区域污染源环境监察要素

包括监察目的、时间、范围、对象、监察重点、参加人员和设备工具等。

1. 监察对象

污染源监察的对象是辖区内的一切排污单位。被检查单位有义务接受现场检查，应该如实反映情况，不许弄虚作假。

2. 监察内容

检查排污单位的污染物排放情况，与污染排放有关的生产工况状况、污染治理设施的运行、操作和管理情况、监测计量设施的运行和记录、建设项目环评、"三同时"制度执行和限期治理情况、污染事故及纠纷的情况等。每次具体制订计划方案时要明确监察目的和监察重点内容。

3. 监察频次和具体时间

（1）重点污染源监察每月不少于一次；

（2）一般污染源监察每季度不少于一次；

（3）建设项目、限期治理项目监察每月不少于一次；

（4）海洋生态、自然保护区、生态示范区、综合治理工程、烟尘控制区、噪声达标区监察每季度不少于一次；

（5）机动车尾气、禁鸣路段等按规定监察；

（6）对扰民严重的餐饮、娱乐服务企业的污染、群众来信来访和举报的污染源及时进行随机监察。

除了要满足污染源监察制度规定的频率外，还应根据本地区的污染源特点和环境特点，适当增加监察范围和频率并进行突击性监察，如北方取暖期间应增加锅炉和窑炉的监察次数，环保专项行动应增加污染源的监察次数等，"两考"期间应加强对夜间建筑施工和噪声污染的监察。

对污染源应采取定期、不定期的检查、抽查、暗查。在保证重点污染源每月一次、一般污染源每季度一次检查的同时，还应保证必要的抽查、暗查频次，在确保污染治理设施正常运转和稳定达标排放基础上，逐步实施污染物排放总量。

4. 监察人员、设备配置

（1）现场检查人员。每次开展污染源监察要确定具体的人员安排，以及有哪些部门参与等。工业污染源现场检查活动由两名以上环境监察人员实施。执行工业污染源现场检查任务人员应出示有效执法证件。

（2）设备配备。根据污染源现场检查的具体任务，可选择配备必要的设备，主要包括：①记录本及检查文书；②交通工具；③通信器材；④全球定位系统；⑤录音、照相、摄像器材；⑥必要的防护服及防护器材；⑦现场采样设备；⑧快速分析设备；⑨便携式电脑（含无线上网卡）；⑩打印设备；⑪其他必要的设备。

2017年年底前，80%以上的环境监察机构要配备使用便携式手持移动执法终端，强化自动监控、卫星遥感、无人机等技术监控手段运用。

（三）污染源现场监察

按制订的监察计划进行现场环境监察，检查排污单位的污染物排放情况，生产工况状况、污染治理设施运行管理情况和监测记录台账、建设项目环境管理制度执行情况、污染事故及纠纷的情况等。如发现异常情况，应及时处理。有时需要委托监测站采样分析，以获取污染源违章排污的确凿证据。

污染源现场检查活动中取得的证据包括：书证、物证、证人证言、试听材料和计算机数据、当事人陈述、环境监测报告和其他鉴定结论、现场检查（勘察）笔录等。现场取得的证据须经相关人员签字。

（四）视情处理

实施现场检查人员在污染源检查中，对存在环境违法或违规行为的，根据问题性质、情节轻重，可以按照法律法规的规定，当场采取责令减轻、消除污染，责令限制排污、停止排污，责令改正等处理措施。

对环境违法事实确凿、情节轻微并有法定依据。可按照《环境行政处罚办法》规定的简易程序，当场做出行政处罚决定；超过上述处罚范围，填写《环境监察行政处罚建议书》，报环保部门。

（五）定期复查

对异常情况按规定期限进行复查，以监督检查污染源单位整改措施的落实，切实保证违法行为得到纠正。

（六）总结归档

要求按期总结污染源监察情况，注明发现的问题、处理意见以及处理结果等，并写出相应的监察报告。对所有的原始记录、材料要分类归档备查。

五、污染源的监察形式

（一）定期检查

定期检查是针对辖区重点污染源所采取的监察措施。实施现场检查前必须了解和掌握污染源的生产工艺，包括工艺流程、主要化学反应过程及工艺技术指标，了解和掌握产污的关键设备、工艺特点和基本情况，产污节点、产污种类和数据，排放的方式和去向，污染治理设施的基本情况，对外的环境影响等。此外，还应了解以往监察中记录的被监察对象的行为特征，据此预先确定好现场检查的重点目标、步骤、路线，发现有关线索，抓住问题的要害。

（二）定期巡查

定期巡查是根据辖区污染源分布情况，按一定的路线对各种污染源分片、定人、定职、定范围进行巡视检查，这种检查主要是查看污染源排污口表观特征的变动情况，如排污量变化大小，排放去向有无变化，排放规律有无变化等，定期巡查重点是污染物排放与处理情况和有关环境敏感区的环境保护情况，有以下几种形式：

（1）重点污染源巡查。针对定期检查中发现的问题以及重点污染源的排污特征，定期复查和巡视检查其整改情况，排污变动情况等。

（2）一般污染源巡视。对一般污染源的排污口进行巡视检查，对水量、颜色、气味进行必要的简易测定，查看其水量、水质的变动情况；对烟囱排烟黑度进行测定，查看烟气污染状况，巡视废气的颜色、气味、大气环境表观特征等，查看工艺废气的排放情况，检测厂界噪声，确定噪声影响等，发现问题要深入排污单位内部追根溯源，视情况进行处理。

（3）废物倾倒巡查。一些排污单位无视环保法规，为了减少清运、处理费用，随意倾倒废渣、污泥、垃圾、废液等。这类随意倾倒行为一般地点比较固定。如废弃的坑、谷，偏僻的角落、路边、湖边、河边等，要通过巡视及时发现废物倾倒行为。有时还要根据发现的倾倒物的性状，通过分析、判断找出倾废嫌疑者，确认并给予处罚。

（4）重点保护区巡视。如饮用水水源保护区的保护工作直接关系到人民的身体健康，生态保护区如防护林和植被的破坏造成水土流失、泥石流甚至洪水和塌方、滑坡等灾难。

（三）定点观察

许多城市在适当位置设立固定观察点，采用望远镜或烟尘自动监视仪进行巡视，发现问题并进行拍照或录像，及时取证处理。定点观察所监视的对象一般是各类烟囱或排气筒。观察点一般设在辖区较高的建筑物上，这样可以将所有的烟囱置于监视范围内，其优点是可以节约大量人力、物力，并能进行连续监测，能够及时发现和纠正超标排烟行为。

（四）不定期检查

一些违反环保法规的行为有时很难通过定期检查发现如污染物偷排行为、环保设施擅自停运行为、稀释排污行为等。不定期检查的类型有：

（1）突击检查。对目标污染源进行不预先通知的检查。对某一地区或行业的普遍环境问题进行突击检查，重点检查目标源的各类生产与环保记录和污染物处理及排放情况。

（2）临时性检查。在日常环境监察中经常会出现一些意想不到的突发性环境污染事件，如一些污染事故、信访案件，有时环境问题还会成为社会热点，引起普遍关注。

在一些特别时期也需要安排临时性检查，如举办大型国际会议、举办重要的国际运动会以及举行有关庆典活动等对环境质量要求较高的活动时，为了保证有关活动的正常进行，避免产生不良的政治影响和国际影响，要注意开展环境监察工作。2005 年北京市奥运工程全面开工，施工工地超过 5 000 个。北京市环境监察部门对建筑施工工地进行专项检查，全年共检查工地 6 300 家，对 462 家环保措施不达标的工地发放限期整改通知，促使施工方全面整改，落实各项扬尘控制措施，全年累计曝光十余家建筑施工企业。

（五）特殊形式检查

1. 污染源执法检查

我国正处在社会主义初级阶段，法制建设还不十分完善，法制意识比较淡薄，对此，很多地方的环境监察机构采取有针对性的污染源执法大检查，由主抓环保的政府有关领导和环保局领导带队，以监察部门为主，检查重点污染源的执法情况，这种方法应以对环境影响突出的重点污染源或污染行为为主，采取边检查、边纠正、边处理的方法，特别要注意宣传，扩大影响，以儆效尤。

2. 联片监察

在污染源监察中，为了提高效率、便于管理，一般采取"分片监察、任务包干、责任到人、奖罚分明"的原则。为了互相学习、互相促进，并协助解决一些难点监察问题，采取定期联片监察方法，即在辖区内将不同辖区的监察机构和监察人员混合编队，分别联合检查污染源的执法情况，进行交叉监察。

3. 节假日、夜间检查

一些违法排污单位为了逃避检查，利用节假日、夜间等监察人员休息的时间集中排污，为此，必须加强节假日和夜间巡视检查。

4. 污染源监视

有些违法排污单位排污行为十分隐蔽和巧妙，不定期、时间短，很难查到。环境监察人员可采取长期蹲点办法，配以先进的技术手段，日夜监视，直到发现问题，并立即派人进行现场取证。

5. 组织部门进行联合执法检查

环保部门是环境执法的综合管理部门。但有些处理权、监督权与其他执法部门相衔接，因此在环境污染源监察中可采取联合执法方法解决，具体做法是：由人大或环委会牵头，以环境监察队伍为主，组织公安、法院、交通、工商、城管等执法单位，联合行动，解决那些权限不清的环境污染行为。

目前较常见的有以下几类污染源的联合执法检查：

（1）社会生活噪声污染源。主要包括歌舞厅、录像厅、咖啡厅、饭店、小吃部、各种用声响设备招揽生意的经营点等，这类地点为了招揽生意常常在室外安装或直接使用高音喇叭，群众反应强烈。其管理涉及工商、城管、公安等部门，交通噪声和汽车尾气监察，交通工具的管理以交通部门为主，环境监察机构应发挥优势，积极参与噪声和尾气监督管理。

（2）向各类保护区排污的单位，因常常隶属不同行政区域部门，必须联合执法。有时需要省人大或全国人大牵头，如跨省界、跨流域的污染问题的监督检查等。

【思考与训练】

（1）污染源监察可以采用哪些形式？

（2）工业污染源常规监察从哪几方面着手？

（3）简述污染源常规监察的工作流程。

【相关资料】

资料 1：环保部、国家统计局、农业部 2010 年初联合发布《第一次全国污染源普查公报》，意味着历时两年多的第一次全国污染源普查工作结束。

从普查结果反映出的环境问题看，既有过去熟知的一些情况，如工业污染结构突出、集中在少数行业，经济发达地区污染物排放总量大等，也有不少通过普查反映出来的突出问题，如农业源对水污染的贡献程度高，机动车排放污染物对城市大气污染影响大等问题。第一次全国污染源普查对象共计 592.6 万个，其中

工业源 157.6 万个，农业源 289.9 万个，生活源 144.6 万个，集中式污染治理设施
4 790 个。

污染源普查显示：机动车氮氧化物排放量占排放总量的 30%，对城市空气污
染影响很大；农业源污染物排放中，化学需氧量排放量为 1 324.09 万 t，占排放总
量的 43.7%。农业源也是总氮、总磷排放的主要来源，其排放量分别为 270.46 万 t
和 28.47 万 t，分别占排放总量的 57.2% 和 67.3%，对我国水环境的影响较大。

资料 2：第二次全国污染源普查方案（部分内容）

根据《全国污染源普查条例》和《国务院关于开展第二次全国污染源普查的
通知》（国发〔2016〕59 号）精神，为指导开展第二次全国污染源普查工作，制
订本方案。

一、普查工作目标

摸清各类污染源基本情况，了解污染源数量、结构和分布状况，掌握国家、
区域、流域、行业污染物产生、排放和处理情况，建立健全重点污染源档案、污
染源信息数据库和环境统计平台，为加强污染源监管、改善环境质量、防控环境
风险、服务环境与发展综合决策提供依据。

二、普查时点、对象、范围和内容

（一）普查时点。普查标准时点为 2017 年 12 月 31 日，时期资料为 2017 年度
资料。

（二）普查对象与范围。普查对象为中华人民共和国境内有污染源的单位和个
体经营户。范围包括：工业污染源，农业污染源，生活污染源，集中式污染治理
设施，移动源及其他产生、排放污染物的设施。

1. 工业污染源。普查对象为产生废水污染物、废气污染物及固体废物的所有
工业行业产业活动单位。对可能伴生天然放射性核素的 8 类重点行业 15 个类别矿
产采选、冶炼和加工产业活动单位进行放射性污染源调查。

对国家级、省级开发区中的工业园区（产业园区），包括经济技术开发、高
新技术产业开发区、保税区、出口加工区等进行登记调查。

2. 农业污染源。普查范围包括种植业、畜禽养殖业和水产养殖业。

3. 生活污染源。普查对象为除工业企业生产使用以外所有单位和居民生活使用的锅炉(以下统称生活源锅炉)、城市市区、县城、镇区的市政入河(海)排污口,以及城乡居民能源使用情况,生活污水产生、排放情况。

4. 集中式污染治理设施。普查对象为集中处理处置生活垃圾、危险废物和污水的单位。其中:生活垃圾集中处理处置单位包括生活垃圾填埋场、生活垃圾焚烧厂以及以其他处理方式处理生活垃圾和餐厨垃圾的单位。

危险废物集中处理处置单位包括危险废物处置厂和医疗废物处理(处置)厂。危险废物处置厂包括危险废物综合处理(处置)厂、危险废物焚烧厂、危险废物安全填埋场和危险废物综合利用厂等;医疗废物处理(处置)厂包括医疗废物焚烧厂、医疗废物高温蒸煮厂、医疗废物化学消毒厂、医疗废物微波消毒厂等。

集中式污水处理单位包括城镇污水处理厂、工业污水集中处理厂和农村集中式污水处理设施。

5. 移动源。普查对象为机动车和非道路移动污染源。其中,非道路移动污染源包括飞机、船舶、铁路内燃机车和工程机械、农业机械等非道路移动机械。

(三)普查内容。

1. 工业污染源。企业基本情况,原辅材料消耗、产品生产情况,产生污染的设施情况,各类污染物产生、治理、排放和综合利用情况(包括排放口信息、排放方式、排放去向等),各类污染防治设施建设、运行情况等。

废水污染物:化学需氧量、氨氮、总氮、总磷、石油类、挥发酚、氰化物、汞、镉、铅、铬、砷。

废气污染物:二氧化硫、氮氧化物、颗粒物、挥发性有机物、氨、汞、镉、铅、铬、砷。

工业固体废物:一般工业固体废物和危险废物的产生、贮存、处置和综合利用情况。危险废物按照《国家危险废物名录》分类调查。工业企业建设和使用的一般工业固体废物及危险废物贮存、处置设施(场所)情况。

稀土等15类矿产采选、冶炼和加工过程中产生的放射性污染物情况。

2. 农业污染源。种植业、畜禽养殖业、水产养殖业生产活动情况,秸秆产生、处置和资源化利用情况，化肥、农药和地膜使用情况，纳入登记调查的畜禽养殖企业和养殖户的基本情况、污染治理情况和粪污资源化利用情况。

废水污染物：氨氮、总氮、总磷、畜禽养殖业和水产养殖业增加化学需氧量。

废气污染物：畜禽养殖业氨、种植业氨和挥发性有机物。

3. 生活污染源。生活源锅炉基本情况、能源消耗情况、污染治理情况，城乡居民能源使用情况，城市市区、县城、镇区的市政入河（海）排污口情况，城乡居民用水排水情况。

废水污染物：化学需氧量、氨氮、总氮、总磷、五日生化需氧量、动植物油。

废气污染物：二氧化硫、氮氧化物、颗粒物、挥发性有机物。

4. 集中式污染治理设施。单位基本情况，设施处理能力、污水或废物处理情况，次生污染物的产生、治理与排放情况。

废水污染物：化学需氧量、氨氮、总氮、总磷、五日生化需氧量、动植物油、挥发酚、氰化物、汞、镉、铅、铬、砷。

废气污染物：二氧化硫、氮氧化物、颗粒物、汞、镉、铅、铬、砷。

污水处理设施产生的污泥、焚烧设施产生的焚烧残渣和飞灰等产生、贮存、处置情况。

5. 移动源。各类移动源保有量及产排污相关信息，挥发性有机物（船舶除外）、氮氧化物、颗粒物排放情况，部分类型移动源二氧化硫排放情况。

6. 各省份可根据需求适当增加普查附表，报国务院第二次全国污染源普查领导小组（以下简称全国污染源普查领导小组）办公室批准后实施。

三、普查技术路线

（一）工业污染源。全面入户登记调查单位基本信息、活动水平信息、污染治理设施和排放口信息；基于实测和综合分析，分行业分类制定污染物排放核算方法，核算污染物产生量和排放量。

根据伴生放射性矿初测基本单位名录和初测结果，确定伴生放射性矿普查对象，全面入户调查。

工业园区（产业园区）管理机构填报园区调查信息。工业园区（产业园区）

内的工业企业填报工业污染源普查表。

（二）农业污染源。以已有统计数据为基础，确定抽样调查对象，开展抽样调查，获取普查年度农业生产活动基础数据，根据产排污系数核算污染物产生量和排放量。

（三）生活污染源。登记调查生活源锅炉基本情况和能源消耗情况、污染治理情况等，根据产排污系数核算污染物产生量和排放量。抽样调查城乡居民能源使用情况，结合产排污系数核算废气污染物产生量和排放量。通过典型区域调查和综合分析，获取与挥发性有机物排放相关活动水平信息，结合物料衡算或产排污系数估算生活污染源挥发性有机物产生量和排放量。

利用行政管理记录，结合实地排查，获取市政入河（海）排污口基本信息。对各类市政入河（海）排污口排水（雨季、旱季）水质开展监测，获取污染物排放信息。结合排放去向、市政入河（海）排污口调查与监测、城镇污水与雨水收集排放情况、城镇污水处理厂污水处理量及排放量，利用排水水质数据，核算城镇水污染物排放量。利用已有统计数据及抽样调查获取农村居民生活用水排水基本信息，根据产排污系数核算农村生活污水及污染物产生量和排放量。

（四）集中式污染治理设施。根据调查对象基本信息、废物处理处置情况、污染物排放监测数据和产排污系数，核算污染物产生量和排放量。

（五）移动源。利用相关部门提供的数据信息，结合典型地区抽样调查，获取移动源保有量、燃油消耗及活动水平信息，结合分区分类排污系数核算移动源污染物排放量。

机动车：通过机动车登记相关数据和交通流量数据，结合典型城市、典型路段抽样观测调查和燃油销售数据，更新完善机动车排污系数，核算机动车废气污染物排放量。

非道路移动源：通过相关部门间信息共享，获取保有量、燃油消耗及相关活动水平数据，根据排污系数核算污染物排放量。

模块二　废水污染源监察

【能力目标】

- 能识别不同行业的废水主要环境指标和污染危害性；
- 能进行工业废水治理及排放的现场监察工作；
- 能辨识废水污染违法行为。

【知识目标】

- 了解不同废水污染源排放的主要污染物及其危害性；
- 掌握废水污染源治理与排放的监察要点和操作方法；
- 理解废水污染违法行为。

一、废水中主要控制的环境指标和污染物的来源

水污染物及其来源见表 1-1，主要工业污染源的废水主要污染物质（即常规监测项目）见表1-2。

表 1-1　水污染物及其来源

污染类型			污染物	污染标志	废水来源
物理性污染	热污染		热的冷却水、热废水	升温、缺氧或气体过饱和、富营养化	动力、电站、冶金、石油、化工等废水
	放射性污染		铀、钚、锶、铯	放射性污染	核研究、生产、试验、核医疗核电站
	表观污染	浑浊	泥、渣、沙、漂浮物	浑浊	地表径流、生活污水、工业废水
		颜色	腐殖质、色素染料、铁、锰	颜色	地表径流、食品、印染、造纸、冶金类废水
		臭味	酚、氯、胺、硫醇、硫化铵等	恶臭	食品、制革、炼油、化肥、农肥

污染类型		污染物	污染标志	废水来源
化学性污染	酸碱污染	酸、碱等	pH 值异常	矿山、化工、化肥、造纸、电镀、酸洗废水
	重金属污染	汞、镉、铬、铜、铅、锌等	毒性	矿山、冶金、电镀、仪表类废水
	非金属污染	砷、氰、氟、硫、硒的化合物等	毒性	化工、火电、农药、化肥类废水
	需氧有机物污染	糖类、蛋白质、油脂、木质素等	耗氧导致水体缺氧	食品、印染、制革、造纸、化工类工业废水、生活污水、农田排水
	农药污染	有机氯农药类、多氯联苯、有机磷农药等	水中生物中毒	农药、化工、炼油工业废水、农田排水
	难降解有机物污染	酚、苯、醛类等	耗氧、异味、毒性	制革、化工、炼油、煤矿、化肥工业废水、地表径流
	油类污染	石油及其制品	漂浮、乳化油增加	石油开采、炼油、油轮废水等
生物性污染	病原菌污染	病菌、虫卵、病毒等	水体带菌、传播疾病	医院、屠宰、畜牧、制革等工业废水、生活污水、地表径流
	霉菌污染	霉菌素等	毒性、致癌	制药、酿造、食品、制革废水
	藻类污染	无机、有机氮磷	富营养化、水体恶化	化肥、化工、食品废水、生活污水、农田排水

表 1-2 主要工业污染源的废水主要污染物质

主要工业行业或产品	主要污染物质（常规监测项目）
黑色金属矿（包括磁矿石、赤矿石、锰矿石等）	pH、SS、硫化物、铜、铅、锌、镉、汞、六价铬等
钢铁（包括选矿、烧结、炼铁、炼钢、铁合金、轧钢、炼焦等）	pH、SS、硫化物、氟化物、COD、挥发酚、氰化物、石油类、铜、铅、锌、镉、汞、六价铬等
选矿	SS、硫化物、COD、BOD、挥发酚等
有色金属矿山与冶炼（包括选矿、烧结、冶炼、电解、精炼等）	pH、SS、硫化物、氟化物、COD、挥发酚、铜、铅、锌、镉、汞、六价铬等
火力发电、热电	pH、SS、硫化物、挥发酚、铅、锌、镉、石油类、热污染等
煤矿（包括洗煤）	pH、SS、硫化物、砷等
焦化	COD、BOD、挥发酚、SS、硫化物、氰化物、石油类、氨氮、苯类、多环芳烃等
石油开采	pH、SS、硫化物、COD、BOD、挥发酚、石油类等

主要工业行业或产品	主要污染物质（常规监测项目）
石油炼制	pH、硫化物、石油类、挥发酚、COD、BOD、SS、氰化物、苯类、多环芳烃等
硫铁矿	pH、SS、硫化物、铜、铅、锌、镉、汞、六价铬等
磷矿、磷肥厂	pH、SS、氟化物、硫化物、砷、铅、总磷等
雄黄矿	pH、SS、硫化物、砷等
萤石矿	pH、SS、氟化物等
汞矿	pH、SS、硫化物、砷、汞等
硫酸厂	pH、SS、硫化物、氟化物等
氯碱	pH、COD、SS、汞等
铬盐工业	pH、总铬、六价铬等
氮肥厂	COD、BOD、挥发酚、硫化物、氰化物、砷等
磷肥厂	pH、氟化物、COD、SS、总磷、砷等
有机原料工业	pH、COD、BOD、SS、挥发酚、氰化物、苯类、硝基苯类、有机氯等
合成橡胶	pH、COD、BOD、石油类、铜、锌、六价铬、多环芳烃等
橡胶加工	COD、BOD、硫化物、石油类、六价铬、苯类、多环芳烃等
塑料工业	COD、BOD、硫化物、氰化物、铅、砷、汞、石油类、有机氯、苯类、多环芳烃等
化纤工业	pH、COD、BOD、SS、铜、锌、石油类等
农药厂	pH、COD、BOD、SS、硫化物、挥发酚、砷、有机氯、有机磷等
制药厂	pH、COD、BOD、SS、石油类、硝基苯类、硝基酚类、苯胺类等
染料	pH、COD、BOD、SS、硫化物、挥发酚、硝基酚类、苯胺类等
颜料	pH、COD、BOD、SS、硫化物、汞、六价铬、铅、砷、镉、锌、石油类等
油漆、涂料	COD、BOD、挥发酚、石油类、镉、氰化物、铅、六价铬、苯类、硝基苯类等
其他有机化工	pH、COD、BOD、挥发酚、石油类、氰化物、硝基苯类等
合成脂肪酸	pH、COD、BOD、油类、SS、锰等
合成洗涤剂	COD、BOD、油类、苯类、表面活性剂等
机械工业	COD、SS、挥发酚、石油类、铅、氰化物等
电镀工业	pH、氰化物、六价铬、COD、铜、锌、镍、锡、镉等
电子、仪器、仪器工业	pH、COD、苯类、氰化物、六价铬、汞、镉、铅等
水泥工业	pH、SS等
玻璃、玻璃纤维工业	pH、SS、COD、挥发酚、氰化物、铅、砷等

主要工业行业或产品	主要污染物质（常规监测项目）
油毡	COD、石油类、挥发酚等
石棉制品	pH、SS 等
陶瓷制品	pH、COD、铅、镉等
人造板、木材加工	pH、COD、BOD、SS、挥发酚等
食品制造	pH、COD、BOD、SS、挥发酚、氨氮等
纺织印染工业	pH、COD、BOD、SS、挥发酚、硫化物、苯胺类、色度等
造纸	pH、COD、BOD、SS、挥发酚、木质素、色度等
皮革及其加工业	六价铬、总铬、硫化物、色度、pH、COD、BOD、SS、油类等
绝缘材料	COD、BOD、挥发酚等
火药工业	硝基苯类、硫化物、铅、汞、锶、铜等
电池	pH、铅、锌、汞、镉等

二、废水污染源的样品采集

参照环保部发布的《水质　样品的保存和管理技术规定]》（HJ 493—2009）、《水质　采样技术指导》（HJ 494—2009）、《水质　采样方案设计技术规定》（HJ 495—2009）、《固定源监测质量保证与质量控制技术规范》（HJ/T 393—2007）、《地表水和污水监测技术规范》（HJ/T 91—2002）等有关规定实施。

（一）采样点位置

废水监测采样，事先应了解废水的排放规律和废水中污染物浓度的时空分布规律，以确定采样点位、采样时间及频率。由于水污染源一般经管道或渠、沟排放，截面积比较小，不需设置断面，而直接确定采样点位。

（1）在车间或车间设备设施排放口设置采样点监测第一类污染物；在工厂废水总排放口布设采样点监测第二类污染物。除第一类污染物以外的其他监测项目一般都按本要求布设采样点位置。

（2）已有废水处理设施的工厂，在处理设施的排放口布设采样点，为了解废水处理效果，在进、出口分别设置采样点。

（3）在厂区内排污渠道上，采样点应设在渠道较直、水量稳定、上游无污水汇入的地方。在厂区内的排污支管和干线上，通常在窖井内。

（4）当废水以水路形式排到公共水域时，为了不使公共水域的水倒流进排放口，在排放口应设置适当的堰，采样点布设在堰溢流处。

（5）污水处理厂的进、出水口常选作采样点；此外，还可根据污水处理厂工艺控制的要求在各处理构筑物进、出水口及构筑物内适当位置布点。

（6）封闭管道的采样。在封闭管道中采样，也会遇到与开阔河流采样中所出现的类似问题。采样器探头或采样管应妥善地放在进水的下游，采样管不能靠近管壁。湍流部位，例如，在"T"形管、弯头、阀门的后部，可充分混合，一般作为最佳采样点，但是对于等动力采样（即等速采样）除外。采集自来水或抽水设备中的水样时，应先放水数分钟，使积留在水管中的杂质及陈旧水排出，然后再取样。采集水样前，应先用水样洗涤采样器容器、盛样瓶及塞子2～3次（油类除外）。

（二）采样频次

1. 监督性监测

地方环境监测站对污染源的监督性监测每年不少于1次，如被国家或地方环保部门列为年度监测的重点排污单位，应增加到每年2～4次。因管理或执法的需要所进行的抽查性监测由各级环保部门确定。

2. 企业自控监测

工业废水按生产周期和生产特点确定监测频次。一般每个生产周期不得少于3次。

3. 科研监测

对于污染治理、环境科研、污染源调查和评价等工作中的污水监测，其采样频次可以根据工作方案的要求另行确定。

4. 调查性监测

根据管理需要进行调查性监测，监测站事先应对污染源单位正常生产条件下的一个生产周期进行加密监测。周期在8h以内的，1h采1次样；周期大于

8 h 的，每 2 h 采 1 次样，但每个生产周期采样次数不少于 3 次。采样的同时测定流量。

5. 瞬时样与混合样的监测

排污单位如有污水处理设施并能正常运行使污水能稳定排放，则污染物排放曲线比较平稳，监督检测可以采瞬时样；对于排放曲线有明显变化的不稳定排放污水，要根据曲线情况分时间单元采样，再组成混合样品。正常情况下，混合样品的采样单元不得少于两次。

（三）采样方法

1. 污水的监测项目根据行业类型有不同要求

在分时间单元采集样品时，测定 pH 值、COD、BOD_5、DO、硫化物、油类、有机物、余氯、粪大肠菌群、悬浮物、放射性等项目的样品，不能混合，只能单独采样。

2. 自动采样与等比例采样

自动采样用自动采样器进行，有时间等比例采样和流量等比例采样。当污水排放量较稳定时，可采用时间等比例采样，否则必须采用流量等比例采样。

3. 采样的位置

采样的位置应在采样断面的中心，在水深大于 1 m 时，应在表层下 1/4 深度处采样，水深小于或等于 1 m 时，在水深的 1/2 处采样。

（四）流量测量方法

1. 污水流量计法

污水流量计的性能指标必须符合污水流量计技术要求。

2. 容积法

将污水纳入已知容量的容器中，测定其充满容器所需要的时间，从而计算污水量的方法。本方法简单易行，测量精度较高，适用于污水量较小的连续或间歇排放的污水。对于流量小的排放口用此方法。

3. 流速仪法

通过测量排污渠道的过水截面积，以流速仪测量污水流速计算污水量。多数用于渠道较宽的污水量测量。测量时需要根据渠道深度和宽度确定点位垂直测点数和水平测点数。本方法简单，但易受污水水质影响，难用于污水量的连续测定。

4. 量水槽法

在明渠或涵管内安装量水槽，测量其上游水位可以计量污水量。常用的有巴氏槽。用量水槽测量流量与溢流堰法相比，同样可以获得较高的精度（±2%～±5%）和进行连续自动测量。

5. 溢流堰法

在固定形状的渠道上安装特定形状的开口堰板，过堰水头与流量有固定关系，据此测量污水流量。根据污水量大小可选择三角堰、矩形堰、梯形堰等。溢流堰法精度较高，在安装液位计后可实行连续自动测量。在排放口处修建的明渠式测流段要符合流量堰（槽）的技术要求。

在选用以上方法时，应注意各自的测量范围和所需条件。以上方法无法使用时，可用统计法。

6. 其他类型的测量

如污水为管道排放，所使用的电磁式或其他类型的测量计应定期进行计量检定。

（五）水样的保存

各种水质的水样，从采集到分析这段时间内，由于物理的、化学的、生物的作用会发生不同程度的变化，这些变化使得进行分析时的样品已不再是采样时的样品，为了使这种变化降低到最小的程度，必须在采样时对样品加以保护。具体参照《水质 样品的保存和管理技术规定》（HJ 493—2009）的有关规定。

1. 样品的冷藏、冷冻

在大多数情况下，从采集样品后到运输到实验室期间，应将样品放在 $1\sim5℃$ 的环境中冷藏并于暗处保存。冷藏并不适用长期保存，对废水的保存时间更短。

-20℃的冷冻温度一般能延长贮存期。分析挥发性物质不适用冷冻程序。如果样品包含细胞、细菌或微藻类，在冷冻过程中，会破裂、损失细胞组分，同样不适用冷冻。一般选用塑料容器，推荐使用聚氯乙烯或聚乙烯等塑料容器。

2. 添加保存剂

（1）控制溶液 pH 值。测定金属离子的水样常用硝酸酸化至 pH 值 1～2，既可以防止重金属的水解沉淀，又可以防止金属在器壁表面上的吸附，同时在 pH 值 1～2 的酸性介质中还能抑制生物的活动。用此法保存，大多数金属可稳定数周或数月。测定氰化物的水样需加氢氧化钠调至 pH 值为 12。测定六价铬的水样应加氢氧化钠调至 pH 值为 8，因在酸性介质中，六价铬的氧化电位高，易被还原。保存总铬的水样，则应加硝酸或硫酸至 pH 值为 1～2。

（2）加入抑制剂。为了抑制生物作用，可在样品中加入抑制剂。如在测氨氮、硝酸盐氮和 COD 的水样中，加氯化汞或加入三氯甲烷、甲苯作防护剂以抑制生物对亚硝酸盐、硝酸盐、铵盐的氧化还原作用。在测酚水样中用磷酸调溶液的 pH 值，加入硫酸铜以控制苯酚分解菌的活动。

（3）加入氧化剂。水样中痕量汞易被还原，引起汞的挥发性损失，加入硝酸-重铬酸钾溶液可使汞维持在高氧化态，汞的稳定性大为改善。

（4）加入还原剂。测定硫化物的水样，加入抗坏血酸对保存有利。含余氯的水样，能氧化氰离子，可使酚类、烃类、苯系物氯化生成相应的衍生物，为此在采样时加入适当的硫代硫酸钠予以还原，除去余氯干扰。样品保存剂如酸、碱或其他试剂在采样前应进行空白试验，其纯度和等级必须达到分析的要求。

（六）样品的运输

水样采集后必须立即送回实验室，根据采样点的地理位置和每个项目分析前最长可保存时间，选用适当的运输方式。水样运输前应将容器的外（内）盖盖紧。装箱时应用泡沫塑料等分隔，以防破损。

每个水样瓶均需贴上标签，内容有采样点位编号、采样日期和时间、测定项目、保存方法，并写明用何种保存剂。

（七）常用现场快速测定方法

为了迅速判别污染状况，需要进行一些必要的现场监测。适宜进行现场监测的指标和监测方法如下所述。

1. 物理性状观测

对污水排放检查时，应首先进行目视观察，查看颜色、水生物、漂浮物、污浊或油膜等与记录的正常情况有无较大差异，嗅味是否异常等，一般用文字表述。

（1）水温。可采用水温计，也可采用水温测定仪。

（2）浊度。采用便携式浊度计。

（3）透明度。采用塞氏盘法。利用将塞氏圆盘沉入水中后，观察至不能看见它时的深度。

2. pH 值的测定

一般采用玻璃电极法。

3. 溶解氧的测定

采用便携式溶解氧仪。

4. COD 的测定

COD 速测仪的检测方法有光度法、化学滴定法、库仑滴定法等。其中库仑滴定法方法简便、试剂用量少，简化了用标准溶液标定的步骤，缩短了加热回流时间，适合于在现场测定 COD，一般不超过 2 h 即可得出数据。

5. BOD 的测定

相对于检压库仑式 BOD 测定仪、测压法来说，微生物电极法更快捷，它可在 30 min 内完成一次测定。

三、用水量与污水排放量的核定

污水排放量是指按所有污水排放口加总后的污水排放量（体积单位为 m^3）。它包括外排的生产废水、厂区生活污水、直接冷却水、矿井水等，不包括独立外排的间接冷却水（清污不分流的间接冷却水应计算在内），按规定排污单位应将生产废水与生活污水分流管理，这样工业废水不包括生活污水。

排污单位应将生产废水中的间接冷却水进行分流管理，不得从总污水排放口排出，以稀释排放浓度。如生活污水与间接冷却水与生产废水混合从总排放口排放，均应计入排污单位的污水排放量。

污水排放量的计量有使用各种流量计测量的，可以直接读出污水的流量，除了连续计量数据外，因为污水流量是不稳定的动态值，一般监测值不稳定，利用新鲜用水量的多少，再用系数法推算出污水排放量的平均值更为合理（所谓新鲜水量推算法）；还有些使用三角薄壁堰测出水头高度，计算污水排放量的；对于许多排污不规律、排污量不确定，所报排污量不真实的小排污单位，还可以采用排污系数法，根据实测、物料衡算或国家环保部门确定的行业排污系数和排污单位的产品量计算其污水排放量。

目前多数环境监察机构都是用排污单位的新鲜用水量来估算其污水排放量。如排污单位的新鲜水没有进入其产品，一般其污水排放量可以估算为新鲜水量的 $0.8 \sim 0.9$ 倍，如有相当部分变成产品（如啤酒、饮料行业），则其污水排放量应以新鲜水量减去转成产品数量的 $0.8 \sim 0.9$ 倍，还有部分行业水的重复利用率很高，如轧钢、选矿等行业水的重复利用率都高达 $80\% \sim 90\%$，水经过多次使用，蒸发和流失都很大，这时用新鲜水量推算污水排放量时所用的系数就比较小，有时甚至会降低到新鲜水量的 $40\% \sim 50\%$。

新鲜水量数据不完整的小企业的污水排放量可以由地市级环保部门根据实际测算数据，确定单位产品的排污系数。

石油化工类生产耗水的 $75\% \sim 80\%$ 用于冷却；造纸、有色冶金耗水的 $80\% \sim 90\%$ 用于反应介质。

各行业耗水系数相差也较大，如啤酒生产耗水量为 $8 \sim 15 \ m^3/t$ 啤酒，制糖生产耗水为 $150 \sim 160 \ m^3/t$ 糖，棉纺印染耗水为 $240 \ m^3/t$ 布，毛纺印染耗水为 $440 \ m^3/t$ 布，黏胶纤维长丝耗水为 $400 \ m^3/t$ 产品，造纸化学制浆耗水为 $200 \sim 350 \ m^3/t$ 纸。这还要根据产业实际发展情况而定。

应推行清洁生产工艺，减少生产工艺用水。提高工业用水的重复利用率，既可以减少资源浪费又可以减少污染排放。同时，由于国家的资源、能源政策，不断提高水价和排污费的征收标准，减少用水量，对排污者来说，还可以降低生产成本。

（一）污水排放量计算

工业废水的排放量可采取水平衡法、实测法和排放系数法等求取。

1. 水平衡法

在工业企业内部或任意一个用水单元，都存在水平衡的关系，具体工业用水量和排水量的关系见图 1-1。

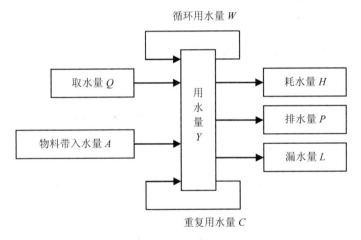

图 1-1　水平衡关系图

根据水平衡关系式：

$$Q + A = H + P + L \tag{1-1}$$

可计算排水量：

$$P = Q + A - H - L \tag{1-2}$$

2. 实测法

废水排放量采用实测法是最直接、最准确的方法，实测时应首先测定废水的流量或流速（如果测的是流速则应乘以水流截面积），从而计算得出废水排放量。

3. 排放系数法

排放系数法估算有两种方法，一种是根据用水量和排水量的关系进行估算。

$$P = K_{p_1} W \qquad (1-3)$$

式中，P——工业废水排放量，m^3/a；

K_{p_1}——排水系数，即排水量与用水量比值，按工业类型选取，一般在 0.6～0.9；

W——企业年用水量，m^3/a。

另一种是根据单位产品的排水量进行估算。

$$P = K_{p_2} G \qquad (1-4)$$

式中，K_{p_2}——单位产品排水系数，m^3/a；

G——工业产品年产量。

（二）污水中污染物排放量的计算

1. 实测法

污水中污染物排放量多根据排放口的监测数据，一般使用实测法计算，公式如下：

$$G = KQC \qquad (1-5)$$

式中，G——废水中污染物排放量，t/a 或 t/d；

C——污染物的实测浓度，mg/L；

Q——单位时间废水排放量，m^3/a 或 m^3/d；

K——单位换算系数，废水为 10^{-6}。

2. 缺乏监测数据的小企业的污染物排放量的计算

对于缺乏监测数据的小企业可以根据国家和省环保机构确定的产品排污系数 K，用系数法根据产量进行估算。公式如下：

$$G = KM(1-\eta) \qquad (1-6)$$

式中，M——产品总量；

η——污水处理设施对该污染物的去除率。

在使用物料衡算法和排污系数法确定排污单位的污水中污染物的排污量时，一定要结合工业企业的生产工艺、使用的原料、生产规模、生产技术水平和污染防治设施的去除率等，才能合理反映排污量。

在污水污染物的申报登记统计中某种污染物除了要统计排放量外，还要统计去除量、达标排放量和超标排放量，排污单位所有污水排放口中该污染物能够做到全年稳定达标排放的每个排放口该污染物的排放量之和为达标排放量，未达标的即为超标排放量。

（三）污水去向核实

排污单位在统计污水排放量时，还要分别填写污水排放的去向，包括直接排入海量、直接排入江河湖库量、排入城市管网量、排入城镇污水处理量和其他去向量。

（1）直接排入海量是指直接排入海域的污水量之和。直接排入是指未经城市下水道或其他中间体，直接排入海域的污水。

（2）直接排入江河湖库量是指直接排入江河湖库的污水量之和。直接排入是指未经城市下水道或其他中间体，直接排入江河湖库的污水。排入城市管网量是指每一排放口排入城市管网的污水量之和。

（3）排入城镇污水处理厂量是指每一排放口直接或间接排入城镇污水处理厂的污水量之和。

（4）其他去向量是指每一排放口除直接排入海（江河湖库）量、城市管网量外的污水量之和。

污水排放去向根据排污单位的排污口实际流入的海或江河湖库的具体名称，按《水体/流域代码表》填写污水排放去向代码。

四、水污染源处理与排放的现场监察

《水污染防治法》第三十条规定："环保部门和其他依照本法规定行使监督管理权的部门，有权对管辖范围内的排污单位进行现场检查，被检查的单位应当如

实反映情况，提供必要的资料。检查机关有义务为被检查的单位保守在检查中获取的商业秘密。"

按照环境保护部发布的《工业污染源现场检查技术规范》(HJ 606—2011) 有关规定，水污染源现场检查主要包括以下内容。

（一）水污染防治设施检查

1. 设施的运行状态

检查水污染防治设施的运行状态及运行管理情况，是否正常使用、擅自拆除或闲置。

2. 设施的历史运行情况

检查设施的历史运行记录，结合记录中的运行时间、处理水量、能耗、药耗等数据，结合判断历史运行记录的真实性，确定水污染防治设施的历史运行情况。

3. 处理能力及处理水量

检查计量装置是否完备，处理能力是否能够满足处理水量的需要。核定处理水量与生产系统产生的水量是否相符，如处理水量低于应处理水量，应检查未处理废水的排放去向。检查是否按照规定安装了计量装置和污染物自动监控设备，其运行是否正常；检查污水计量装置是否按时计量检定，是否在检定有效期内。

4. 废水的分质管理

检查对于含不同种类和浓度污染物的废水，是否进行必要的分质管理。对于污染物排放标准规定必须在生产车间或设施废水排放口采样监测的污染物，检查排污者是否在车间或车间污水处理设施排放口设置了采样监测点，是否在车间处理达标，是否将污染物在处理达标之前与其他废水混合稀释。有一些企业污水排放浓度不能达标往往进行加水稀释，这是违反节能减排要求的，也是违法的。

5. 处理效果

检查主要污染物的去除率是否达到了设计规定的水平，处理后的水质是否达到了相关污染物排放标准的要求。

6. 污泥处理、处置

检查废水处理中排出的污泥产生量和污水处理量是否匹配，污泥的堆放是否规范，是否得到及时、有效的处置，是否产生二次污染。污水处理过程中所产生的污泥很不稳定，如不及时处理而随处堆放，可产生二次污染，故应对污水处理过程所产生的污泥经合适的处理方法进行无害化、减量化处理后，再进行填埋或焚烧。

（二）污水排放口的检查

（1）检查污水排放口的位置是否符合规定。是否位于国务院、国务院有关部门和省、自治区、直辖市人民政府规定的风景名胜区、自然保护区、饮用水水源保护区以及其他需要特别保护的区域内。

（2）检查排污者的污水排放口数量是否符合相关规定。

（3）检查是否按照相关污染物排放标准、HJ/T 91、HJ/T 373 的规定设置了监测采样点。

（4）检查是否设置了规范的便于测量流量、流速的测流段。

（三）污水排放量的复核

（1）有流量计和污染源监控设备的，检查运行记录。

（2）有给水计量装置的或有上水消耗凭证的，根据耗水量计算排水量。

（3）无计量数及有效的用水量凭证的，参照国家有关标准、手册给出的同类企业用水排水系数进行估算。

（四）排水水质的检查

检查排放废水水质是否达到国家或地方污染物排放标准的要求。检查监测仪器、仪表、设备的型号和规格以及检定、校验情况，检查采用的监测分析方法和水质监测记录。如有必要可进行现场监测或采样。

例如，高炉炼铁产污节点及现场环境监管废水方面，包括：高炉冲渣产生冲渣废水（主要污染物为 SS、pH、COD、挥发酚、氰化物）；高炉煤气洗涤水，属于高温废水（主要污染物为 SS、pH、氯化物、氰化物、硫酸盐、酚、铁、油类）；高炉、热风炉冷却水，污染较轻（主要污染物为 SS、pH）。

（五）排水分流及废水的重复利用检查

检查排污单位是否实行清污分流、雨污分流。工业废水与间接冷却水，雨水应严格实行排水的清污分流，以减少治理设施的负荷，减少污水排放。

检查处理后废水的回用情况。从生产工艺、设备、循环用水等方面检查单位产品用水量是否超过国家规定的标准；污水的重复使用，既可节约水资源和减少废水排放，在达标排放情况下，又可减少污染物排放数量。

（六）事故废水应急处置设施检查

检查排污企业的事故废水应急处置设施是否完备，是否可以保障对发生环境污染事故时产生的废水实施截流、贮存及处理。

（七）污染防治设施的变动检查

在生产设施处于正常生产状态下，任何擅自改建、拆除及停运污染防治设施的行为都是违法的。根据《水污染防治法实施细则》的规定，需要停运、拆除或者闲置、改造、更新污染物处理设施的，应当提前向所在的环保部门申报，申明理由，并征得其同意。7 日内仍未上报的，应当视为拒报。污染防治设施需拆除、闲置和更新改造的。环保部门自接到申请之日起 1 个月内应予批复，逾期不批复的，视为同意；设施确需暂停运行的，应在 10 日内批复。逾期不批复的，视为同意。

污染防治设施因事故或其他突发性原因暂停运转，无法提前申报的，排污单位除采取必要措施避免或减少污染损害外，还应自停运之时起，24 小时内以电话等形式向当地环保部门或其环境监察机构报告情况，同时补办申报手续。停运后将使环境受到严重污染或对社会安全带来重大影响的重点生产设施，需相应停止运行或停止向环境排放，并通报可能受到污染危害的单位和居民，以减少污染危害和损失。

五、水污染治理与排放现场监察工作流程

水污染治理与排放现场监察工作程序分为5个步骤：

(一) 收集信息

掌握辖区所有的水污染防治设施的资料与信息，如设备数量、分类、分布情况、各污染防治设施的运行特点和存在的问题、常见违章单位和违章行为。这些信息资料一般来自三个方面：一是环保系统内部得到；二是通过日常现场监察获得；三是通过群众举报、环保热线、媒体报道等获得。

(二) 制定现场监察行动方案

水污染源现场检查计划的内容主要包括：检查目的、时间、路线、对象、重点内容、参加人员、设备工具等。对于重点污染源和一般污染源，应保证规定的检查频率。参照污染源监察频次。计划监察要进行全面的检查，定期检查，需要污染源单位做好充分准备。在这种情况下，一般反映的是污染防治设施在最佳状态下运转情况和最佳处理效果，随机监察是反映污染防治设施未经特别准备，正常工作状态下的污染防治设施一般管理水平、运转情况和处理效果。

(三) 现场监察

检查水污染防治设施；检查污水排水口；污水排放量的复核；排水水质的检查；排水分流及废水的重复利用检查；事故废水应急处置设施检查；污染防治设施的变动检查。

及时进行现场调查取证。取证内容包括：物证、书证、证人证言、视听资料和计算机数据、当事人陈述、环境监测报告及其他鉴定结论、现场笔录等。现场取证根据实际情况而定。

（四）视情处理

实施现场检查人员在废水污染源检查中，对存在环境违法或违规行为的，根据问题性质、情节轻重，可以按照法律法规的规定，当场采取责令减轻、消除污染，责令限制排污、停止排污，责令改正等处理措施。

对环境违法事实确凿、情节轻微并有法定依据。可按照《环境行政处罚办法》（环境保护部令　第8号）规定的简易程序，当场做出行政处罚决定；超过上述处罚范围，填写《环境监察行政处罚建议书》，报环保部门。

（五）总结归档

将所有记录，材料分类归档；按年总结，注明其运行率、处理率、达标率，并按规定向上级报告。

六、辨析废水处理装置运转中可能采用的作弊手段

有些企业为了降低废水处理装置的运转费用，有时往往不顾对环境可能带来的危害而在运转中采用一些作弊手段以应付执法部门的检查。从技术上分析，可能有下列手段：

（1）通过铺设暗管或利用设计时为了检修所设置的超越管进行偷排。这一类企业通常会利用处理设施的一部分对废水的表观性状进行适当处理后排放，其他耗电设施平时不运转。由于表观性状得到一定处理，而COD、BOD等污染物质肉眼不能发现，致使外人不能发现排放的废水是否达标排放。需要通过监测采样分析加以确定。一般情况下，若污水处理厂（站）只有一条生产线或污水处理设施分期建设时，有必要设置超越管，除此之外，均可不设超越管。

（2）利用所谓的工艺水进行稀释以应付执法部门的取样检查。有的处理工艺在设计时采用了加压溶气气浮，用于溶气的水采用自来水。在这种情况下，为了应付取样，往往在取样期间采用很高的溶气比，相当于采用大量的清洁水进行稀释，取样测定结果达标。对此，应尽量避免企业采用自来水作为溶气水源，而应

尽量采用回流加压溶气气浮方式。

（3）一边处理一边偷排。执法部门在进行检查时往往可通过触摸电动设备以判断企业是否长期运转，但这对生产负荷严重增加的企业没有办法。企业可能长期开启废水处理设施，但由于污染物产生量大幅度增加，使现有污水处理设施难以满足处理要求，因此企业一方面运行，另一方面偷排。对这种情况，只能摸清企业的排污口，并对其生产和污染物产生量进行核算才能找出证据。

（4）企业污水处理设施非正常运转。有的企业可能较长时间没有正常运转，但在执法部门检查前一段时间开始运转，并在处理流程中靠近出水管的地方通过埋设的暗管加入自来水，制造处理出水水质良好的假象，这就给执法人员执法造成了困难。若该企业的废水处理设施中含有生物处理单元，则可通过对微生物表观性状的观察来判断该企业是否正常运转了污水处理设施。

（5）废水处理成本太大。若将运转费用很高的处理工艺作为污水处理的常规工艺时，显而易见，企业是难以承受这样巨大的运转费用的，势必造成该工艺不会经常运行，也就是说，废水处理达标的可能性极小。

七、水污染防治有关的禁止行为

违反规定即为违法行为。

（一）禁止行为一般规定

（1）禁止向水体排放油类、酸液、碱液或者剧毒废液；禁止在水体清洗装贮过油类或者有毒污染物的车辆和容器。

（2）禁止向水体排放、倾倒放射性固体废物或者含有高放射性和中放射性物质的废水；向水体排放含低放射性物质的废水，应当符合国家有关放射性污染防治的规定和标准。

（3）禁止向水体排放不符合水环境质量标准的含热废水。

（4）禁止排放未经消毒处理的含病原体的污水。

（5）禁止向水体排放、倾倒工业废渣、城镇垃圾和其他废弃物；禁止将含有汞、镉、砷、铬、铅、氰化物、黄磷等的可溶性剧毒废渣向水体排放、倾倒或者直接埋入地下；存放可溶性剧毒废渣的场所，应当采取防水、防渗漏、防流失的措施。

（6）禁止在江河、湖泊、运河、渠道、水库最高水位线以下的滩地和岸坡堆放、存贮固体废物和其他污染物。

（7）禁止利用渗井、渗坑、裂隙、溶洞，私设暗管，篡改、伪造监测数据，或者不正常运行水污染防治设施等逃避监管的方式排放水污染物。

（8）禁止利用无防渗漏措施的沟渠、坑塘等输送或者存贮含有毒污染物的废水、含病原体的污水和其他废弃物。

（9）多层地下水的含水层水质差异大的，应当分层开采；对已受污染的潜水和承压水，不得混合开采。

（10）人工回灌补给地下水，不得恶化地下水质。

（二）工业水污染防治禁止行为

（1）含有毒有害水污染物的工业废水应当分类收集和处理，不得稀释排放。工业集聚区应当配套建设相应的污水集中处理设施，安装自动监测设备，与环境保护主管部门的监控设备联网，并保证监测设备正常运行。向污水集中处理设施排放工业废水的，应当按照国家有关规定进行预处理，达到集中处理设施处理工艺要求后方可排放。

（2）国家对严重污染水环境的落后工艺和设备实行淘汰制度。国务院经济综合宏观调控部门会同国务院有关部门，公布限期禁止采用的严重污染水环境的工艺名录和限期禁止生产、销售、进口、使用的严重污染水环境的设备名录。生产者、销售者、进口者或者使用者应当在规定的期限内停止生产、销售、进口或者使用列入禁止采用的，严重污染水环境的工艺名录和限期禁止生产、销售、进口、使用的严重污染水环境的设备名录中的设备。工艺的采用者应当在规定的期限内停止采用列入规定的工艺名录中的工艺。规定中被淘汰的设备，不得转让给他人使用。

（3）国家禁止新建不符合国家产业政策的小型造纸、制革、印染、染料、炼焦、炼硫、炼砷、炼汞、炼油、电镀、农药、石棉、水泥、玻璃、钢铁、火电以及其他严重污染水环境的生产项目。

（三）其他污染防治禁止行为

（1）禁止向农田灌溉渠道排放工业废水或者医疗污水。向农田灌溉渠道排放城镇污水以及未综合利用的畜禽养殖废水、农产品加工废水的，应当保证其下游最近的灌溉取水点的水质符合农田灌溉水质标准。

（2）船舶的残油、废油应当回收，禁止排入水体；禁止向水体倾倒船舶垃圾；船舶装载运输油类或者有毒货物，应当采取防止溢流和渗漏的措施，防止货物落水造成水污染。

进入中华人民共和国内河的国际航线船舶排放压载水的，应当采用压载水处理装置或者采取其他等效措施，对压载水进行灭活等处理。禁止排放不符合规定的船舶压载水。

（3）禁止采取冲滩方式进行船舶拆解作业。

（4）在饮用水水源保护区内，禁止设置排污口。

（5）禁止在饮用水水源一级保护区内新建、改建、扩建与供水设施和保护水源无关的建设项目；已建成的与供水设施和保护水源无关的建设项目，由县级以上人民政府责令拆除或者关闭。

禁止在饮用水水源一级保护区内从事网箱养殖、旅游、游泳、垂钓或者其他可能污染饮用水水体的活动。

（6）禁止在饮用水水源二级保护区内新建、改建、扩建排放污染物的建设项目；已建成的排放污染物的建设项目，由县级以上人民政府责令拆除或者关闭。

（7）禁止在饮用水水源准保护区内新建、扩建对水体污染严重的建设项目；改建建设项目，不得增加排污量。

【思考与训练】

（1）工业废水中主要控制的环境要素指标有哪些？

（2）水污染源监察要点有哪些？

（3）工业企业哪些行为可以认定为违法行为？

（4）技能训练。

任务来源：按照情境案例 1 的要求完成相关任务。

训练要求：根据案例分析任务，4～5 人一组，分组讨论完成。

（5）废水污染源现场监察训练。

任务来源：选择一家生产过程有工业废水产生的制造类工矿企业，进行废水治理设施运行管理和排放现场监察。

训练要求：明确实训目的，准备现场监察工具，按照废水污染源现场监察内容分组展开实训活动，提交实训报告。

模块三　废气污染源监察

【能力目标】

- 能辨识不同废气污染源的主要环境指标和污染危害性；
- 能对燃烧废气和工艺废气的处理及排放进行现场监察；
- 能辨识可能造成废气污染的违法行为。

【知识目标】

- 了解废气污染源排放的环境指标及危害性；
- 掌握废气污染源现场监察任务和操作方法；
- 理解废气污染有关的违法行为。

一、大气污染的主要形式

大气污染的排放一般可分为有组织排放和无组织排放两大类。大型锅炉、窑炉、反应器等，排气量大，污染物浓度高，设备封闭性好，排气便于集中处理，容易进行有组织排放。在生产过程中，某些污染源产生大气污染物的点比较分散或难以收集，如原料堆放场产生扬尘或挥发成分的挥发等形成的无组织排放。大气污染的主要形式包括以下几种。

（一）燃料燃烧产生的废气污染

燃料燃烧的污染源主要是各类锅炉，在燃料燃烧过程中产生的废气污染，还有各类工业炉窑在生产过程中使用燃料产生的废气污染中，有相当比例是由于使用燃料产生的废气污染，其余为生产工艺原辅料及燃料产生的废气污染。工业燃料燃烧污染源主要是各类工业锅炉和火电、冶金、建材的工业锅炉和炉窑，燃料燃烧产生的废气污染与燃料成分、燃烧设备性能有关。

（二）生产工艺产生的废气污染

生产工艺过程废气排放量是指在钢铁、有色金属冶炼、建材工业、人造纤维、石油化工等行业在生产工艺过程中，如物料加工、破碎、筛分、输送、冶炼、气体泄漏、液体蒸发等都会产生大气污染，产生和排放的废气污染成为生产工艺废气污染。

生产工艺过程产生的废气污染分为有组织排放和无组织排放。有组织排放是将产生的废气使用固定的排气筒收集、处理并向高空排放，无组织排放是从设备的各部位分散地、成面源性地排放。有组织排放的工艺废气，比较容易控制和计量，便于监控，无组织排放的工艺废气，既不便于控制，也不便于计量。《污染源监测技术规范》规定，无组织排放有毒有害气体的，应加装引风装置，进行收集、处理，以便于监督管理。

（三）流动污染源产生的废气污染

交通污染源主要是机动车船和飞机。交通工具主要靠燃油提供动力，其尾气排放主要含有氮氧化物、碳氮化合物、铅、碳氧化物等污染物质，另外机动车在运行过程还会产生大量扬尘。

（四）扬尘污染源产生的废气污染

采矿、道路施工、建筑施工、仓储、运输、装卸及某些农业活动会产生大量扬尘，极易造成局部污染。在许多城市环境管理过程中，扬尘污染正在引起人们的极大关注，一些省市对生产、运输和贮存过程中产生扬尘污染做出一些限制性规定，并对违反相关规定的行为确定了处罚规定。

二、大气污染物排放的主要控制指标

大气污染物的种类包括几十种，常见的污染物主要是 SO_2、烟尘、粉尘、NO_x 和 CO 等。

废气污染源的主要污染物质见表 1-3 和表 1-4。

表 1-3　主要工业废气污染源的主要污染物质

主要工业行业或产品	主要污染物质（监测项目）
燃料燃烧（火电、热电、工业、民用锅炉）	SO_2、NO_x、烟尘、烃类（油气燃料）等
黑色金属冶炼工业	SO_2、NO_x、CO、粉尘、氰化物、硫化物、氟化物等
有色金属冶炼工业	SO_2、NO_x、粉尘（含铜、砷、铅、锌、镉等）、CO、氟化物、汞等
炼焦工业	SO_2、CO、烟尘、粉尘、硫化氢、苯并[a]芘、氨、酚
矿山	粉尘、NO_x、CO、硫化氢等
选矿	SO_2、硫化氢、粉尘等
有机化工	酚、氰化氢、氯、苯、粉尘、酸雾、氟化氢等
石油化工	SO_2、NO_x、硫化氢、烃、苯类、酚、醛、粉尘等
氮肥工业	硫化氢、氰化氢、氨、粉尘等
磷肥工业	粉尘、氟化物、酸雾、SO_2 等

主要工业行业或产品	主要污染物质（监测项目）
化学矿山	NO_x、粉尘、CO、硫化氢等
硫酸工业	SO_2、NO_x、粉尘、氟化物、酸雾等
氯碱工业	氯、氯化氢、汞等
化纤工业	硫化氢、粉尘、二氧化碳、氨等
燃料工业	氯、氯化氢、SO_2、氯苯、苯胺类、硫化氢、硝基苯类、光气、汞等
橡胶工业	硫化氢、苯类、粉尘、甲硫醇等
油脂化工	氯、氯化氢、SO_2、氟化氢、氯磺酸、NO_x、粉尘等
制药工业	氯、氯化氢、硫化氢、SO_2、醇、醛、苯、肼、氨等
农药工业	氯、硫化氢、苯、粉尘、汞、二硫化碳、氯化氢等
油漆、涂料工业	苯、酚、粉尘、醇、醛、酮类、铅等
造纸工业	粉尘、SO_2、甲醛、硫醇等
纺织印染工业	粉尘、硫化氢等
皮革及皮革加工业	铬酸雾、硫化氢、粉尘、甲醛等
电镀工业	铬酸雾、氰化氢、粉尘、NO_x等
灯泡、仪表工业	粉尘、汞、铅等
水泥工业	粉尘、SO_2、NO_x等
石棉制品	石棉尘等
铸造工业	CO、SO_2、NO_x、氟化氢、粉尘、铅等
玻璃钢制品	苯类
油毡工业	沥青烟、粉尘等
蓄电池、印刷工业	铅尘等
油漆施工	溶剂、苯类等

表 1-4　废气污染物类别

类别	污染物
无机气态污染物	SO_2、NO_x、CO、氯气、氯化氢、氟化物、氰化物
无机雾态污染物	硫酸雾、铬酸雾、汞及其化合物
颗粒状污染物	一般性粉尘、石棉尘、玻璃棉尘、炭黑尘、铅及其化合物、铬及其化合物、铍及其化合物、镍及其化合物、锡及其化合物、烟尘
有机烃或碳氢氧化合物	苯、甲苯、二甲苯、苯并[a]芘、甲醛、乙醛、丙烯醛、甲醇、酚类、沥青烟
有机碳氢氧或其他	苯胺类、氯苯类、硝基苯、丙烯腈、氯乙烯、光气
恶臭污染物	硫化氢、氨气、三甲胺、甲硫醇、甲硫醚、二甲二硫、苯乙烯、二硫化碳

三、大气污染源处理与排放现场监察

《大气污染防治法》第二十九条规定："环保部门及其委托的环境监察机构和其他负有大气环保护监督管理职责的部门，有权通过现场检查监测、自动监测、遥感监测、远红外摄像等方式，对排放大气污染物的企业事业单位和其他生产经营者进行监督检查。被检查者应当如实反映情况，提供必要的资料。实施检查的部门、机构及其工作人员应当为被检查者保守商业秘密。"

参考环保部发布的《工业污染源现场检查技术规范》（HJ 606—2011）有关规定（自 2011 年 6 月 1 日起实施），大气污染源现场检查主要包括以下内容。

（一）燃烧废气的检查

燃烧废气污染源是大气环境监察的主要对象，工业污染源主要包括工业锅炉和炉窑两大类，锅炉的规格都比较大；餐饮、娱乐、服务业的锅炉、茶（浴）炉大灶、商灶等，一般规格都比较小；还有居民炉灶等。几乎所有排污单位都有燃烧废气的烟尘、SO_2 和 NO_x 等污染问题，但主要是由锅炉、炉窑或其他燃烧设备生产引起的。其环境监察要点为：

1. 检查燃烧设备的审验手续及性能指标

了解锅炉的性能指标是否符合相关标准和产业政策；检查环保设备的配套状况及环保审批、验收手续。锅炉房的烟囱高度应符合《锅炉大气污染物排放标准》规定的要求。各种锅炉的烟囱应按规定设置便于永久采样的监测孔及相关设施，如安装了自动监测设施，应保证设施能够正常运行。

2. 检查燃烧设备的运行状况

检查除尘设备的运行状况，干清除是否漏气或堵塞，湿清除灰水的色泽和流量是否正常；检查灰水及灰渣的去向，防止二次污染。

3. 检查二氧化硫的控制

检查燃烧设备的设置、使用是否符合相关政策要求，用煤的含硫量是否符合国家规定，是否建有脱硫装置以及脱硫装置的运行情况、运行效果。

4. 检查氮氧化物的控制

检查是否采取了控制氮氧化物排放的技术和设备。

（二）工艺废气、粉尘和恶臭污染物的检查

（1）检查废气、粉尘和恶臭排放是否符合相关污染物排放标准的要求。对有组织排放大气污染源排放有异味污染物的一定要督促其进行净化,达到排放标准,如检查屠宰、制革、炼胶、饲料加工、食品发酵、石油生产等向大气排放恶臭的物质及治理情况。对无组织排放大气污染源排放有异味污染物的,应要求其对排放有毒气体进行有组织收集,并进行必要的净化。

例如,高炉炼铁产污废气包括:原料运输、矿槽、筛分、上料、入炉产生粉尘;高炉出铁、出渣、铁水装罐、运输、水冷粒化产生粉尘、二氧化硫、氮氧化物;煤粉制备及喷吹系统会产生粉尘;高炉炉顶均压放散产生一氧化碳、粉尘;煤气回收系统管网不平衡、高炉煤气点火放散产生二氧化硫、氮氧化物;热风炉主要污染物是粉尘、二氧化硫、氮氧化物、二噁英;高炉渣处理系统产生粉尘、二氧化硫、硫化氢。

向大气排放持久性有机污染物的企业事业单位和其他生产经营者以及废弃物焚烧设施的运营单位,应当按照国家有关规定,采取有利于减少持久性有机污染物排放的技术方法和工艺,配备有效的净化装置,实现达标排放。

企业事业单位和其他生产经营者在生产经营活动中产生恶臭气体的,应当科学选址,设置合理的防护距离,并安装净化装置或者采取其他措施,防止排放恶臭气体。

（2）检查可燃性气体的回收利用情况。

（3）检查可散发有毒、有害气体和粉尘的运输、装卸、贮存的环保防护措施。

对有组织排放大气污染源排放有毒污染物的一定要督促其进行净化,达到排放标准,如检查含汞、铅、锡、氟、氯、硫化物、氯气、酸雾等无机有毒物质和苯、醛、酚、硝基苯、丙烯腈等有机有毒物质的废气和粉尘排放和治理情况。对无组织排放大气污染源排放有毒污染物的,应要求其对排放有毒气体进行有组织

收集，并进行必要的净化。

（三）大气污染防治设施的检查

1. 除尘系统检查

（1）检查除尘器是否得到较好的维护，保持密封性；除尘设施产生的废水、废渣是否得到妥善处理、处置，避免二次污染。

燃料燃烧时产生的烟尘包括黑烟和飞灰两部分，它们的产生量与燃料成分、设备、燃烧状况有关。常用测烟尘的方法有林格曼仪、收尘法、光电透视法、烟尘测定仪法。

检查烟尘的排放首先要依据《锅炉大气污染物排放标准》（GB 13271—2014）检查排放的烟尘是否达标。其次，再测算排放的烟尘数量是否与排污申报相一致。

层式燃烧方式锅炉的烟尘排放一般使用林格曼黑度检查排气口，应注意正确使用黑度计。

对于非层式燃烧的锅炉的烟尘排放量一般不应采用黑度法确定，而应采用实测方法进行测定，即先采样确定排烟浓度和废气排放量，再测算烟气中排放的烟尘总量。

在现场检查时对黑度超标的，不仅要进行查处，更要对产生的原因进行分析，要求其采取措施进行纠正。锅炉排放烟尘超标可能有多种原因：锅炉刚点火的初始烟尘；锅炉设备的原因；燃烧状况不好；加煤不均匀，有空洞；通风不恰当，挡板位置不对；渣坑未封住，有冷空气进入；集尘设备不密封，有磨损，锁气器未锁，未及时清灰造成堵塞；操作工未按规范操作等。

（2）检查炉灰与炉渣。若含碳量高则说明燃烧不完全，可在煤种、设备、操作等方面找原因。

（3）检查除尘、集尘设备。干清除要防止漏气或堵塞；湿清除要检查灰水的色泽与流量，流量太小是不正常的，无灰水说明不运行。要检查灰水及灰渣的去向，防止二次污染。

（4）还要严查擅自将除尘设施停止运行的偷排行为，对这种行为要严厉查处。

　　检查采用的除尘方式,确定去除率,烟尘、粉尘排放的控制技术包括:重力沉降室、旋风除尘器、静电除尘器、袋式除尘器、湿式除尘器等。常见的除尘设施和各类除尘器的除尘效率如表 1-5、表 1-6 所示。

表 1-5　常见除尘设施

处理设施	作用	用途
重力沉降室	含尘气进入沉降室流速降低,颗粒物在重力作用下沉降	除尘效率较低,常用于一级除尘
惯性除尘器	利用粉尘的惯性力大于气体的惯性力,将其分离	除尘效率较低,常用于一级除尘
旋风除尘器	利用旋转的含尘气流产生的惯性力将颗粒物分离	除尘效率可达 80%左右,一般作预除尘
袋式除尘器	含尘气流穿过许多滤袋时粉尘被滤出、排除	除尘效率较高,可达 99%以上
静电除尘器	利用静电力从废气中分离尘颗粒	除尘效率较高,可达 95%以上
湿室除尘	利用洗涤液与含尘气体充分接触,将尘粒洗涤、净化	除尘效率较高,可达 90%以上

表 1-6　各类除尘器的除尘效率

除尘方式	平均除尘率/%	除尘方式	平均除尘率/%	除尘方式	平均除尘率/%
立则式	48.5	SG 旋风	89.5	同济（DE）旋风	90.7
干式沉降	63.4	XZY 旋风	80.0	C 型、CLP（XLP）	83.3
湿法喷淋、冲击、降尘	76.1	XZS 旋风	80.9	管式水膜	75.6
XSW（原 DG）双级旋风	80.6	双级涡旋-6.5、10	86.5	麻石水膜	88.4
XPW（原 PW）平面旋风	81.1	XCZ 旋风	88.5	其他旋风水膜	83.3
CLG、DGL 旋风	79.9	XPX 旋风	93.0	管式静电	85.1
XZZ-D450 旋风	90.3	XCZ 旋风（原新CZT）	92.0	板式静电	89.7
XZZ-D550、750	93.6	XDF 旋风	75.1	玻璃纤维布袋	99.0
XZD/G-578110	94.0	埃索式旋风	93.3	百叶窗加电除尘	95.2

除尘方式	平均除尘率/%	除尘方式	平均除尘率/%	除尘方式	平均除尘率/%
XZD/G-φ980×2～φ1260×4	88.9	扩散式旋风	85.8	湿式文丘里水膜两级除尘	96.8
XS-1A～4A 旋风	92.3	陶瓷多管旋风	71.3	SW 型钢管水膜	93.0
XS-65A～20A 旋风	88.0	金属多管旋风	83.3	立式多管加灰斗抽风除尘	93.0
XND/G 旋风	92.3	XWD 卧式多管旋风	94.1	电除尘	>97.0

　　废气处理设施的主要参数是去除率，一般废气处理设施的铭牌上都标有去除率，但这是理想状态下的去除率，实际去除率一般都会小于此值。

　　烟尘的产生量与锅炉的燃烧方式、燃煤的灰分、除尘率和燃煤消耗量有关，烟尘的排放量可以利用实测法、检测法、林格曼黑度法和烟尘物料衡算法等测算出来。还要检查废气治理设施的运行状态，检查运行记录和监测报告，确定废气处理设施的实际处理率和正常运行天数。许多排污单位虽然具备了除尘和脱硫设施，但由于考虑污染治理成本，只有在检查时治理设施才正常运转，平时尤其是夜间经常擅自停运治理设施，造成污染物大量排放。对擅自停运偷排污染物的违法行为，必须通过明察、暗访、群众举报，进行严厉查处。

　　燃煤烟尘主要包括黑烟和飞灰两部分。黑烟是指烟气中未完全燃烧的炭粒，燃烧越不完全，烟气中黑烟的浓度越大。飞灰是指烟气中不可燃烧的矿物质的细小固体颗粒。黑烟和飞灰的产生量都与炉型和燃烧状态有关。

　　2. 脱硫系统检查

　　检查是否对旁路挡板实行铅封，增压风机电池等关键环节是否正常；检查脱硫设施的历史运行记录，结合记录中的运行时间、能耗、材料消耗、副产品产生量等数据，综合判断历史运行记录的真实性，确定脱硫设施的历史运行情况；检查脱硫设施产生的废水、废渣是否得到妥善处理、处置，避免二次污染。

　　各种脱硫技术的平均效果如表 1-7 所示。

表 1-7　各种脱硫技术的平均效果

燃煤设施	脱硫技术	脱硫率	技术类型	脱硫技术	脱硫率
电站锅炉	旋转喷雾干燥烟气脱硫	80%	浮选	脱除黄矿石	30%～40%
	石灰石—石膏法脱硫	>90%	干法选煤	分风力选、空气中介硫化床选、摩擦选、磁选、电选	20%～40%
	磷铵肥法脱硫	>95%			
工业炉窑	角管式锅炉炉内喷钙脱硫	50%	燃烧过程脱硫	燃烧时加入固硫剂，如碳酸钙粉吸收剂注入等	50%～60%
	工业型煤固硫	50%	型煤脱硫	煤中掺有固硫剂	50%
	循环流化床脱硫	80%	碱性烟气脱硫	用石灰干法涤气脱硫，适用于高硫煤	一般可达85%（80%～90%）

SO_2 的排放量与燃煤的含硫率、耗煤量、脱硫率有关，可以用物料衡算法和实测法进行测算。

化石燃料（煤、原油、重油等）普遍含有硫分。煤中的硫分一般为 0.2%～5%。燃煤中硫分高于 1.5% 的为高硫煤，城市燃煤高于 1% 的也视为高硫煤。液体燃料主要包括：原油、轻油（汽油、煤油、柴油）和重油。原油硫分在 0.1%～0.3%，重油硫分在 0.5%～3.5%，原油中的硫元素通常富集于釜底的重油中，一般轻油中的硫要低于 0.1%。燃料燃烧后，其所含硫分同时氧化，形成硫氧化物，一般以 SO_2 计。SO_2 随烟气进入大气后在相对湿度大、气压低，且有颗粒物存在的情况下可以生成硫酸雾。

为了严格控制 SO_2 的排放总量，国家对含硫 3% 以上的煤矿限制开采；对开采含硫 1.5% 以上的煤要求进行脱硫洗选；城市用煤的含硫量国家限定应低于 1%；对大型燃烧设备要求有脱硫装置，改进燃烧设备和增设脱硫设施；限制在城市附近新建燃煤电厂和其他大量排放 SO_2 的工业企业；"两控区"内的 SO_2 应逐步实行总量控制。

为了测算排污单位燃料燃烧过程中的 SO_2 的产生量和排放量，应检查其燃料消耗的种类、产地、含硫量、脱硫措施的脱硫率等指标，通过核定以上各项指标，可以采用物料衡算法计算 SO_2 排放的总量。

（1）燃煤。煤炭中的全硫分包括有机硫、硫铁矿和硫酸盐，前两种为可燃性硫，燃烧后生成二氧化硫，第三种为不可燃硫，燃烧后进入灰分。通常情况下，可燃性硫占全硫分的 80%～90%，计算时可取 85%。在燃烧过程中，可燃性硫和氧气反应生成二氧化硫。每千克硫燃烧将产生 2 kg 二氧化硫。因此，燃煤产生的二氧化硫可以用下式进行计算：

$$G_{(SO_2)} = 2 \times 85\% \times B \times S = 1.7BS \tag{1-7}$$

式中，$G_{(SO_2)}$——二氧化硫产生量，kg；

　　　　B——耗煤量，kg；

　　　　S——煤中的全硫分含量，%。我国各地的煤含硫量不一样，具体数值可由

　　　　　　煤炭生产厂提供煤质报告或自行测定所使用煤的含硫量。

（2）燃油。燃油产生的二氧化硫计算公式与燃煤基本相似，具体如下：

$$G_{(SO_2)} = 2 \times B \times S \tag{1-8}$$

式中，B——耗油量，kg；

　　　　S——燃油中的硫含量，%。

（3）天然气。天然气燃烧产生的二氧化硫主要由其中所含的硫化氢燃烧产生的，因此二氧化硫计算公式如下：

$$G_{(SO_2)} = 2.857B\varphi_{H_2S} \tag{1-9}$$

式中，B——气体燃料量，m³；

　　　　φ_{H_2S}——气体燃料中硫化氢的体积百分数，%；

　　　　2.857——标准状态下 1 m³ 二氧化硫的质量，kg。

以上燃烧系统如果没有配置脱硫设施，燃烧产生的二氧化硫将全部排放；如果燃烧系统有脱硫装置，则二氧化硫的排放量为：

$$G_p = (1 - \eta)G_{(SO_2)} \tag{1-10}$$

式中，G_p——二氧化硫排放量，kg；

　　　　η——脱硫效率，%。

3. 其他气态污染物净化系统检查

（1）检查废气收集系统效果；检查净化系统运行是否正常；检查气体排放口

主要污染物的排放是否符合国家或地方标准；检查处理中产生的废水和废渣的处理、处置情况。

（2）检查锅炉是否有低氮燃烧措施、是否有脱硝措施，确定 NO_x 排放量。NO_x 排放量与燃煤的含氮率、锅炉燃烧的炉温及是否采用低氮燃烧和脱硝技术有关。

燃料燃烧生成的氮氧化物主要有两个来源：一是燃料中含氮的有机物，在燃烧时与氧反应生成的大量一氧化氮，通常称为燃料型 NO；二是空气中的氮在高温下氧化为氮氧化物，通常称为温度型氮氧化物。燃料含氮量的大小对烟气中氮氧化物浓度的高低影响很大，而温度是影响温度型氮氧化物量的主要因素。对于燃料燃烧产生的氮氧化物量可用以下公式计算：

$$G_{(NO_x)} = 1.63B[\beta N + 0.000\,938] \tag{1-11}$$

式中，$G_{(NO_x)}$——燃料燃烧生成的氮氧化物的质量，kg；

B——煤或重油耗量，kg；

N——燃料中氮的含量，可查表或自行测定；

β——燃料氮向燃料型 NO 的转变率，%，与燃料含氮量 N 有关，一般燃烧条件下，燃煤层燃炉可取 25%～50%；$N \geqslant 0.4\%$ 时，燃油锅炉为 32%～40%，煤粉炉可取 20%～25%。

（四）废气排放口的检查

（1）检查排污者是否在禁止设置新建排气筒的区域内新建排气筒；

（2）检查排气筒高度是否符合国家或地方污染物排放标准的规定；

（3）检查废气排气通道上是否设置采样孔和采样监测平台。

有污染物处理、净化设施的，应在其进出口分别设置采样孔。采样孔、采样监测平台的设置应当符合 HJ/T 397 的要求。

（五）无组织排放源的检查

（1）对于无组织排放有毒气体、粉尘、烟尘的排放点，有条件做到有组织排放的，检查排污单位是否进行了整治，实行有组织排放。

（2）检查煤场、料场、货场的扬尘和建筑生产过程中的扬尘，是否按要求采取了防治扬尘污染的措施或设置防尘设备。

①从事房屋建筑、市政基础设施建设、河道整治以及建筑物拆除等施工单位，应当向负责监督管理扬尘污染防治的主管部门备案。

施工单位应当在施工工地设置硬质围挡，并采取覆盖、分段作业、择时施工、洒水抑尘、冲洗地面和车辆等有效防尘降尘措施。建筑土方、工程渣土、建筑垃圾应当及时清运；在场地内堆存的，应当采用密闭式防尘网遮盖。工程渣土、建筑垃圾应当进行资源化处理。

②运输煤炭、垃圾、渣土、砂石、土方、灰浆等散装、流体物料的车辆应当采取密闭或者其他措施防止物料遗撒造成扬尘污染，并按照规定路线行驶。

③装卸物料应当采取密闭或者喷淋等方式防治扬尘污染。

④贮存煤炭、煤矸石、煤渣、煤灰、水泥、石灰、石膏、砂土等易产生扬尘的物料应当密闭；不能密闭的，应当设置不低于堆放物高度的严密围挡，并采取有效覆盖措施防治扬尘污染。

⑤码头、矿山、填埋场和消纳场应当实施分区作业，并采取有效措施防治扬尘污染。

（3）在企业边界进行监测，检查无组织排放是否符合环保标准的要求。

四、废气样品的监测

固定污染源参照《固定源废气监测技术规范》（HJ/T 397—2007）、《固定源监测质量保证与质量控制技术规范》（HJ/T 393—2007）执行，无组织排放源按照《大气污染物无组织排放监测技术导则》执行。

（一）有关参数测定

废气采样时必须同时测定烟气的温度、含湿量、成分、压力、流速及流量等参数。

（二）烟尘采样

烟尘采样是在选定的点位，用等速采样方法吸取一定量的烟尘气样，收集其中尘粒并定量，根据抽取的烟气量求出烟尘气中的含量。由于烟气中的颗粒具有惯性，如果采样速度与烟道气流速度不等时，采到的样品中所含颗粒的代表性不强。等速采样即气体进入采样口的速度与采样点气体在烟气道中的流速相等（误差不能超过 10%）。等速采样的方法有：普通采样管法、平行管采样法、平衡采样法。

（三）烟气采样

一般由于烟气中的气态和气溶胶中有害组分在烟道中分布均匀，因此不需等速采样，也不需多点采样，在烟道的中心位置采样即可。采样方法与空气监测的采样方法相同，将采样瓶的入口接到采样管出口处采集。

（四）固定污染源排放烟气黑度的测定

一般采用烟尘黑度计（林格曼仪）以目视法观测烟气，按林格曼烟气浓度图观测、分级。仪器一般前端为测烟望远镜，由目镜调节和接口装置组成。目镜在目测时调节，仪器内应有各国通用的标准林格曼烟气浓度图，缩制在望远镜焦面近处的分划板上。它的黑度等级分为六级。在仪器后端可安装照相机，拍下照片作为证据。

目视法观测烟气参考《固定污染源排放烟气黑度的测定 林格曼烟气黑度图法》（HJ/T 398—2007）。

（五）SO_2 的测定

用于连续测定大气中 SO_2 的监测仪器以紫外荧光监测仪应用最为广泛。

五、废气治理与排放现场监察工作流程

污染防治设施监察工作程序分为 5 个步骤：

（一）收集信息、分类建档

掌握辖区所有的污染防治设施的资料与信息，如设备数量、分类、分布情况、各污染防治设施的运行特点和存在的问题、常见违章单位和违章行为。这些信息资料一般来自三个方面：一是环保系统内部得到；二是通过日常现场监察获得；三是通过群众举报获得的有关污染防治设施停运、拆除或运转异常的信息。

对辖区内所拥有的污染防治设施都应建立详细的档案，记录内容应包括：基本情况（所属单位及生产、经营情况、建设日期、类型、"三同时"验收技术资料等）、技术参数（处理的污染物来源、成分、防治设施的处理效果、排放情况等）、管理情况（负责人、管理机构、有关管理制度和有关规定等）、存在的问题（污染防治设施存在哪些缺陷和隐患，如哪些设施不稳定，与生产负荷是否相适应，设施维护情况，是否能正常运行，发生突发污染事故的可能性和实际状况等）、违章情况（发生过哪些违章行为，处理结果等记录情况）。

（二）制订现场监察行动方案

废气污染源现场监察计划的内容主要包括：检查目的、时间、路线、对象、重点内容、参加人员、设备工具等。对于重点污染源和一般污染源，应保证规定的检查频率，参照污染源监察频次。计划监察要进行全面的检查，定期检查，需要污染源单位做好充分准备。

（三）现场监察

1. 检查燃料燃烧产生废气的治理与排放
（1）锅炉使用燃料的检查；
（2）燃烧设备的检查；

（3）检查除尘设施和烟尘排放量；

（4）检查脱硫措施、确定脱硫率和 SO_2 的排放量；

（5）检查是否有低氮燃烧和脱硝措施，确定 NO_x 的排放量。现场是否需要进行固定污染源排放烟气黑度的测定，判断是否超标排放。

2. 检查工艺废气、粉尘和恶臭污染源的治理与排放

（1）检查排污单位的大气污染源，确定有无组织排放；

（2）检查有组织排放大气污染源的污染排放；

（3）检查无组织排放大气污染源的污染排放；

（4）检查大气污染源是否排放有毒污染物；

（5）检查大气污染源是否排放有异味污染物。

（四）视情处理

现场检查人员在废气污染源检查中，对存在环境违法或违规行为的，根据问题性质、情节轻重，可以按照法律法规的规定，当场采取责令减轻、消除污染，责令限制排污、停止排污，责令改正等处理措施。

对环境违法事实确凿、情节轻微并有法定依据，可按照《环境行政处罚办法》（环境保护部令 第 8 号）规定的简易程序，当场作出行政处罚决定；超过上述处罚范围，填写《环境监察行政处罚建议书》，报环保部门。

（五）总结归档

将所有记录，材料分类归档；按年总结，注明其运行率、处理率、达标率，并按规定向上级报告。

六、大气污染防治有关的禁止行为违反规定即为违法行为

（一）燃煤和其他能源污染防治的禁止行为

（1）禁止开采含放射性和砷等有毒有害物质超过规定标准的煤炭。

（2）国家禁止进口、销售和燃用不符合质量标准的煤炭，鼓励燃用优质煤炭。单位存放煤炭、煤矸石、煤渣、煤灰等物料，应当采取防燃措施，防止大气污染。

（3）禁止进口、销售和燃用不符合质量标准的石油焦。

（4）在城市人民政府划定的高污染燃料禁燃区内，禁止销售、燃用高污染燃料；禁止新建、扩建燃用高污染燃料的设施，已建成的，应当在城市人民政府规定的期限内改用天然气、页岩气、液化石，油气、电或者其他清洁能源。

（5）在集中供热管网覆盖地区，禁止新建、扩建分散燃煤供热锅炉；已建成的不能达标排放的燃煤供热锅炉，应当在城市人民政府规定的期限内拆除。

（6）不符合环境保护标准或者要求的锅炉，不得生产、进口、销售和使用。

（二）废气污染治理和排放单位的禁止行为

（1）企业事业单位和其他生产经营者向大气排放污染物的，应当依照法律法规和国务院环境保护主管部门的规定设置大气污染物排放口。禁止通过偷排、篡改或者伪造监测数据、以逃避现场检查为目的的临时停产、非紧急情况下开启应急排放通道、不正常运行大气污染防治设施等逃避监管的方式排放大气污染物。

（2）禁止侵占、损毁或者擅自移动、改变大气环境质量监测设施和大气污染物排放自动监测设备。

（3）国家对严重污染大气环境的工艺、设备和产品实行淘汰制度。生产者、进口者、销售者或者使用者应当在规定期限内停止生产、进口、销售或者使用列入前款规定目录中的设备和产品。工艺的采用者应当在规定期限内停止采用列入前款规定目录中的工艺。被淘汰的设备和产品，不得转让给他人使用。

（三）农业和其他污染防治方面的禁止行为

（1）农业生产经营者应当改进施肥方式，科学合理施用化肥并按照国家有关规定使用农药，减少氨、挥发性有机物等大气污染物的排放。禁止在人口集中地区对树木、花草喷洒剧毒、高毒农药。

（2）省、自治区、直辖市人民政府应当划定区域，禁止露天焚烧秸秆、落叶等产生烟尘污染的物质。

（3）排放油烟的餐饮服务业经营者应当安装油烟净化设施并保持正常使用，或者采取其他油烟净化措施，使油烟达标排放，并防止对附近居民的正常生活环境造成污染。

禁止在居民住宅楼、未配套设立专用烟道的商住综合楼以及商住综合楼内与居住层相邻的商业楼层内新建、改建、扩建产生油烟、异味、废气的餐饮服务项目。任何单位和个人不得在当地人民政府禁止的区域内露天烧烤食品或者为露天烧烤食品提供场地。

（4）禁止在人口集中地区和其他依法需要特殊保护的区域内焚烧沥青、油毡、橡胶、塑料、皮革、垃圾以及其他产生有毒有害烟尘和恶臭气体的物质；禁止生产、销售和燃放不符合质量标准的烟花爆竹；任何单位和个人不得在城市人民政府禁止的时段和区域内燃放烟花爆竹。

【思考与训练】

（1）简述大气污染的主要形式。

（2）简述生产工艺废气环境监察的要点。

（3）燃烧废气排放和污染治理设施的环境监察从哪些方面着手？

（4）技能训练。

任务来源：按照情境案例 2 的要求完成相关任务。

训练要求：根据案例分析任务，4～5 人一组，分组讨论完成。

（5）废气污染源监察现场实训。

任务来源：选择一家燃烧能源或生产过程有废气产生的工矿企业，进行废气治理设施运行管理和排放现场监察。

训练要求：明确实训目的，准备现场监察工具，按照废气污染源现场监察内容分组展开实训活动，提交实训报告。

模块四　固体废物及其他污染源环境监察

【能力目标】

- 能执行固体废物的管理政策；
- 能对固体废物的处理处置进行现场监察；
- 能辨识固体废物污染的违法行为；
- 能执行放射性污染的管理政策；
- 能对核设施和放射性废物进行现场监察；
- 能辨识放射性污染的违法行为；
- 能进行噪声污染源的现场监察；
- 能辨识噪声污染的违法行为。

【知识目标】

- 了解固体废物的分类及管理政策；
- 理解固体废物污染的违法行为；
- 掌握核辐射污染源的管理要求；
- 理解放射性污染有关的违法行为；
- 掌握噪声污染源排放的管理要求；
- 理解噪声污染的违法行为。

一、固体废物的环境监察

（一）固体废物的概念和分类

固体废物是指在生产、生活和其他活动中产生的丧失原有利用价值或者虽未丧失利用价值但被抛弃或者放弃的固态、半固态和置于容器中的气态的物品、物质以及法律、行政法规规定纳入固体废物管理的物品、物质。按产生来源，固体废物主要包括工业固体废物、农业固体废物和生活垃圾等。

（1）工业固体废物是指在工业生产活动中产生的固体废物。例如，高炉冶炼产生高炉渣，高炉煤气净化产生的瓦斯泥和瓦斯灰，除尘器产生除尘灰，设备维修产生废耐火材料，废水处理产生污泥等。

（2）生活垃圾是指在日常生活中或者为日常生活提供服务的活动中产生的固体废物以及法律、行政法规规定视为生活垃圾的固体废物。

（3）农业固体废物是指农业生产和农村生活活动中产生的固体废物。例如，秸秆、废旧农具、农膜、畜禽养殖粪便、烂草等。

（4）危险废物是指列入《国家危险废物名录》或者根据危险废物鉴别标准和危险废物鉴别技术规范（HJ/T 298）认定的具有危险特性的固体废物。通常具有爆炸性、易燃性、易氧化性、毒性、腐蚀性、易传染疾病等危险特性之一的废物。

· 贮存是指将固体废物临时置于特定设施或者场所中的活动。

· 处置是指将固体废物焚烧和用其他改变固体废物的物理、化学、生物特性的方法，达到减少已产生的固体废物数量、缩小固体废物体积、减少或者消除其危险成分的活动，或者将固体废物最终置于符合环境保护规定要求的填埋场的活动。

· 利用是指从固体废物中提取物质作为原材料或者燃料的活动。

各类污染源产生的主要固体废物种类见表1-8。

表1-8　各类污染源产生的主要固体废物种类

来源	产生的主要固体废物
矿业	剥离废石、废旧设备、木材、砖瓦、混凝土等建筑废料等
冶金	高炉渣、钢渣、铁合金渣、铅鼓风炉渣、铜反应炉渣、新罐渣、新窑渣、锑竖炉渣、锡钢化炉渣、汞沸腾炉渣等
石化工业	硫铁矿渣、铬渣、电石渣、合成氨煤灰渣、磷渣、白土渣、盐泥、酸渣、碱渣、添加剂渣、废催化剂渣、硼矿渣、氯化钙、页岩渣、油泥、废石膏、水处理污泥、炉灰渣、废旧设备、建筑废料等
机械交通工业	金属碎屑、沙石、废模型、废设备、废汽车、废仪表、废电器、水处理污泥、工业炉窑渣、建筑废料等

来源	产生的主要固体废物
轻纺食品工业	铬渣、废橡胶、废塑料、废布、废纤维、废染料、金属碎屑、废玻璃瓶、废罐头盒、炉灰渣、水处理污泥、建筑废料、酸造渣等
工业	钴进出渣、镍冶炼渣、赤泥、铬渣、砷铁渣、含砷烟尘、碱渣、废旧设备、建筑废料等
电器仪表工业	金属碎屑、废塑料、废玻璃、碱渣、酸渣、废油、废溶剂、废电器、废仪器、炉渣、重金属渣、水处理渣、建筑废料等
建材工业	水泥窑灰、建筑废料等
居民生活固体废物	锅炉渣、灰渣、脏土、废金属、废玻璃、废器皿、杂品、建筑废料、污泥、粪便、厨房垃圾、废塑料、废纸张、废布头等
农业固体废物	秸秆、杂草、烂果菜、糠秕、人畜粪便、废旧农具、废农药容器、农膜塑料等

固体废物的分类见图 1-2。

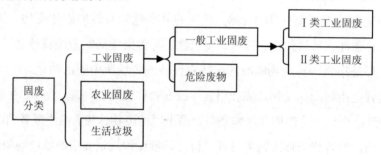

图 1-2   固体废物的分类

(二) 固体废物的监督管理机构

县级以上地方人民政府环保部门对本行政区域内固体废物污染环境的防治工作实施统一监督管理。县级以上地方人民政府有关部门在各自的职责范围内负责固体废物污染环境防治的监督管理工作。

国务院建设行政主管部门和县级以上地方人民政府环境卫生行政主管部门负责生活垃圾清扫、收集、贮存、运输和处置的监督管理工作。

《固体废物污染环境防治法》第十五条规定："县级以上人民政府环保部门和其他固体废物污染环境防治工作的监督管理部门，有权依据各自的职责对管辖范围内与固体废物污染环境防治有关的单位进行现场检查。被检查的单位应当如实反映情况，提供必要的资料。检查机关应当为被检查的单位保守技术秘密和业务秘密。"

（三）固体废物的环境政策

我国对固体废物的政策是实行减少固体废物的产生量和危害性、充分合理利用固体废物和无害化处置固体废物的原则，促进清洁生产和循环经济发展。采取有利于固体废物综合利用活动的经济、技术政策和措施，对固体废物实行充分回收和合理利用。鼓励、支持采取有利于保护环境的集中处置固体废物的措施，促进固体废物污染环境防治产业发展。

国家对固体废物污染环境防治实行污染者依法负责的原则。产品的生产者、销售者、进口者、使用者对其产生的固体废物依法承担污染防治责任。

（1）收集、贮存、运输、利用、处置固体废物的单位和个人，必须采取防扬散、防流失、防渗漏或者其他防止污染环境的措施；不得擅自倾倒、堆放、丢弃、遗撒固体废物。

（2）生产、销售、进口依法被列入强制回收目录的产品和包装物的企业，必须按照国家有关规定对该产品和包装物进行回收。

（3）使用农用薄膜的单位和个人，应当采取回收利用等措施，防止或者减少农用薄膜对环境的污染。

（4）从事畜禽规模养殖应当按照国家有关规定收集、贮存、利用或者处置养殖过程中产生的畜禽粪便，防止污染环境。

（5）矿山企业应当采取科学的开采方法和选矿工艺，减少尾矿、矸石、废石等矿业固体废物的产生量和贮存量。尾矿、矸石、废石等矿业固体废物贮存设施停止使用后，矿山企业应当按照国家有关环境保护规定进行封场，防止造成环境污染和生态破坏。

（四）危险废物污染防治技术政策

1. 危险废物污染防治技术政策

环境保护部对危险废物管理的总原则是减量化、资源化、无害化。危险废物的减量化主要促进企业采用低废、少废、无废工艺；禁止采用《淘汰落后生产能力、工艺和产品的目录》中明令淘汰的技术工艺和设备。

（1）对已经产生的危险废物管理，必须按照国家有关规定申报登记，建设符合标准的专门设施和场所妥善保存并设立危险废物标示牌，按有关规定自行处理处置或交由持有危险废物经营许可证的单位收集、运输、贮存和处理处置。

（2）对危险废物的容器和包装物以及收集、贮存、运输、处置危险废物的设施、场所，必须设置危险废物识别标志。危险废物的收集和运输应使用符合国家标准的专门容器分类收集。要严格按照危险废物运输的管理规定进行危险废物的运输，减少运输过程中的二次污染和可能造成的环境风险。

（3）危险废物的越境转移应遵从《控制危险废物越境转移及其处置巴塞尔公约》的要求，危险废物的国内转移应遵从《危险废物转移联单管理办法》及其他有关规定的要求，禁止在转移过程中将危险废物排放至环境中。

（4）危险废物的资源化应首先考虑回收利用，减少后续处理处置的负荷，回收利用过程应达到国家和地方有关规定的要求，避免二次污染。

（5）危险废物的贮存要求产生单位必须建设专门的危险废物贮存设施进行贮存，并设立危险废物标志，或委托具有专门危险废物贮存设施的单位进行贮存，贮存期限不得超过一年；确需延长期限的，必须报经原批准经营许可证的环境保护主管部门批准；法律、行政法规另有规定的除外。贮存危险废物的单位需拥有相应的许可证。

（6）危险废物的焚烧设施的建设、运营和污染控制管理应遵循《危险废物焚烧污染控制标准》及其他有关规定。医院临床废物、含多氯联苯废物等一些传染性的，或毒性大，或含持久性有机物污染成分的特殊危险废物宜在专门焚烧设施中焚烧。

（7）危险废物的填埋必须按入场要求和经营许可证规定的范围接收危险废物，达不到入场要求的，须进行预处理并达到填埋场入场要求。

2. 特殊危险废物污染防治

特殊危险废物是指毒性大，或环境风险大，或难以管理，或不宜用危险废物的通用方法进行管理和处理处置，而需要特别注意的危险废物，如医院的临床废物、多氯联苯类废物、生活垃圾焚烧飞灰、废电池、废矿物油、含汞废日光灯管等。

（1）鼓励医院临床废物的分类收集，分别进行处理处置，禁止一次性医疗器具和敷料的回收利用；

（2）含多氯联苯废物应尽快集中到专用的焚烧设施中进行处置，不宜采用其他途径进行处置；

（3）生活垃圾焚烧产生的飞灰不得在产生地长期贮存，不得进行简易处置，不得排放，需进行安全填埋处置；

（4）生产电池的企业应按照国家法律和产业政策，调整产业政策，调整产品结构，按期淘汰含汞、镉电池，避免含汞、镉电池混入生活垃圾焚烧设施，废铅酸电池必须进行回收利用，不得用其他办法进行处置，其收集、运输环节必须纳入危险废物管理；

（5）废矿物油的管理应遵循《废润滑油回收与再生利用技术导则》等有关规定，禁止将废矿物油任意抛洒、掩埋或排入下水道以及用作建筑脱模油，禁止继续使用硫酸/白土法再生废矿物油；

（6）加强废日光灯管产生、收集和处理处置的管理，鼓励重点城市建设区域性的废日光灯管回收处理设施。

3. 城市污水处理厂的污泥归类

环境保护部在《关于解释城市污水处理厂污泥是否属于工业固体废物的复函》中已明确：城市污水处理厂的污泥属于环保设施运营产生的固体废物，属于工业固体废物。但一般工业废水处理厂的污泥不仅属于工业固体废物，有些因其含有有毒污染物，应列入危险废物管理。

（五）固体废物综合利用

固体废物综合利用是指通过回收、加工、循环、交换等方式，从固废中提取或转化为可利用的资源、能源或其他原料。

　　《国家经委关于开展资源综合利用若干问题的暂行规定》中列举了综合利用的目录,对综合利用的方式从 6 个方面做了明确规定。《控制危险废物越境转移及其处置巴塞尔公约》中关于综合利用的作业方式做出了明确规定,见表 1-9。

表 1-9　固体废物的回收和综合利用

固体废物名称	综合利用	处置
煤矸石	煤矸石综合利用要实行"谁利用、谁受益"的原则,应以大宗利用为重点,将煤矸石发电、煤矸石建材及制品、复垦回填以及煤矸石山无害化处理等为重点	回填
有色金属尾矿	含石英为主的尾矿可生产蒸压硝酸盐矿砖、生产玻璃、碳化硅等,含方解石、石灰石尾矿可生产水泥,含二氧化硅和氧化铝尾矿可用于耐火材料生产,矿山废石可用于铺路、筑尾矿坝等	井下填充和填埋露天材料场
粉煤灰	可用于生产粉煤灰烧结砖、粉煤灰蒸养砖、粉煤灰硅酸盐砌块、加气混凝土、粉煤灰陶粒、代替黏土作水泥的原料、做生产水泥的混合材料、用于筑路	回填
高炉渣	作水泥的混合材料、用于生产矿渣硅酸盐水泥、石膏矿渣水泥、钢渣矿渣水泥;生产矿渣砖,用于筑路、地基工程、铁路道渣,用于混凝土骨料、轻骨料、矿渣棉、利用高钛矿渣做护路材料	—
钢渣	用于钢铁冶炼溶剂、生产水泥、筑路、生产建材、用于制钢渣硅肥、磷肥、酸性土壤改良剂、回收废钢	造地
铬渣(铬浸出渣)	加入还原剂,在一定温度条件下使六价铬转成三价铬解毒,解毒之后可制作建材	解毒之后可用于填埋
化学石膏	化学石膏可用做水泥掺合料,制作石膏板、生产熟石膏,磷石膏可用于制硫铵和碳酸钙以及土壤改良剂	—
废催化剂	因含有稀贵金属可根据不同特点精制提纯,作为二次资源加以利用	—
石油炼制工业固体废物	对含油量高的罐底泥、池底泥可做燃料,污水处理的油泥可用于制砖,对有机酸废液经过化学处理制成二次产品,油页岩渣可生产多功能建材	—
石化工业固体废物	废酸、废碱液经化学处理回收有用成分,反应废物一般可以作为燃料加以利用	—
石油化纤固体废物	废酸、碱液经化学处理回收有用成分,涤纶、腈纶、锦纶、维纶、丙纶聚合单体废品可经再加工成纤维	—

（六）固体废物的监察任务

1. 检查固体废物来源和种类

通过分析排污单位使用的原料、产品、生产工艺确定应产生固体废物的种类、产生规律、产生方式，检查产生的固体废物哪些属于一般固体废物、哪些属于危险废物，利用物料核算确定各种固体废物和危险废物的产生量。

2. 检查一般固体废物的排放量

对一般性固体废物，是否有贮存设施，是否有处置和综合利用的设施。按《固体废物污染环境防治法》规定，建设工业固体废物贮存、处置的设施、场所，必须符合国务院环保部门规定的环境保护标准。如果没有建设以上设施、场所的，其生产过程固体废物的产生量即视为排放量。有以上设施，但不符合环境保护标准，则不符合环境保护标准贮存和处置的产生量也应视为排放量。

3. 严查危险废物的管理

贮存危险废物必须采取符合国家环境保护标准的防范措施，贮存期不得超过1年；确需延长期限的，必须报经原批准经营许可证的环保部门批准，法律、行政法规另有规定的除外。

危险废物的收集、贮存、运输、处置危险废物的设施场所，必须设置危险废物的识别标志。对没有设置识别标志的，应处罚并责令改正。

对产生危险废物的排污单位，必须按照国家有关的规定，要求其对危险废物进行无害化处理。对于不按规定处置的，应责令其限期处置；逾期不处置或处置不符合国家有关规定的，应指定有能力代为处置的单位代其处置，处置费用由产生危险废物的单位承担。以填埋方式处置危险废物不符合规定的，还应缴纳危险废物排污费。

4. 严格危险废物的管理制度

查处未经许可擅自从事收集、贮存、处置危险废物。危险废物的运入和运出应填写危险废物转移联单，并履行报告制度。应严格检查固体废物的处置和贮存场所与设施是否严格符合防扬散、防流失、防渗漏的环保要求。

　　根据《危险废物转移联单管理办法》的相关规定，对转移和接收危险废物的单位应遵循以下要求。

　　（1）需进行危险废物交换和转移活动的单位，应向有关部门提出申请，经批准领取危险废物转移联单后，方可进行交换、转移活动。在交换过程中，交换双方必须严格遵守环保部门和其他依法行使监督职能的有关部门的规定，不得擅自更改。

　　（2）交换和转移危险废物前，危险废物产生单位必须首先对危险废物的有害特性和形态做出鉴别，然后对危险废物进行安全包装，并按照《危险货物包装标志》（GB 190—2009）在包装明显位置上附以标签，并如实填写《危险废物转移联单》（联单保存 5 年）。

　　（3）危险废物运输者和接收者，若发现危险废物的名称、数量等与《危险废物转移联单》填写内容不符，有权拒绝运输、拒绝接收，并向受理申请的环保部门报告，受理申请的环保部门应当及时组织调查，做出处理决定。

　　（4）危险废物运输单位必须得到接收危险废物的单位所在地的环保部门的许可。在转移危险废物的过程中，必须使用专门的或有安全防护设施的运输工具，能有效地防止危险废物在转移途中散落、泄漏和扬散，并具备对可能发生的事故采取应急措施的能力。

　　（5）在危险废物交换和转移过程中，发生事故或其他突发性事件，造成或者可能造成环境污染时，有关责任单位必须立即采取措施消除或者减轻对环境的污染危害。及时通报可能受到污染危害的单位和居民，并向事故发生地县级以上环保部门报告，接受调查和处理。

　　（6）接收危险废物的单位，必须具有相应的符合环保和安全要求的利用、处置和贮存的场地、厂房和设备，落实事故防范和应急措施。

　　5. 注意固体废物贮存和处置场所的安全性

　　如尾矿库防止垮塌，遇暴雨可能产生泥石流等安全隐患，还要防止产生二次污染，如煤矸石场的自燃、尾矿库遇风产生扬尘。

　　6. 检查固体废物的综合利用和无害化处置

　　鼓励排污单位在固体废物的管理上实现减量化、无害化、资源化。

（七）固体废物处理处置设施的监察任务

1. 检查防扬散措施是否齐全

固体废物中有些废物在收集、贮存、运输、利用、处置时易随风飘扬，形成二次污染，因此，在监察时要检查其防扬散措施是否齐全。

2. 检查防渗漏措施是否齐全，处理到位

固体废物中的有害物质易随雨水向地层渗入，造成地下水和土壤污染，应检查其防渗漏措施是否齐全，在贮存时是否设置人造或天然衬里，配备浸出液收集、处理装置。

3. 对危险废物的检查要严格

危险性固体废物不正确处置会造成大气、水体、土壤等的严重污染，因此对危险废物的检查要严格。首先，要检查其是否具有识别标签；其次，检查在贮存、处置、运输中是否采取防护措施；最后，检查危险废物管理制度包括监控系统是否健全。

（八）固体废物污染防治有关的禁止行为

违反即为违法行为。

1. 有关固体废物处理处置的禁止行为

（1）禁止任何单位或者个人向江河、湖泊、运河、渠道、水库及其最高水位线以下的滩地和岸坡等法律、法规规定禁止倾倒、堆放废弃物的地点倾倒、堆放固体废物；

（2）禁止在人口集中地区、机场周围、交通干线附近以及当地人民政府划定的区域露天焚烧秸秆；

（3）禁止未经批准转移固体废物出省、自治区、直辖市行政区域贮存、处置；

（4）禁止中华人民共和国境外的固体废物进境倾倒、堆放、处置；

（5）禁止进口不能用作原料或者不能以无害化方式利用的固体废物；对可以用作原料的固体废物实行限制进口和自动许可进口分类管理；

（6）禁止列入限期淘汰名录被淘汰的设备转让给他人使用；

（7）禁止擅自关闭、闲置或者拆除生活垃圾处置的设施、场所；确有必要关闭、闲置或者拆除的，必须经所在地的市、县人民政府环境卫生行政主管部门和环保部门核准，并采取措施，防止污染环境。

2. 有关危险废物处理处置的禁止行为

（1）禁止无经营许可证或者不按照经营许可证规定从事危险废物收集、贮存、利用、处置的经营活动；

（2）禁止将危险废物提供或者委托给无经营许可证的单位从事收集、贮存、利用、处置的经营活动；

（3）禁止将危险废物混入非危险废物中贮存；

（4）禁止将危险废物与旅客在同一运输工具上载运；

（5）禁止经中华人民共和国过境转移危险废物。

二、放射性污染的环境监察

（一）放射性污染及相关概念

放射性污染，即核辐射污染，是指由于人类活动造成物料、人体、场所、环境介质表面或者内部出现超过国家标准的放射性物质或者射线。

放射源，是指除研究堆和动力堆核燃料循环范畴的材料以外，永久密封在容器中或者有严密包层并呈固态的放射性材料。

核设施，是指核动力厂（核电厂、核热电厂、核供汽供热厂等）和其他反应堆（研究堆、实验堆、临界装置等）；核燃料生产、加工、贮存和后处理设施；放射性废物的处理和处置设施等。

核技术利用，是指密封放射源、非密封放射源和射线装置在医疗、工业、农业、地质调查、科学研究和教学等领域中的使用。

放射性废物，是指含有放射性核素或者被放射性核素污染，其浓度或者比活度大于国家确定的清洁解控水平，预期不再使用的废弃物。

根据放射性废物的特性及其对人体健康和环境的潜在危害程度，将放射性废物分为高水平放射性废物、中水平放射性废物和低水平放射性废物。

（二）放射性污染防治的监督管理机构

放射性废物的安全管理，应当坚持减量化、无害化和妥善处置、永久安全的原则。

国务院环保部门统一负责全国放射性废物的安全监督管理工作。

国务院核工业行业主管部门和其他有关部门，依照《放射性污染防治条例》的规定和各自的职责负责放射性废物的有关管理工作。

县级以上地方人民政府环保部门和同级其他有关部门，按照职责分工，各负其责，互通信息，密切配合，对本行政区域内核技术利用、伴生放射性矿开发利用中的放射性污染防治进行监督检查。

（三）放射性污染防治责任单位及要求

（1）核设施营运单位、核技术利用单位、铀（钍）矿和伴生放射性矿开发利用单位，负责本单位放射性污染的防治，接受环保部门和其他有关部门的监督管理，并依法对其造成的放射性污染承担责任。

（2）核设施营运单位、核技术利用单位、铀（钍）矿和伴生放射性矿开发利用单位，必须采取安全与防护措施，预防发生可能导致放射性污染的各类事故，避免放射性污染危害。

（3）核设施营运单位、核技术利用单位、铀（钍）矿和伴生放射性矿开发利用单位，应当对其工作人员进行放射性安全教育、培训，采取有效的防护安全措施。

（4）国家对从事放射性污染防治的专业人员实行资格管理制度；对从事放射性污染监测工作的机构实行资质管理制度。

（5）放射性物质和射线装置应当设置明显的放射性标识和中文警示说明。生产、销售、使用、贮存、处置放射性物质和射线装置的场所，以及运输放射性物质和含放射源的射线装置的工具，应当设置明显的放射性标志。

（6）含有放射性物质的产品，应当符合国家放射性污染防治标准；不符合国家放射性污染防治标准的，不得出厂和销售。

（7）使用伴生放射性矿渣和含有天然放射性物质的石材做建筑和装修材料，应当符合国家建筑材料放射性核素控制标准。

（四）放射性固体废物的处理与贮存

（1）核设施营运单位应当将其产生的不能回收利用并不能返回原生产单位或者出口方的废旧放射源（以下简称废旧放射源），送交取得相应许可证的放射性固体废物贮存单位集中贮存，或者直接送交取得相应许可证的放射性固体废物处置单位处置。

（2）核技术利用单位应当对其产生的不能经净化排放的放射性废液进行处理，转变为放射性固体废物。放射性固体废物贮存许可证的有效期为 10 年。

（3）放射性固体废物贮存单位应当按照国家有关放射性污染防治标准和国务院环保部门的规定，对其接收的废旧放射源和其他放射性固体废物进行分类存放和清理，及时予以清洁解控或者送交取得相应许可证的放射性固体废物处置单位处置。

（4）放射性固体废物贮存单位应当建立放射性固体废物贮存情况记录档案，如实完整地记录贮存的放射性固体废物的来源、数量、特征、贮存位置、清洁解控、送交处置等与贮存活动有关的事项。

（5）放射性固体废物贮存单位应当根据贮存设施的自然环境和放射性固体废物特性采取必要的防护措施，保证在规定的贮存期限内贮存设施、容器的完好和放射性固体废物的安全，并确保放射性固体废物能够安全回取。

（6）放射性固体废物贮存单位应当根据贮存设施运行监测计划和辐射环境监测计划，对贮存设施进行安全性检查，并对贮存设施周围的地下水、地表水、土壤和空气进行放射性监测。

（7）放射性固体废物贮存单位应当如实记录监测数据，发现安全隐患或者周围环境中放射性核素超过国家规定的标准的，应当立即查找原因，采取相应的防范措施，并向所在地省、自治区、直辖市人民政府环保部门报告。

（五）放射性固体废物的处置

（1）建造放射性固体废物处置设施，应当按照放射性固体废物处置场所选址技术导则和标准的要求，与居住区、水源保护区、交通干道、工厂和企业等场所保持严格的安全防护距离，并对场址的地质构造、水文地质等自然条件以及社会经济条件进行充分研究论证。

（2）建造放射性固体废物处置设施，应当符合放射性固体废物处置场所选址规划，并依法办理选址批准手续和建造许可证。不符合选址规划或者选址技术导则、标准的，不得批准选址或者建造。

（3）高水平放射性固体废物和 α 放射性固体废物深地质处置设施的工程和安全技术研究、地下实验、选址和建造，由国务院核工业行业主管部门组织实施。

（4）放射性固体废物处置单位应当按照国家有关放射性污染防治标准和国务院环保部门的规定，对其接收的放射性固体废物进行处置。

（5）放射性固体废物处置单位应当建立放射性固体废物处置情况记录档案，如实记录处置的放射性固体废物的来源、数量、特征、存放位置等与处置活动有关的事项。放射性固体废物处置情况记录档案应当永久保存。

（6）放射性固体废物处置单位应当根据处置设施运行监测计划和辐射环境监测计划，对处置设施进行安全性检查，并对处置设施周围的地下水、地表水、土壤和空气进行放射性监测。

（7）放射性固体废物处置单位应当如实记录监测数据，发现安全隐患或者周围环境中放射性核素超过国家规定的标准的，应当立即查找原因，采取相应的防范措施，并向国务院环保部门和核工业行业主管部门报告。

（8）放射性固体废物处置设施设计服役期届满，或者处置的放射性固体废物已达到该设施的设计容量，或者所在地区的地质构造或者水文地质等条件发生重大变化导致处置设施不适宜继续处置放射性固体废物的，应当依法办理关闭手续，并在划定的区域设置永久性标记。

（9）关闭放射性固体废物处置设施的，处置单位应当编制处置设施安全监护计划，报国务院环保部门批准。

（10）放射性固体废物处置设施依法关闭后，处置单位应当按照经批准的安全监护计划，对关闭后的处置设施进行安全监护。

（六）放射性固体废物的监察任务

（1）依法进行监督检查，出示证件，并为被检查单位保守技术秘密和业务秘密。有权采取下列措施：①向被检查单位的法定代表人和其他有关人员调查、了解情况；②进入被检查单位进行现场监测、检查或者核查；③查阅、复制相关文件、记录以及其他有关资料；④要求被检查单位提交有关情况说明或者后续处理报告。

被检查单位应当予以配合，如实反映情况，提供必要的资料，不得拒绝和阻碍。

（2）检查是否有应急预案并有计划地进行演习。核设施营运单位、核技术利用单位和放射性固体废物贮存、处置单位，应当按照放射性废物危害的大小，建立健全相应级别的安全保卫制度，采取相应的技术防范措施和人员防范措施，并适时开展放射性固体废物污染事故应急演练。

（3）检查从业人员是否进行培训考核。核设施营运单位、核技术利用单位和放射性固体废物贮存、处置单位，应当对其直接从事放射性废物处理、贮存和处置活动的工作人员进行核与辐射安全知识以及专业操作技术的培训，并进行考核；考核合格的，方可从事该项工作。

（4）检查是否将废旧放射源和其他放射性固体废物送交无相应许可证的单位贮存、处置或者擅自处置。

（5）检查新建、改建、扩建放射工作场所的放射防护设施，是否与主体工程同时设计、同时施工、同时投入使用。

（6）检查产生放射性废液的单位，向环境排放符合国家放射性污染防治标准的放射性废液,是否采用符合国务院环保部门规定的排放方式。

(七)放射性污染防治的禁止行为

违反即为违法行为。

(1)禁止将废旧放射源和其他放射性固体废物送交无相应许可证的单位贮存、处置或者擅自处置。禁止无许可证或者不按照许可证规定的活动种类、范围、规模和期限从事放射性固体废物贮存、处置活动。

(2)禁止将放射性废物和被放射性污染的物品输入中华人民共和国境内或者经中华人民共和国境内转移。

(3)禁止利用渗井、渗坑、天然裂隙、溶洞或者国家禁止的其他方式排放放射性废液。

(4)禁止在内河水域和海洋上处置放射性固体废物。

三、环境噪声的监察

(一)环境噪声污染

1. 噪声

噪声泛指强度超过一定标准,影响、干扰人们正常工作、生活和休息的声音。随着城市工业、交通运输、建筑施工等行业的发展,噪声已成为现代城市中一个严重的环境污染问题。

近年来,随着人们环保意识的提高和对生活质量要求的提高,环境噪声污染已成为城市人们密切关注的突出敏感问题。2002年统计年报显示,在大中城市噪声问题投诉比例占环境问题投诉的 44.8%,其中主要投诉的是生活噪声和建筑施工噪声的扰民问题。

2. 环境噪声的监察对象

环境噪声主要包括工业企业噪声、建筑噪声和餐饮、娱乐、服务企业的社会生活噪声。

（1）工业噪声，是指在工业生产活动中使用固定的设备时产生的干扰周围生活环境的声音；

（2）建筑施工噪声，是指在建筑施工过程中产生的干扰周围生活环境的声音；

（3）交通运输噪声，是指机动车辆、铁路机车、机动船舶、航空器等交通运输工具在运行时所产生的干扰周围生活环境的声音；

（4）社会生活噪声，是指人为活动所产生的除工业噪声、建筑施工噪声和交通运输噪声之外的干扰周围生活环境的声音。

3. 环境噪声的测量距离。

环境噪声的测量主要测量噪声源及由此产生的 1 m 外敏感处的环境噪声值。

（二）工业噪声源的监察

1. 工业噪声源的特征

工业噪声源包括各种风机、空压机、电机、锻压冲压设备、内燃机、电动机、球磨机、高压气流管、阀门和振动设备等。噪声在 70～120 dB。例如，高炉炼铁噪声主要为高炉放风阀、鼓风机、泵物料运输、筛分设备噪声。工业企业厂界噪声标准详见表 1-10。

表 1-10　工业企业厂界环境噪声排放标准

类别	昼间/dB	夜间/dB	适用区域
0 类	50	40	0 类标准适用于疗养区、高级别墅区、高级宾馆区等特别需要安静的区域
1 类	55	45	1 类标准适用于以居住、文教机关为主的区域
2 类	60	50	2 类标准适用于居住、商业、工业混杂区
3 类	65	55	3 类标准适用于工业区
4 类	70	55	4 类标准适用于城市中的道路交通干线道路两侧区域
备注	夜间频繁突发的噪声（如排气噪声），其峰值不准超过标准值 10 dB，夜间偶然突发的噪声（如短促鸣笛声），其峰值不准超过标准值 15 dB		

注：① "噪声敏感建筑物"是指医院、学校、机关、科研单位、住宅等需要保持安静的建筑物；

② "噪声敏感建筑物集中区域"是指医疗区、文教科研区和以机关或者居民住宅为主的区域；

③ "夜间"一般指 22:00—6:00；

④ "中午休息时间"一般指 12:00—14:00。

2. 工业环境噪声源的监察

（1）检查产生噪声的设备。检查产生噪声的设备是否为国家禁止生产、销售，进口、使用的淘汰产品。如许多老式风机，由于能耗高，噪声大，噪声可达 100 dB 以上，已被明令禁止使用。检查产生噪声的设备布局是否合理。很多情况下，企业噪声对环境的影响是由于产生噪声设备过于接近厂界。

（2）检查产生噪声设备的管理。一些设备在运行一段时间以后，由于机械力的作用，会产生位移、偏心、固定不稳等现象，产生额外的噪声与振动。转动、传动部件的磨损，也会使噪声升高，超过原设计与申报的噪声值。在监察中应督促企业加强设备的维护，及时更换磨损部件，降低噪声。

（3）检查噪声控制设备的使用。噪声控制设备常见的有隔声罩、隔声门窗、消声器、隔振器及阻尼等。设备加装防噪装置后会给设备的操作带来一些不便，如安装隔声罩后，在维护机器时就需要将隔声罩拆开，有时工人怕麻烦，在维护完工后，不及时将隔声罩装上。隔声门窗的安装会使室内空气流通性下降，室温也会有所升高，操作工人有时会违反规定将门窗打开，这就失去了安装隔声门窗的意义。在现场监察中要注意查看噪声控制设备是否完好，是否按要求使用。

（4）监督噪声源的工作时间。产生噪声设备的管理还包括生产时间的合理安排，为了减少对环境的影响，有关设备应避免在中午、夜间等干扰休息的时间运行。

（5）检查噪声污染防治设施是否执行环保手续。检查噪声污染防治设施是否符合设计要求，对新建设施看其是否竣工验收。检查污染防治设施在管理上是否到位，有无擅自拆除或闲置现象。

（6）现场检查其噪声污染排放情况及防治效果。根据国家《工业企业厂界噪声测量方法》及《建筑施工场界噪声测量方法》进行现场监测，看其经治理后噪声排放是否达到国家《工业企业厂界噪声标准》及《建筑施工场界噪声限值》。

（三）工业企业厂界噪声的监测

1. 测点位置选择

测量工业企业外噪声应在企业边界线 1 m 处进行，根据初测结果声级每涨落

3 dB（不大于 3 dB 为稳态噪声）布置一个测点。若无边界以城建部门划定的建筑红线为准。若厂界与居民住宅相连，厂界噪声无法测量时，测点应选在居室中央，室内限值应比相应标准值低 10 dB（A）。测点（即传声器位置，下同）应选在法定厂界外 1 m，高度 1.2 m 以上的噪声敏感处。如厂界有围墙，测点应高于围墙。

2．测量仪器

精度为 II 级以上的声级计或环境噪声自动监测仪，其性能符合《声级计电声性能及测量方法》，应定期校验。灵敏度差不得大于 0.5 dB（A）。测量时传声器加风罩。

3．测量条件

企业正常工作时间内进行，分昼、夜两部分，应在无雨、无雪天气中测量，风力在 5.5 m/s 以上时停止测量。

4．读数方法

用声级计采样时，仪器动态特性为"慢"响应，采样时间间隔为 5 s；用环境噪声自动监测仪采样时，仪器动态特性为"快"响应，采样时间间隔不大于 1 s。计权特性"A"，时间"特慢性"，同时记录两测点间距离（m）。

测量时间。稳态噪声测量 1 min 的等效声级；周期性噪声测量一个周期的等效声级；非周期性非稳态噪声测量整个正常工作时间的等效声级。

5．测量记录与数据处理

本底噪声应低于所测噪声 10 dB（A）以上，否则修正。避免外来突发噪声。若测量值与背景值差值小于 10 dB（A），背景值修正按表 1-11 进行修正。

表 1-11　背景值修正值

差值/dB	3	4～6	7～9
修正值/dB	−3	−2	−1

工业企业厂界噪声测量记录包括：工厂名称，适用标准类型，测量仪器，测量时间，测量人，测点编号，主要声源，昼间、夜间测量值，并附测点示意图。

稳态噪声，非稳态噪声：在测量时间内，声级起伏不大于 3 dB（A）的噪声视为稳态噪声，否则称为非稳态噪声。在测量时间内，声级变化具有明显的周期性的噪声为周期性噪声。厂界外噪声源产生的噪声为背景噪声。

（四）建筑施工噪声的监察

《环境噪声污染防治法》规定："在城市范围内向周围生活环境排放建筑施工噪声的，应当符合国家规定的建筑施工场界环境噪声排放标准"（第二十八条）。"在城市市域范围内，建筑施工过程中使用机械设备，可能产生环境噪声污染的，施工单位必须在工程开工十五日前向工程所在地县级以上地方人民政府环保部门申报该工程的项目名称、施工场所和斯限、可能产生的环境噪声值以及所采取的环境噪声污染防治措施的情况"（第二十九条）。"在城市市区噪声敏感建筑物集中区域内，禁止夜间进行产生环境噪声污染的建筑施工作业，但抢修、抢险作业和因生产工艺上要求或者特殊需要必须连续作业的除外"（第三十条第一款）。

1. 建筑施工噪声源的特征

城市建设中（包括房屋、道路、桥梁等施工）越来越多地采用机械化施工设备，提高了建设速度，同时也产生了噪声，干扰了人民群众的生活环境。特别是在市区的建筑施工，受噪声影响的人数更多。建筑施工噪声声级一般为 80～100 dB（A）。主要噪声源包括推土机、打桩机、混凝土搅拌机、空压机、振捣棒、卷扬机、风动工具以及一些运输工具等。建筑施工场界噪声限值见表 1-12。

表 1-12 建筑施工场界噪声限值

施工阶段	主要噪声源	噪声限值/dB（A）	
		昼间	夜间
土石方	推土机、挖掘机、装载机等	75	55
打桩	各种打桩机	85	禁止施工
结构	混凝土搅拌机、振捣棒、电锯等	70	55
装修	吊车、升降机等	65	55

2. 建筑施工噪声的污染控制

施工过程噪声的产生是不可避免的，要减少影响可采取以下措施：①设立隔声墙壁，将高噪设备与噪声敏感区隔开；②合理设置高噪声施工操作位置，使其远离敏感区；③合理安排施工时间，在中午和夜间停止高噪声施工活动；④采用低噪声设备或施工方法等。

这些都需要通过监察来督促施工企业实施。施工噪声引起的扰民纠纷最常见，许多工地就在居民楼附近，要严格限制施工的时间。如接到扰民举报，应立即检查，限期整改。

（五）社会生活噪声监察

《环境噪声污染防治法》第四十三条规定："新建营业性文化娱乐场所的边界噪声必须符合国家规定的环境噪声排放标准；不符合国家规定的环境噪声排放标准的，文化行政主管部门不得核发文化经营许可证，工商行政管理部门不得核发营业执照。经营中的文化娱乐场所，其经营管理者必须采取有效措施，使其边界噪声不超过国家规定的环境噪声排放标准。"

第四十四条："禁止在商业经营活动中使用高音广播喇叭或者采用其他发出高噪声的方法招揽顾客。在商业活动中使用空调器、冷却塔等可能产生环境噪声污染的设备、设施的，其经营管理者应当采取措施，使其边界噪声不超过国家规定的环境噪声排放标准。"第四十七条："在已竣工交付使用的住宅楼进行室内装修活动，应当限制作业时间，并采取其他有效措施，以减轻、避免对周围居民造成环境噪声污染。"

（六）饮食、娱乐服务企业环境监察

1. 服务业的范畴与特点

饮食、娱乐服务企业一般也称"三产"，主要是分布在商业区和生活区的浴池、酒楼、饭店、美发美容厅、音像门市部、各种修理店、饮食烧烤摊等。

这类企业具有以下特点：数量多，规模小，与生活居住区混杂，尽管排污总量小、强度低，但由于紧邻居民住宅，扰民影响大，纠纷多。

2. 饮食、娱乐、服务企业的环境监察任务

（1）落实"三产"的排污申报登记制度，逐渐使"三产"的环境管理纳入制度化。

（2）达到一定规模的"三产"新扩改项目，一定要落实《环评法》和《建设项目环境保护管理条例》，以免产生扰民纠纷。《环评法》规定："对环境影响很小、不需要进行环境影响评价的，应当填报环境影响登记表。建设单位未依法备案建设项目环境影响登记表的，由县级以上环境保护行政主管部门责令备案，处五万元以下的罚款。"《建设项目环境保护管理条例》规定："建设项目需要配套建设的环境保护设施，必须与主体工程同时设计、同时施工、同时投产使用。"

国家环保局、工商局于 1995 年 2 月 21 日《关于加强饮食娱乐服务企业环境管理的通知》规定：①饮食业必须设置收集油烟、异味的装置，并通过专门的烟囱排放。②燃煤锅炉必须使用型煤或其他清洁燃料，燃煤的炉灶必须配装除尘器，禁止原煤散烧。排放的烟尘应达到国家和地方的排放标准。③居民楼内，不得兴办产生噪声的娱乐场点、机动车修配厂及超标排放噪声的加工厂。在城镇人口集中区内兴办以上场所，必须采取相应的隔声措施，并限制夜间经营时间，达到规定的噪声标准。④宾馆、饭店和商业等经营场所安装的空调产生噪声和热污染的，经营单位应采取措施防治。⑤禁止在居民区内兴办产生恶臭、异味的修理业、加工业的服务企业。⑥严格限制在无排水管网处兴办产生和排放污水的饮食服务业。

（七）高考期间环境噪声污染的监察

国家环保总局先后下发《关于加强社会生活噪声污染管理的通知》《关于在高考期间加强环境噪声污染现场监督管理的通知》《关于在高考期间加强环境噪声污染监督管理的通知》《关于继续做好中高考期间噪声污染控制和现场监督检查的通知》等文件，对高考期间环境噪声污染的监督管理做出了明确的规定。

（1）各级环境监察机构在高考期间和高考前半个月内要设值班电话，并在当地新闻媒体上公布，提出按国家有关环境噪声标准对各类环境噪声源进行严格控

制外，对于群众的举报要及时查处，并在 24 h 内将处理结果告知举报人。对于那些影响较大、危害严重的噪声污染事件通过新闻媒体予以曝光。

（2）加强对建筑施工工地、室内装修、营业性娱乐文化场所、室外群众性娱乐活动和其他可能产生噪声污染的场所的晚间和夜间巡查，保证每一个可能产生噪声污染的场所处于有效的监督之下，发现噪声扰民行为要坚决制止，对违反规定的行为要依法从严处罚。

（3）派专人加强对距离学校 100 m 范围内的建筑施工作业、各种高音广播喇叭等的现场监督，坚决制止环境噪声污染行为。

（4）积极配合当地公安部门，严格加强对禁鸣区域路段的机动车辆喇叭噪声污染的管理，配合当地公安部门严肃处理违规行为。

（八）噪声排放的禁止行为

违反即为违法行为。

（1）在城市市区噪声敏感建筑物集中区域内，禁止夜间进行产生环境噪声污染的建筑施工作业，但抢修、抢险作业和因生产工艺上要求或者特殊需要必须连续作业的除外。因特殊需要必须连续作业的，必须有县级以上人民政府或者其有关主管部门的证明。夜间作业，必须公告附近居民。

（2）禁止制造、销售或者进口超过规定的噪声限值的汽车。

（3）警车、消防车、工程抢险车、救护车等机动车辆安装、使用警报器，必须符合国务院公安部门的规定；在执行非紧急任务时，禁止使用警报器。

（4）禁止在商业经营活动中使用高音广播喇叭或者采用其他发出高噪声的方法招揽顾客。

（5）禁止任何单位、个人在城市市区噪声敏感建设物集中区域内使用高音广播喇叭。

【思考与训练】

（1）固体废物如何进行监察？

（2）放射性污染防治如何监察？

（3）工业企业的噪声源如何开展环境监察？

（4）技能训练。

任务来源：按照情境案例 3 和情境案例 4 提出的要求完成任务。

训练要求：根据案例资料，4～5 人一组，分组讨论完成。

（5）现场监察训练。

任务来源：选择一家生产过程有固废和噪声产生的企业，进行固废处理和厂界噪声排放现场监察实训。

训练要求：明确实训目的，准备现场监察工具，按照固体废物处理处置和噪声排放现场监察内容分组展开实训活动，提交实训报告。

项目二　生态环境监察

【任务导向】

工作任务 1　陆地生态环境监察

工作任务 2　海洋生态环境监察

【活动设计】

在教学中，以生态环境项目任务引领课程内容，以模块化构建课程教学体系，开展"导、学、做、评"一体教学活动。以陆地生态环境监察和海洋生态环境监察为任务驱动，采用引导文教学法和启发式教学法等形式开展教学，开展仿真实训，达到学生掌握生态环境和海洋环境监督管理职业知识和职业技能的教学目标。

【案例导入】

情境案例 1：山西是我国重要煤炭能源基地。山西的煤炭生产在为我国的经济发展作出巨大贡献的同时，也对山西的生态环境造成极大的破坏。据不完全统计：山西矿山采空面积已达 2 万多 km^2，占全省国土面积的 13%，塌陷面积达 8 万 hm^2（40%是耕地），采煤排水每年达 3 亿 t，使 3 000 多处井泉干枯断流，导致 1 547 个村庄、70.4 万人及 9.9 万头牲畜饮水困难，2.7 万 hm^2 水田变成旱地，每年因此造成的经济损失达数十亿元。

工作任务:

(1) 结合案例,矿山开发如何开展生态环境监察工作?

(2) 根据以上案例,制定矿山开发生态环境监察方案。

情境案例 2: 2011 年 3 月 22 日,有网友在一论坛上发帖《重型污染工厂躲到农村去》,提到在 X 区桥头陈村有一家工厂将废水排放在田间,导致土地污染。并附了十多张关于一家工厂污染环境的照片。该帖称,这是一家铁制品工厂,建在一个山脚下,工厂附近随处可见残渣废水,成片成片流向田间。工厂围墙周围的土壤已经变成紫红色,附近村民的生活受到很大影响,水不能喝、气味不好闻、地种不好,到处都是污染物。

记者到当地了解情况,还没靠近工厂大门,就能听到厂内传出震耳欲聋的声音,像是机器锻压铁块发出的响声,一下接着一下。由于正在下雨,厂房前面堆放的垃圾顺着雨水流得到处都是。工厂排水沟两边的泥土,被废水染成黑黄色,而这些废水沿着沟渠直接流进了前面的农田。沟渠一边的土壤已经变成红褐色,像是铁锈一般,有的已经结成龟裂状。顺着工厂前的小路一直走,大约 20 m 开外就种了很多蔬菜。附近的村民告诉记者,工厂里的废水都直接流进了农田,而轰隆轰隆的机器声,不管白天还是晚上都不停。

随后,记者联系了 X 区环保部门,半小时后,环境监察执法人员到达现场,并在周围进行查看。这家厂的老板叫周某,他说工厂是去年 4 月接手的,此前是一家"钉子发黑厂",在这里开了很多年,由于附近的环境受到污染而被停产。周某说:"这些污染物都是前面的厂子留下的,我们现在生产的东西没有污染,而且相关的材料都是齐全的。"记者要求看看相关材料,周某拿出了一份盖有环保部门公章的复印材料。

环境监察执法人员在现场告诉记者:"我们马上联系以前的老板,让他们尽快清理掉污染物。至于现在的锻件厂,我们会继续调查,如果存在问题,立即责令纠正。"第二天现场执法的环保负责人打来电话:"我们已经通知了原来工厂的老板,要求他们尽快处理掉污染物,过两天我们还会去现场检查,如果还没有处理,我们将依法进行处罚。"至于现在这家锻件厂是否存在环保问题,这位负责人表示,他们还在进一步调查，不久就会有结果。

工作任务：

（1）农村生态环境如何监察？

（2）针对案例，存在哪些违法行为？

情境案例3：2017年3月31日，大理白族自治州委、州政府发布通知，坐落洱海流域水生态保护区核心区的餐饮、客栈经营者在4月10日之前自行暂停营业、接受核对，直到2018年6月环海截污工程竣工后，查看合格方可持续经营。这意味着，环洱海区域的1900个客栈中，大概估计关停的时刻达14个月。云南政府称预计将会拆除400多家客栈，公开将进行拆除的名单中某舞蹈家造价昂贵的两座别墅也赫然在列。原因是政府为了保护洱海不被水污染将要强制拆除洱海周边的客栈。洱海早在1994年4月5日就被国家列为苍山洱海国家级自然保护区。这几年水环境保护问题确实刻不容缓。

工作任务：

（1）如何执行我国关于国家级自然保护区的生态保护管理规定？

（2）分析案例，从哪些方面开展国家级自然保护区的生态监察？

情境案例4：2018年1月，央视连发两篇报道，对海南省房地产企业破坏生态环境的披露，令人触目惊心，海南有"四季花园"之称，有着得天独厚的生态环境，但因为这样的优越感，让"房地产大开发"的热情屡屡突破了生态底线……

2017年8月10日至9月10日，中央环保督察组对海南开展环保督察，并于不久前向海南省反馈指出，一些沿海县市向海要地、向岸要房情况严重，被房地产"绑架"，一批楼盘违规填海破坏海洋生态环境，造成了"难以抚平的伤痕"。更令人心痛的是，在中央督察公布反馈意见后，一些被公开点名侵占自然保护区的房地产项目，竟然不该卖的还在卖，不该建的还在建……

此前，中央曾发文《鼓了钱袋、毁了生态》狠批海南，时隔几天再次发文，实属罕见，由此可以看出海南房地产企业破坏生态环境的恶劣态势非同一般，在中央发文后依然我行我素，按说海南相关地方政府和此次被点名的企业在风口浪尖之上本该认真对待舆论监督，积极回应媒体的批评报道，但令人遗憾的是，海南相关房产企业仿佛置身中国政府领导之外，对中央的批评反馈意见充耳不闻，视而不见。有开发商以客运港等名义骗取海域使用权，如三亚市某岛项目以三亚国际客运港和国际邮轮港名义骗取海域使用权，一期填海面积 36.5 hm² 中港口用地仅占 5.6%，而住宅和酒店地产用地几乎占了 50%。这种不择手段开发海洋资源，不仅仅是坑害海洋环境，还暴露了地方政府对生态环境保护责任感的缺失。

2018 年 2 月，我国发布生态保护红线战略，指出造成严重破坏将终身追责。对违反生态保护红线管控要求、造成生态破坏的部门、地方、单位和有关责任人员，将按照有关法律法规实行责任追究。

工作任务：

（1）如何执行海洋生态环境保护规定？

（2）分析案例，提出存在哪些违法事件？依法提出处理意见。

模块一　陆地生态环境监察

【能力目标】

- 能运用法律依据开展陆地生态环境监察；
- 能对破坏生态环境的违法行为进行调查处理。

【知识目标】

- 了解陆地生态环境的相关法律法规；
- 熟悉陆地生态环境监察的工作任务。

一、生态环境监察

（一）生态环境监察的概念

生态环境监察是指环保部门的环境监察机构，依法对本辖区内一切单位与个人履行生态环境保护法律法规、政策的情况进行的现场监督、检查，并对各种环境违法行为和生态破坏行为进行的现场执法和处理。生态环境监察是环境监察的有机组成部分，是环境监察的重要内容。

生态环境监察的对象是一切导致生态功能退化的开发活动及其他人为破坏活动。

（二）生态环境监察的特点

（1）前瞻性。生态环境监察的着眼点要通过查处环境违法行为预防与控制生态破坏。

（2）系统性。生态环境的要素不是孤立存在的，是相互依存的系统，任何一种破坏行为都会带来一系列的生态问题，考虑问题要从整个生态系统方面出发。

（3）综合性。造成生态破坏的环境违法行为常常不是某一方面或某一个人的行为，而是涉及多种因素、多种行为、在一段时间后形成的，因此，在生态环境监察过程中，往往要与国土、农业、林业、草原、旅游等多部门相联系。

（三）生态环境监察的依据

生态环境监察的依据有法律与法规、规划与标准、环评报告、事实依据等几方面。

1. 法律与法规依据

生态环境监察方面的法律法规有：《环境保护法》《水污染防治法》《大气污染防治法》《噪声污染防治法》《固体废物污染环境防治法》《海洋环境保护法》《环境影响评价法》《矿产资源法》《水法》《水土保持法》《清洁生产促进法》《野生动物保护法》《陆生野生动物保护实施条例》《水生野生动物保护实施条例》《野生植物保护条例》《中华人民共和国濒危野生动植物进出口管理条例》《自然保护区条例》《建设项目环境保护管理条例》《土地复垦规定》《防治尾矿污染环境管理规定》《全国生态环境保护纲要》等法律法规中的有关条款。

2. 规划与标准依据

规划与标准有：《自然保护区土地管理办法》《国家级自然保护区总体规划大纲》《自然保护区管理基础设施建设技术规范》《自然保护区类型与级别划分原则》《国家级自然保护范围调整和功能区调整及更改名称管理规定》《国家级自然保护区监督检查办法》等。

3. 环评文件及事实依据

建立重要生态功能区、自然保护区、风景名胜区、经济开发区以及一切建设项目都要做环境影响评价，都要有环境影响评价文件。经过环保部门的批准后，这些环评文件都可以作为生态环境保护的具有法规效力的技术性依据。

在环境保护工作中取得的一切具有证据性质的文件，生态环境监察中取得的一切证据，都是在实施生态环境保护中的依据。

二、生态问题与生态环境保护任务

（一）生态环境问题

《全国生态保护"十三五"规划》（简称"十三五"规划）概述了我国生态环境保护存在的总体问题：

（1）中度以上生态脆弱区域占全国陆地国土面积的 55%，荒漠化和石漠化土地占国土面积的近 20%。

（2）森林系统低质化、森林结构纯林化、生态功能低效化、自然景观人工化趋势加剧，每年违法违规侵占林地约 200 万亩[*]，全国森林单位面积蓄积量只有全球平均水平的 78%。

（3）全国草原生态总体恶化局面尚未根本扭转，中度和重度退化草原面积仍占 1/3 以上，已恢复的草原生态系统较为脆弱。

（4）全国湿地面积近年来每年减少约 510 万亩，900 多种脊椎动物、3 700 多

---

[*] 1 亩=666.67 m²。

种高等植物生存受到威胁。

（5）资源过度开发利用导致生态破坏问题突出，生态空间不断被蚕食侵占，一些地区生态资源破坏严重，系统保护难度加大。

《环境保护法》第二十九条规定："国家在重点生态功能区、生态环境敏感区和脆弱区等区域划定生态保护红线，实行严格保护。""各级人民政府对具有代表性的各种类型的自然生态系统区域，珍稀、濒危的野生动植物自然分布区域，重要的水源涵养区域，具有重大科学文化价值的地质构造、著名溶洞和化石分布区、冰川、火山、温泉等自然遗迹，以及人文遗迹、古树名木，应当采取措施予以保护，严禁破坏。"

《环境保护法》第三十条规定："开发利用自然资源，应当合理开发，保护生物多样性，保障生态安全，依法制定有关生态保护和恢复治理方案并予以实施。""引进外来物种以及研究、开发和利用生物技术，应当采取措施，防止对生物多样性的破坏。"

"十三五"期间，生态环境保护机遇与挑战并存，既是负重前行、大有作为的关键期，也是实现质量改善的攻坚期、窗口期。要充分利用新机遇、新条件，妥善应对各种风险和挑战，坚定推进生态环境保护，提高生态环境质量。

（二）生态环境保护任务

"十三五"规划提出，加大保护力度，强化生态修复。贯彻"山水林田湖是一个生命共同体"理念，坚持保护优先、自然恢复为主，推进重点区域和重要生态系统保护与修复，构建生态廊道和生物多样性保护网络，全面提升各类生态系统稳定性和生态服务功能，筑牢生态安全屏障。

1. 维护国家生态安全

（1）系统维护国家生态安全。识别事关国家生态安全的重要区域，以生态安全屏障以及大江大河重要水系为骨架，以国家重点生态功能区为支撑，以国家禁止开发区域为节点，以生态廊道和生物多样性保护网络为脉络，优先加强生态保护，维护国家生态安全。

（2）建设"两屏三带"国家生态安全屏障。建设青藏高原生态安全屏障，推进黄土高原—川滇生态安全屏障建设；建设东北森林带生态安全屏障，重点保护好森林资源和生物多样性；建设北方防沙带生态安全屏障，重点加强防护林建设、草原保护和防风固沙；建设南方丘陵山地带生态安全屏障，重点加强植被修复和水土流失防治。

（3）构建生物多样性保护网络。深入实施中国生物多样性保护战略与行动计划，继续开展联合国生物多样性十年中国行动。加强生物多样性保护优先区域管理，构建生物多样性保护网络，完善生物多样性迁地保护设施，实现对生物多样性的系统保护。开展生物多样性与生态系统服务价值评估与示范。

2. 管护重点生态区域

（1）深化国家重点生态功能区保护和管理。制定国家重点生态功能区产业准入负面清单，制定区域限制和禁止发展的产业目录。优化转移支付政策，强化对区域生态功能稳定性和提供生态产品能力的评价和考核。支持甘肃生态安全屏障综合示范区建设，推进沿黄生态经济带建设。加快重点生态功能区生态保护与建设项目实施，加强对开发建设活动的生态监管，保护区域内重点野生动植物资源。

（2）优先加强自然保护区建设与管理。优化自然保护区布局，将重要河湖、海洋、草原生态系统及水生生物、自然遗迹、极小种群野生植物和极度濒危野生动物的保护空缺作为新建自然保护区重点，建设自然保护区群和保护小区；建立全国自然保护区"天地一体化"动态监测体系，利用遥感等手段开展监测，国家级自然保护区每年监测两次，省级自然保护区每年监测一次；定期组织自然保护区专项执法检查，严肃查处违法违规活动，加强问责监督；加强自然保护区综合科学考察、基础调查和管理评估；积极推进全国自然保护区范围界限核准和勘界立标工作，开展自然保护区土地确权和用途管制，有步骤地对居住在自然保护区核心区和缓冲区的居民实施生态移民。到2020年，全国自然保护区陆地面积占我国陆地国土面积的比例稳定在15%左右，国家重点保护野生动植物种类和典型生态系统类型得到保护的占90%以上。

（3）整合设立一批国家公园。合理界定国家公园范围，更好地保护自然生态和自然文化遗产原真性、完整性。加强风景名胜区、自然文化遗产、森林公园、沙漠公园、地质公园等各类保护地规划、建设和管理的统筹协调，提高保护管理效能。

3. 保护重要生态系统

（1）保护森林生态系统。强化天然林保护和抚育，健全和落实天然林管护体系，加强管护基础设施建设，全面停止天然林商业性采伐。继续实施森林管护和培育、公益林建设补助政策。分级分类进行林地用途管制。到 2020 年，林地保有量达到 31 230 万 hm^2。

（2）推进森林质量精准提升。坚持保护优先、自然恢复为主，坚持数量和质量并重、质量优先，坚持封山育林、人工造林并举，强化森林经营，大力培育混交林。到 2020 年，混交林占比达到 45%，单位面积森林蓄积量达到 95 m^3/hm^2，森林植被碳储量达到 95 亿 t。

（3）保护草原生态系统。稳定和完善草原承包经营制度，实行基本草原保护制度，落实草畜平衡、禁牧休牧和划区轮牧等制度。严格草原用途管制，加强草原管护员队伍建设，严厉打击非法征占用草原、开垦草原、乱采滥挖草原野生植物等破坏草原的违法犯罪行为。建立草原生产、生态监测预警系统。加强"三化"草原治理。到 2020 年，治理"三化"草原 3 000 万 hm^2。

（4）保护湿地生态系统。开展湿地生态效益补偿试点、退耕还湿试点。实施湿地保护与修复工程，逐步恢复湿地生态功能，扩大湿地面积。提升湿地保护与管理能力。

4. 提升生态系统功能

（1）大规模绿化国土。加强农田林网建设，建设配置合理、结构稳定、功能完善的城乡绿地，形成沿海、沿江、沿线、沿边、沿湖（库）、沿岛的国土绿化网格，促进山脉、平原、河湖、城市、乡村绿化协同；扩大新一轮退耕还林还草范围和规模，在具备条件的 25°以上坡耕地、严重沙化耕地和重要水源地 15°～25°坡耕地实施退耕还林还草。实施全国退牧还草工程建设规划，转变草原畜牧业生产方式，建设草原保护基础设施，保护和改善天然草原生态。

（2）建设防护林体系。加强"三北"、长江、珠江、太行山、沿海等防护林体系建设。"三北"地区乔灌草相结合；长江流域推进退化林修复，构建"两湖一库"防护林体系。珠江流域推进退化林修复。太行山脉优化林分结构。沿海地区推进海岸基干林带和消浪林建设，修复退化林，完善沿海防护林体系和防灾减灾体系。在粮食主产区营造农田林网，加强村镇绿化，提高平原农区防护林体系综合功能。

（3）建设储备林。在水、土、光、热条件较好的南方省区和其他适宜地区，吸引社会资本参与储备林投资、运营和管理，加快推进储备林建设。在东北、内蒙古等重点国有林区，采取人工林集约栽培、现有林改培、抚育及补植补造等措施，建设以用材林和珍贵树种培育为主体的储备林基地。到 2020 年，建设储备林 1 400 万 hm^2，每年新增木材供应能力 9 500 万 m^3 以上。培育国土绿化新机制。鼓励家庭林场、林业专业合作组织、企业、社会组织、个人开展专业化规模化造林绿化。鼓励国有林场担负区域国土绿化和生态修复主体任务。鼓励地方探索在重要生态区域通过赎买、置换等方式调整商品林为公益林的政策。

5. 修复生态退化地区

（1）综合治理水土流失。加强长江中上游、黄河中上游、西南岩溶区、东北黑土区等重点区域水土保持工程建设，加强黄土高原地区沟壑区固沟保塬工作，推进东北黑土区侵蚀沟治理，加快南方丘陵地带崩岗治理，积极开展生态清洁小流域建设。

（2）推进荒漠化、石漠化治理。开展固沙治沙，加大对主要风沙源区、风沙口、沙尘路径区、沙化扩展活跃区等治理力度，加强"一带一路"沿线防沙治沙，推进沙化土地封禁保护区和防沙治沙综合示范区建设。继续实施京津风沙源治理二期工程。以"一片两江"（滇桂黔石漠化片区和长江、珠江）岩溶地区为重点，开展石漠化综合治理。到 2020 年，努力建成 10 个百万亩、100 个十万亩、1 000 个万亩防沙治沙基地。

（3）加强矿山地质环境保护与生态恢复。严格实施矿产资源开发环境影响评价，建设绿色矿山。加大矿山植被恢复和地质环境综合治理，开展病危险尾矿库和"头顶库"（1 km 内有居民或重要设施的尾矿库）专项整治，强化历史遗留矿山地质环境恢复和综合治理。推广实施尾矿库充填开采等技术，建设一批"无尾矿山"（通过有效手段实现无尾矿或仅有少量尾矿占地堆存的矿山），推进工矿废弃地修复利用。

6. 扩大生态产品供给

（1）推进绿色产业建设。加强林业资源基地建设，加快产业转型升级，建设一批具有影响力的花卉苗木示范基地，发展一批增收带动能力强的木本粮油、特色经济林、林下经济、林业生物产业、沙产业、野生动物驯养繁殖利用示范基地。加快发展和提升森林旅游休闲康养、湿地度假、沙漠探秘、野生动物观赏等产业，建立绿色产业和全国重点林产品市场监测预警体系。

（2）构建生态公共服务网络。加大自然保护地、生态体验地的公共服务设施建设力度，加快建设生态标志系统、绿道网络、环卫、安全等公共服务设施。加强风景名胜区和世界遗产保护与管理。稳步做好世界自然遗产、自然与文化双遗产培育与申报。强化风景名胜区和世界遗产的管理，实施遥感动态监测，加强风景名胜区保护利用设施建设。

（3）维护修复城市自然生态系统。提高城市生物多样性，加强城市绿地保护，完善城市绿线管理。优化城市绿地布局，建设绿道绿廊，使城市森林、绿地、水系、河湖、耕地形成完整的生态网络。扩大绿地、水域等生态空间，推广立体绿化、屋顶绿化。开展城市山体、水体、废弃地、绿地修复；加强城市周边和城市群绿化，实施"退工还林"，成片建设城市森林。大力提高建成区绿化覆盖率，加快老旧公园改造；加强古树名木保护，严禁移植天然大树进城。发展森林城市、园林城市、森林小镇。到 2020 年，城市人均公园绿地面积达到 14.6 m^2，城市建成区绿地率达到 38.9%。

7. 保护生物多样性

（1）开展生物多样性本底调查和观测。实施生物多样性保护重大工程，以生物多样性保护优先区域为重点，开展生态系统、物种、遗传资源及相关传统知识调查与评估，建立全国生物多样性数据库和信息平台。到 2020 年，基本摸清生物多样性保护优先区域本底状况。对重要生物类群和生态系统、国家重点保护物种及其栖息地开展常态化观测、监测、评价和预警。

（2）实施濒危野生动植物抢救性保护。保护、修复和扩大珍稀濒危野生动植物栖息地、原生境保护区（点），优先实施重点保护野生动物和极小种群野生植物保护工程，加强珍稀濒危野生动植物救护、繁育和野化放归，开展长江经济带及重点流域人工种群野化放归试点示范，科学进行珍稀濒危野生动植物再引入。优化全国野生动物救护网络，完善布局并建设一批野生动物救护繁育中心，建设兰科植物等珍稀濒危植物的人工繁育中心。开展野生动植物繁育利用及其制品的认证标识。调整修订国家重点保护野生动植物名录。

（3）加强生物遗传资源保护。建立生物遗传资源及相关传统知识获取与惠益分享制度，规范生物遗传资源采集、保存、交换、合作研究和开发利用活动，加强与遗传资源相关传统知识保护。开展生物遗传资源价值评估，筛选优良生物遗传基因。强化野生动植物基因保护，建设野生动植物人工种群保育基地和基因库。完善西南部生物遗传资源库，新建中东部生物遗传资源库，收集保存国家特有、珍稀濒危及具有重要价值的生物遗传资源。建设药用植物资源、农作物种质资源、野生花卉种质资源、林木种质资源中长期保存库（圃），合理规划和建设植物园、动物园、野生动物繁育中心。

（4）强化野生动植物进出口管理。加强生物遗传资源、野生动植物及其制品进出口管理，建立部门信息共享、联防联控的工作机制，建立和完善进出口电子信息网络系统。严厉打击象牙等野生动植物制品非法交易，构建情报信息分析研究和共享平台，组建打击非法交易犯罪合作机制，严控特有、珍稀、濒危野生动植物种质资源流失。

（5）防范生物安全风险。加强对野生动植物疫病的防护。建立健全国家生态安全动态监测预警体系，定期对生态风险开展全面调查评估。加强转基因生物环境释放监管，开展转基因生物环境释放风险评价和跟踪监测。建设国门生物安全保护网，完善国门生物安全查验机制，严格外来物种引入管理。严防严控外来有害生物物种入侵，开展外来入侵物种普查、监测与生态影响评价，对造成重大生态危害的外来入侵物种开展治理和清除。

三、生态环境监察工作任务

（一）重要生态功能区的生态环境监察

凡经批准正式建立的各级生态功能保护区，无论属哪一级政府管理，均由同级环保部门的环境监察机构随时进行监察。其内容是：监察该生态功能保护区边界是否已经划定；监察其管理机构是否能正常承担生态环境保护管理职能；检查和制止功能区内一切导致生态功能退化的开发活动和其他人为破坏活动（垦荒、捕猎、乱砍滥伐、取水、挖矿等）；停止一切产生严重污染环境的工程项目建设；督促该生态功能保护区恢复和重建生态保护功能的工程建设。

重要生态功能区的保护决非是环境保护部门单独能办到的事，而必须由相应的一级政府来主办。在政府的领导下，经贸、计划、农、林、水、土、矿等多部门合作，依据有关法规，根据生态功能区的类型，履行各自的环境保护职责。环保部门根据"三统一"的原则，做好综合协调和监督工作。

（二）重点资源开发区的生态环境监察

1. 对资源开发利用的建设项目的监察

对水、土地、森林、草原、海洋、矿产等自然资源开发利用的建设单位，必须遵守相关的法律法规，依法履行环境影响评价手续。环境监察机构要按照经批准的环境影响评价报告书（表）和"三同时"审批意见，认真检查开发建设单位的落实情况。有水土保持方案的，要严格要求按方案执行。和建设项目的环境监察一样，凡没有执行环境影响评价，没有执行"三同时"和水土保持方案的，一律不得开工建设，不得竣工投产。要按照环境监察工作制度，加密对重点资源开发区内的建设项目的检查频次，利用环境监察经常外出巡查的优势，及时发现未办环评手续擅自开工的；不按环评和"三同时"审批意见施工的；未经验收就擅自投产的；在开发利用过程中造成严重生态环境影响的；已造成严重生态环境影响的开发建设项目，要及时采取措施，防止影响扩大，并及时报告上级环保部门予以处理。

2. 对水资源开发利用项目的生态监察

生态环境监察重点是：流域水资源开发规划要全面评估工程对流域水文条件和水生生物多样性的影响；干旱、半干旱地区要严格控制新建平原水库，将最低生态需水量纳入水资源分配方案；对造成减水河段的水利工程，必须采取措施保持足够的生态用水，保护下游生物多样性；兴建河系大闸，要设立鱼蟹洄游通道；在发生江河断流、湖泊萎缩、地下水超采的流域和区域，坚决禁止新的蓄水、引水和灌溉工程建设。环境监察中，发现利用地下水的，要检查是否在划定的地下水禁采区开采，是否属于高耗水产业；利用地表水的，检查是否符合水域、流域用水规划，对生态用水有无损害。对排污水的企事业单位的环境监察，要按规定规范其排污口和排污量，严格按排污许可证制度办事。及时发现违法违规向水体排放污染物和倾倒垃圾、工业废料的现象。及时处理水体污染事放，保持水生态环境的良好状态。要合理规划利用地表水和滩涂的养殖业，严格管理，降低密度，不使其污染水体。要控制水生物种的引进，保护好原生物种。

位于湿地的资源开发项目的生态环境监管重点是：穿越湿地等生态环境敏感区的公路、铁路等基础设施建设，应建设便于动物迁徙的通道设施；在湿地内开采油、气资源应采取措施保护生物多样性；资源枯竭后，应及时拆除生产设施，恢复自然生态；禁止围湖、围海造地和占填河道等改变水生态功能的开发建设活动；禁止利用自然湿地净化处理污水；禁止不按科学规划和环境影响评价围湖造田，任意破坏湿地、红树林、珊瑚礁，任意改变河流的走向和河床。

3. 对森林、草原的开发利用项目的生态监察

林草资源规划和开发项目的环评审查和生态环境监管重点是：禁止荒坡地全垦整地、严格控制炼山整地；在年降水量不足 400 mm 的地区，严格限制乔木种植和速生丰产林建设；水资源紧缺地区，不得靠灌溉大面积推进和维持人工造林；草原放牧要严格实行以草定畜和祭牧期、禁牧区及轮牧制度；禁止采集国家重点保护的生物物种资源；在野生生物物种资源丰富的地区，应划定野生生物资源限采区、准采区和禁采区，并严格规范采挖方式。要严格监管被划定的禁垦区、禁

伐区和禁牧区，对在以上三区垦殖、伐木和放牧的，要及时依法制止和处理。对毁林毁草开垦的耕地和废弃地，要按照"谁批准谁负责、谁破坏谁恢复"的原则，在环保部门的指导下，按限期治理制度限期退耕还林、还草，保证不再对森林和草原生态环境造成新的破坏。

4. 对生物物种资源开发利用的生态监察

要积极参与林业、农业、渔业部门禁止捕捉、猎杀、采集濒危野生动植物的工作，检查和打击非法经营、销售活动。采集国家一级保护野生植物的，必须申请采集证，由省级野生植物行政主管部门（林业及农业部门）审查后报国家野生植物行政主管部门审批发给；采集国家二级保护野生植物的，由县级以上野生植物行政主管部门审查后报省级野生植物行政主管部门审批发给采集证。禁止猎杀、杀害国家重点保护野生动物，因科学研究、驯养繁殖、展览或其他特殊情况，需要捕捉、捕捞国家一级保护野生动物的，必须向国务院野生动物行政主管部门（林业和渔业部门）申请特许猎捕证；猎捕国家二级保护野生动物的，必须向省、自治区、直辖市政府野生动物行政主管部门申请特许猎捕证。猎捕非国家重点保护野生动物的，必须取得狩猎证，并且服从猎捕量限额管理。

禁止采集、销售发菜和滥采乱挖甘草、麻黄草等各类有固沙保土作用的野生药用植物。要与公安部门配合打击销售发菜、穿山甲等国家保护的野生动植物黑市。与工商部门配合关闭一切珍稀野生动植物收购、加工和销售市场。

外来物种引进和转基因生物应用的环评审查和生态环境监察重点是：引进外来物种和转基因生物环境释放前，必须进行环境影响评估；禁止在生态环境敏感区进行外来物种试验和种植放养活动；严格限制在野生生物原产地进行同类转基因生物的环境释放；要联合有关部门确定本地区的重点外来入侵物种和重点防治区域，并予以公布。自然保护区、生态功能保护区、风景名胜区和生态环境特殊和脆弱的区域以及内陆水域等应作为外来入侵物种防治工作的重点区域。遭受外来物种入侵和危害的上述区域、应集中力量和资金，尽快予以控制和消除。要加强对自然保护区、风景名胜区、森林公园旅游活动的环境管理工作，防止外来入侵物种的有意或无意传入。

5. 对矿产资源开发利用的生态监察

矿产资源开发规划和项目的环评审查和生态环境监管重点是：在生态环境敏感区进行矿产资源开发必须进行生态环境影响专题分析，资源枯竭后必须复垦或恢复植被，不得在生态功能重要的区域开采矿产资源。矿产资源的开采必须有矿业行政主管部门按规定发给的采矿许可证，在划定的矿区范围内开采。禁止无证或超证开采。还要随时检查生态功能保护区、自然保护区、风景名胜区、森林公园等国家明令保护的区域内有无非法采矿行为并加以制止。对在严禁采矿、采石、采沙、取土的地区内发现有采取行为并已对生态环境造成损害影响的，要立即制止并向上级环保部门报告。对由于矿产资源开发而造成地质灾害、水土流失、物种破坏和生态环境破坏的，应责令开发者限期恢复其生态环境功能。对已停止采矿或已关闭的矿山、坑口，应监督其责任者及时做好土地复垦和生态恢复工作。

（1）立项阶段。检查矿山建设项目环境影响评价审批手续办理情况；查看环境影响报告书（表）和环保部门批复意见中对污染防治措施及水土保持、植被恢复、土地复垦等生态环境保护方面的有关要求；检查矿山建设项目选址是否在禁采区建设（生态功能区，自然保护区、风景名胜区、森林公园；崩塌滑坡危险区、泥石流易发区和易导致自然景观破坏的区域；港口、机场、国防工程设施圈定地区以内；重要工业区、大型水利工程设施、城镇市政工程破坏附近一定距离以内；铁路、重要公路两侧一定距离以内；重要河流、堤坝两侧一定距离以内；基本农田保护区）。在自然保护区进行开矿、采石、挖沙等活动的单位和个人，除可以依照有关法律、行政法规规定给予处罚的以外，由县级以上人民政府有关自然保护区行政主管部门或其授权的自然保护区管理机构没收违法所得，责令停止违法行为，限期恢复原状或采取其他补救措施；对自然保护区造成破坏的，可以处以 300元以上 10 000 元以下的罚款。

（2）施工阶段。检查建设项自施工计划（措施、方案）的落实情况；检查环评批复意见的落实和生态环境保护与污染治理措施落实情况；检查施工现场"三废"排放情况和生态破坏情况。

（3）竣工验收阶段。验收达标情况及验收结论；检查竣工验收手续办理情况。

（4）运行阶段。检查矿山企业环境管理制度建立情况；按环评报告书（表）及审批意见中提出的有关污染防治、生态恢复、水土保持等要求检查落实情况；查看矿山企业排污申报登计及排污许可证发放情况，检查矿山企业污染治理设施管理、维护、运行情况；检查矿山企业在采、选、冶过程中的环境污染（废水、废气、固体废物排放）和生态破坏情况；检查矿山企业闭矿后的生态恢复情况。

由于历史原因，不少矿山未预留生态恢复治理资金，地方政府未认真履行生态环境保护和治理方面的职责，造成许多矿山生态环境破坏存在无人"买单"现象，应当进一步明确矿区生态环境治理责任，建立多渠道投资机制。明确地方政府是当地矿区生态环境治理第一责任人，按照"谁污染、谁治理"的原则，尽快落实费用承担主体和实施治理的主体，力争治理资金和各项工作落实到位。协调有关部门制定矿山生态保护与生态恢复的经济政策，建立矿山生态恢复保证金制度和生态补偿机制，通过市场机制，秉承"谁投资、谁受益"的原则，充分利用国家财政、地方财政和社会资金，多渠道融资开展矿山生态环境恢复和治理工作。

6. 对旅游资源开发利用的生态监察

旅游资源开发项目的环评审查和生态环境监察的重点是：必须有生态环境保护规划和宣传教育专项方案；旅游区内禁止建设破坏景观资源的楼、堂、馆、所；严格限制索道、滑道、旅游列车、娱乐城的建设；科学核定景区旅游容量，做到"区内游，区外住"；禁止在自然保护区核心区、缓冲区内从事旅游开发，不得以开发为目的擅自把自然保护区核心区、缓冲区调整为实验区。要检查旅游开发是否严格按环境影响评价的审批意见执行，对不按环评制度和环评审批意见办事的，要报告环保部门予以处理、处罚。旅游已经影响到环境和生态的，要限定旅游时间和旅游人数。对旅游区内的污水、烟尘、生活垃圾，要与工业企业一样地严格要求，必须达标排放和妥善处置。

7. 对农业资源开发规划和项目的环评审查和生态监察

禁止毁林毁草（场）开垦和陡坡（坡度 25°及以上）开垦；禁止在生态环境

敏感区域建设规模化畜禽养殖场，畜禽养殖区与生态敏感区域的防护距离最少不得低于 500 m；渔业资源开发要执行捕捞限额和禁渔、休渔制度；水产养殖要合理投饵、施肥和使用药物，环境敏感的水库、湖塘禁止网箱养殖；禁止在农村集中饮用水水源地周围建设有污染物排放的项目或从事有污染的活动；科学合理使用农药、化肥和农膜，防止农业面源污染。

8. 对城镇道路设施建设、新区建设、旧城区改造项目的生态监察

严格保护城市内的天然湿地、草地、林地、河道等生态系统；城市渠系、水体整治中不得随意对自然水体进行人为的"防渗处理"；城市绿化树（草）种应推广本地优良品种，严格控制对野生树木的采挖移植；禁止古树、名木异地移栽，防止"大树进城"造成原产地生态系统和生物多样性的破坏。

（三）生态良好地区的生态环境监察

生态环境良好地区维持原有的生态环境和生态系统是主要任务。在生态环境没有大的改变的前提下，生态系统是可以自我调节和恢复的。所以监察的重点要放在不使自然生态环境遭受大的破坏与改变上，要努力保证新的自然保护区的建立和完善。要及时发现和制止对自然环境的破坏行为。

成功地建设一批自然保护区（含风景名胜区、森林公园）是保护生态环境良好地区的途径。

对各级自然保护区的监察要点：

（1）国家级自然保护区的设立、范围和功能区的调整以及名称的更改是否符合有关规定；

（2）国家级自然保护区内是否存在违法砍伐、放牧、狩猎、捕捞、采药、开垦、烧荒、开矿、采石、挖沙、影视拍摄以及其他法律法规禁止的活动；

（3）国家级自然保护区内是否存在违法的建设项目，排污单位的污染物排放是否符合环境保护法律、法规及自然保护区管理的有关规定，超标排污单位限期治理的情况；

（4）涉及国家级自然保护区且其环境影响评价文件依法由地方环保部门审批

的建设项目，其环境影响评价文件在审批前是否征得国务院环保部门的同意；

（5）国家级自然保护区内是否存在破坏、侵占、非法转让自然保护区的土地或者其他自然资源的行为；

（6）国家级自然保护区的旅游活动方案是否经过国务院有关自然保护区行政主管部门批准，旅游活动是否符合法律法规规定和自然保护区建设规划（总体规划）的要求；

（7）国家级自然保护的建设是否符合建设规划（总体规划）要求，相关基础设施、设备是否符合国家有关标准和技术规范；

（8）国家级自然保护区管理机构是否依法履行职责；

（9）国家级自然保护区的建设和管理经费的使用是否符合国家有关规定；

（10）法律法规规定的应当实施监督检查的其他内容。

（四）农村生态环境监察

农村生态环境是个大的生态环境问题。农业用地（耕地）占全国土地面积的13.9%，农业人口占全国人口的 2/3。农村生态环境保护问题在全国生态环境保护中有着举足轻重的地位。而且当前农村生态环境继城市环境之后也在恶化，农村生态环境保护的环境监察急需加强。

1. 地方政府加强农村环境保护工作，层层落实责任

（1）各级人民政府应当加强对农业环境的保护，促进农业环保新技术的使用，加强对农业污染源的监测预警，统筹有关部门采取措施，防治土壤污染和土地沙化、盐渍化、贫瘠化、石漠化、地面沉降以及防治植被破坏、水土流失、水体富营养化、水源枯竭、种源灭绝等生态失调现象，推广植物病虫害的综合防治。

县级、乡级人民政府应当提高农村环境保护公共服务水平，推动农村环境综合整治。

（2）各级人民政府及其农业等有关部门和机构应当指导农业生产经营者科学种植和养殖，科学合理施用农药、化肥等农业投入品，科学处置农用薄膜、农作

物秸秆等农业废物，防止农业面源污染。

禁止将不符合农用标准和环境保护标准的固体废物、废水施入农田。施用农药、化肥等农业投入品及进行灌溉，应当采取措施，防止重金属和其他有毒有害物质污染环境。

畜禽养殖场、养殖小区、定点屠宰企业等的选址、建设和管理应当符合有关法律法规规定。从事畜禽养殖和屠宰的单位和个人应当采取措施，对畜禽粪便、尸体和污水等废物进行科学处置，防止污染环境。

县级人民政府负责组织农村生活废弃物的处置工作。

（3）各级人民政府应当在财政预算中安排资金，支持农村饮用水水源地保护、生活污水和其他废物处理、畜禽养殖和屠宰污染防治、土壤污染防治和农村工矿污染治理等环境保护工作。

（4）各级人民政府应当统筹城乡建设污水处理设施及配套管网，固体废物的收集、运输和处置等环境卫生设施，危险废物集中处置设施、场所以及其他环境保护公共设施，并保障其正常运行。

2. 加快农业农村环境综合治理，确保完成"十三五"规划目标

（1）继续推进农村环境综合整治。继续深入开展爱国卫生运动，持续推进城乡环境卫生整治行动，建设健康、宜居、美丽家园。深化"以奖促治"政策，以南水北调沿线、三峡库区、长江沿线等重要水源地周边为重点，推进新一轮农村环境连片整治，有条件的省份开展全覆盖拉网式整治。因地制宜开展治理，完善农村生活垃圾"村收集、镇转运、县处理"模式，鼓励就地资源化，加快整治"垃圾围村""垃圾围坝"等问题，切实防止城镇垃圾向农村转移。整县推进农村污水处理统一规划、建设、管理。积极推进城镇污水、垃圾处理设施和服务向农村延伸，开展农村厕所无害化改造。继续实施农村清洁工程，开展河道清淤疏浚。到2020 年，新增完成环境综合整治建制村 13 万个。

（2）大力推进畜禽养殖污染防治。划定禁止建设畜禽规模养殖场（小区）区域，加强分区分类管理，以废弃物资源化利用为途径，整县推进畜禽养殖污染防治。养殖密集区推行粪污集中处理和资源化综合利用。2017 年年底前，各地区依

法关闭或搬迁禁养区内的畜禽养殖场（小区）和养殖专业户。大力支持畜禽规模养殖场（小区）标准化改造和建设。

（3）打好农业面源污染治理攻坚战。优化调整农业结构和布局，推广资源节约型农业清洁生产技术，推动资源节约型、环境友好型、生态保育型农业发展。建设生态沟渠、污水净化塘、地表径流集蓄池等设施，净化农田排水及地表径流。实施环水有机农业行动计划。推进健康生态养殖。实行测土配方施肥。推进种植业清洁生产，开展农膜回收利用，率先实现东北黑土地大田生产地膜零增长。在环渤海、京津冀、长三角、珠三角等重点区域，开展种植业和养殖业重点排放源氨防控研究与示范。研究建立农药使用环境影响后评价制度，制定农药包装废弃物回收处理办法。到 2020 年，实现化肥农药使用量零增长，化肥利用率提高到 40%以上，农膜回收率达到 80%以上；京津冀、长三角、珠三角等区域提前一年完成。

（4）强化秸秆综合利用与禁烧。建立逐级监督落实机制，疏堵结合、以疏为主，完善秸秆收储体系，支持秸秆代木、纤维原料、清洁制浆、生物质能、商品有机肥等新技术产业化发展，加快推进秸秆综合利用；强化重点区域和重点时段秸秆禁烧措施，不断提高禁烧监管水平。

（五）城市生态环境监察

城市的生态环境监察要点：

（1）严禁在城区和城镇郊区随意开发如填海、开发湿地，禁止随意填占溪、河、渠、塘。

（2）继续开展城镇环境综合整治。

（3）进一步加快能源结构调整和工业污染源治理，切实加强城镇建设项目和建筑工地的环境管理。

（4）积极推进环保模范城市和环境优美城市创建工作。

（5）城市发展规划建设中的生态环境保护：城市发展总体规划要避免"摊大饼"似的无限扩张；不要把城市和周边农业用地封闭式地隔离起来，要形成开放的城市生态系统；城市内留足绿化用地，用以调节气候、净化空气、涵养水体、防灾防难；绿化的树种草种尽量用本土原生种；妥善解决城市交通（提倡步行和公共交通）、住房（就近居住）、绿地（生态林和屋顶绿化）、废物的减量和再利用（法规和奖励）、能源（可再生能源）、给排水系统（节水和减少地表径流）、发展社区经济（促进产品和服务本地化）、城市农业生产的有机食品和减少 SO_2、CO_2 排放等问题。

（六）建立有效的生态环境监察机制

搞好生态环境保护的环境监察，首先，要解决生态环境监察机制和机构问题。按环境保护部要求，地方各级环保部门要把生态保护工作纳入重要议事日程，省级、市级环保部门要加强生态保护工作机构建设，县级环保部门要有专人负责生态保护工作，推动乡镇设立兼职的生态环境监管人员；其次，要将生态环境保护工作纳入环境保护目标责任制。

（七）生态监察运用现代化宏观的手段

生态环境监察除现有手段外，运用地理信息技术（GIS）、遥感技术（RS）和全球卫星定位技术（GPS）以及无人机监控，增加对整个区域的图像反映、定位、监测频率及周期描述、数据统计与分析，建立数学模型分析发展趋势，预测预报、评价和规划等，既能从微观上进行监控，也能与宏观监管结合。

【思考与训练】

（1）对重点资源开发区如何开展环境监察工作？

（2）对矿产资源开发利用项目如何开展环境监察工作？

（3）对农村地区如何开展环境监察工作？

（4）技能训练。

任务来源：按照情境案例1、情境案例2、情境案例3的要求完成相关任务。

训练要求：根据案例分析任务，4～5人一组，分组讨论完成。

（5）陆地生态监察现场训练。

任务来源：选择一个湿地公园、森林公园、河道或某个农村对象，展开生态环境监察活动。

训练要求：8～10 人一组，调查生态环境监察对象的生态环境现状、开发利用情况以及存在的问题，进行资料收集和整理，参考所学的生态功能不同区域的环境监察要点，提出生态环境保护整改建议。分组提交实训报告。

模块二　海洋生态环境监察

【能力目标】

- 认知海洋环境保护的环境保护规定；
- 能辨识破坏海洋环境污染、陆源排污的违法行为；
- 能承担海洋环境监察工作。

【知识目标】

- 了解海洋生态环境监督管理的范围和职责划分；
- 理解海洋工程和陆源污染的环境监察任务；
- 熟悉破坏海洋环境的违反行为。

一、海洋环境保护

（一）海洋环境

我国的海洋环境包括中华人民共和国内水、领海、毗连区、专属经济区、大陆架以及中华人民共和国管辖的其他海域。

内水，是指我国领海基线向内陆一侧的所有海域。

滨海湿地，是指低潮时水深浅于 6 m 的水域及其沿岸浸湿地带，包括水深不超过 6 m 的永久性水域、潮间带（或洪泛地带）和沿海低地等。

渔业水域，是指鱼虾类的产卵场、索饵场、越冬场、洄游通道和鱼虾贝藻类的养殖场。

沿海陆域，是指与海岸相连，或者通过管道、沟渠、设施，直接或者间接向海洋排放污染物及其相关活动的一带区域。

（二）海洋环境污染

海洋环境污染指人类直接或间接地把物质或能量引入海洋环境，以致造成或可能造成损害生物资源和海洋生物、危害人类健康、妨碍包括捕鱼和其他正当用途在内的各种海洋活动。

海洋环境保护的目的是保护和改善海洋环境，保护海洋资源，防治污染损害，维护生态平衡，保障人体健康，促进经济和社会的可持续发展。

（三）海洋环境监督管理主体

按照《海洋环境保护法》规定，国务院环保部作为对全国环境保护工作统一监督管理的部门，对全国海洋环境保护工作实施指导、协调和监督，并负责全国防治陆源污染物和海岸工程建设项目对海洋污染损害的环境保护工作。

国家海洋行政主管部门负责海洋环境的监督管理，组织海洋环境的调查、监测、监视、评价和科学研究，负责全国防治海洋工程建设项目和海洋倾倒废弃物对海洋污染损害的环境保护工作。

国家海事行政主管部门负责所辖港区水域内非军事船舶和港区水域外非渔业、非军事船舶污染海洋环境的监督管理，并负责污染事故的调查处理；对在中华人民共和国管辖海域航行、停泊和作业的外国籍船舶造成的污染事故进行登轮检查处理。船舶污染事故给渔业造成损害的，应当吸收渔业行政主管部门参与调查处理。

国家渔业行政主管部门负责渔港水域内非军事船舶和渔港水域外渔业船舶污染海洋环境的监督管理，负责保护渔业水域生态环境工作，并调查处理前款规定的污染事故以外的渔业污染事故。

军队环保部门负责军事船舶污染海洋环境的监督管理以及污染事故的调查处理。

沿海县级以上地方人民政府行使海洋环境监督管理权的部门的职责,由省、自治区、直辖市人民政府根据本法及国务院有关规定确定。

(四)跨区域的海洋环境监督管理主体

跨区域的海洋环境保护工作,由有关沿海地方人民政府协商解决,或者由上级人民政府协调解决。

跨部门的重大海洋环境保护工作,由国务院环保部门协调;协调未能解决的,由国务院做出决定。

二、海洋工程的环境监察

(一)海洋工程分类

可分为海岸工程、近海工程和深海工程 3 类。

1. 海岸工程

海岸工程建设项目,是指位于海岸或者与海岸连接,为控制海水或者利用海洋完成部分或者全部功能,并对海洋环境有影响的基本建设项目、技术改造项目和区域开发工程建设项目。主要包括:港口、码头,造船厂、修船厂,滨海火电厂、核电站,岸边油库,滨海矿山,化工、造纸和钢铁工业等工业企业,固体废物处理处置工程,城市废水排海工程和其他向海域排放污染物的建设工程,入海河口的水利、航道工程,潮汐发电工程,围海工程,渔业工程,跨海桥梁及隧道工程,海堤工程,海岸保护工程以及其他一切改变海岸、海涂自然性状的开发建设项目。

2. 近海工程

近海工程又称离岸工程。20 世纪中叶以来发展很快。主要是在大陆架较浅水域的海上平台、人工岛等的建设工程和在大陆架较深水域的建设工程，如浮船式平台、移动半潜平台、自升式平台、石油和天然气勘探开采平台、浮式贮油库、浮式炼油厂、浮式飞机场等项建设工程。

3. 深海工程

深海工程包括无人深潜的潜水器和遥控的海底采矿设施等建设工程。

（二）海岸工程环境监察

1. 海岸工程建设项目的监察

海岸工程建设执行国家有关建设项目环境保护管理的规定，如必须进行环境影响评价，建设过程要执行《建设项目环境保护管理条例》。

修筑海堤，在入海河口处兴建水利、航道、潮汐发电或者综合整治工程，必须采用措施，不得损害生态环境及水产资源。兴建海岸工程建设项目，不得改变、破坏国家和地方重点保护的野生动植物的生存环境。不得兴建可能导致重点保护的野生动植物生存环境污染和破坏的海岸工程建设项目；确需兴建的，应当征得野生动植物行政主管部门同意，并由建设单位负责组织采取易地繁育等措施，保证物种延续。

在鱼、虾、蟹、贝类的洄游通道建闸、筑坝，对渔业资源有严重影响的，建设单位应当建造过鱼设施或者采用其他补救措施。

2. 对排海排污口的监察

可以利用海洋的环境容量建设污水排海口，此类排污口要符合环境保护规范标准要求和合理规划。污水排放口应采用暗沟或者管道方式排放，出水管口位置要在低潮线以下，且要设置在便于扩散的海域。

3. 对海岸工程接收、处理"三废"设施的监察

港口、码头、岸边造船厂、修船厂等应设置与其吞吐能力和货物种类相适应的防污设施，如残油、废油、含油污水、垃圾和其他各种废弃物的接收和处理设施等。港口和码头还需配备海上重大污染损害事故应急设备和器材，如围油栏、油回收设备和材料、消油剂等。化学危险品码头，应当配备海上重大污染损害事

故应急设备和器材。岸边油库，应当设置含油废水接收处理设施，库场地面冲刷废水的集接、处理设施和事故应急设施；输油管线和储油设施必须符合国家有关防渗漏、防腐蚀的规定。

4. 滨海垃圾处理监察

滨海垃圾场或工业废渣填埋场应建造防护堤坝和场底封闭层，设置渗滤液收集、导出处理系统和可燃性气体防散防爆装置。

5. 检查海岸工程对生态环境损害

检查海岸工程对生态环境和水产资源的损害，杜绝和减少对国家和地方重点保护的野生动植物的生存环境的改变和破坏，减少对渔业资源的影响及建设补救措施等。

6. 检查海岸工程建设项目导致海岸的非正常侵蚀情况

滩涂开发、围海工程、采挖砂石必须按规划进行。禁止在海岸保护设施管理部门规定的海岸保护设施的保护范围内从事爆破、采挖砂石、取土等危害海岸保护设施安全的活动。非经国务院授权的有关行政主管部门批准，不得占用或者拆除海岸保护设施。

严格限制在海岸采挖砂石。露天开采海滨砂矿和从岸上打井开采海底矿产资源，必须采取有效措施，防止污染海洋环境。

7. 检查已有的矿山和冶炼企业的生产、排污情况

建设滨海矿山，在开采、选矿、运输、贮存、冶炼和尾矿处理等过程中，必须按照有关规定采取防止污染损害海洋环境的措施。

8. 检查海岸工程建设项目毁坏海岸防护林、风景石、红树林和珊瑚礁的情况

禁止在红树林和珊瑚礁生长的地区，建设毁坏红树林和珊瑚礁生态系统的海岸工程建设项目。

9. 检查禁止建设的区域的工程项目

在海洋特别保护区、海上自然保护区、海滨风景游览区、盐场保护区、海水浴场、重要渔业水域和其他需要特殊保护的区域内不得建设污染环境、破坏景观的海岸工程建设项目；在其界区外建设海岸工程建设项目，不得损害上述区域环

境质量。

10. 检查沿海陆域新建严重污染海洋环境的工业生产项目

禁止在沿海陆域内新建不具备有效治理措施的化学制浆造纸、化工、印染、制革、电镀、酿造、炼油、岸边冲滩拆船以及其他严重污染海洋环境的工业生产项目。

新建、改建、扩建海水养殖场，应当进行环境影响评价。

（三）海洋工程的环境监察

1. 海洋工程建设项目的监察

海洋工程建设执行国家有关建设项目环境保护管理的规定，如必须进行环境影响评价，建设过程要执行"三同时"制度等。环境保护设施未经验收，或者经验收不合格的，建设项目不得投入生产或者使用。

拆除或者闲置环境保护设施，必须事先征得海洋行政主管部门的同意。

2. 检查海洋建设项目是否使用有毒有害物质的材料

海洋工程建设项目，不得使用含超标准放射性物质或者易溶出有毒有害物质的材料。

3. 检查海洋工程建设项目作业时是否采取有效措施，保护海洋资源

海洋工程建设项目需要爆破作业时，必须采取有效措施，保护海洋资源。

海洋石油勘探开发及输油过程中，必须采取有效措施，避免溢油事故的发生。

4. 检查海洋工程污染物排放是否达标

海洋石油钻井船、钻井平台和采油平台的含油污水和油性混合物，必须经过处理达标后排放；残油、废油必须予以回收，不得排放入海。经回收处理后排放的，其含油量不得超过国家规定的标准。

钻井所使用的油基泥浆和其他有毒复合泥浆不得排放入海。水基泥浆和无毒复合泥浆及钻屑的排放，必须符合国家有关规定。

海上试油时，应当确保油气充分燃烧，油和油性混合物不得排放入海。

5. 检查海洋工程产生的工业垃圾是否妥善处置

海洋石油钻井船、钻井平台和采油平台及其有关海上设施，不得向海域处置含油的工业垃圾。处置其他工业垃圾，不得造成海洋环境污染。

6. 对海洋处置垃圾的检查

任何单位未经国家海洋行政主管部门批准，不得向中华人民共和国管辖海域倾倒任何废弃物。

需要倾倒废弃物的单位，必须向国家海洋行政主管部门提出书面申请，经国家海洋行政主管部门审查批准，发给许可证后，方可倾倒。

禁止中华人民共和国境外的废弃物在中华人民共和国管辖海域倾倒。

获准倾倒废弃物的单位，必须按照许可证注明的期限及条件，到指定的区域进行倾倒。废弃物装载之后，批准部门应当予以核实。应当详细记录倾倒的情况，并在倾倒后向批准部门作出书面报告。倾倒废弃物的船舶必须向驶出港的海事行政主管部门作出书面报告。

禁止在海上焚烧废弃物。禁止在海上处置放射性废弃物或者其他放射性物质。废弃物中的放射性物质的豁免浓度由国务院制定。

(四) 船舶污染及相关设施的环境监察

海上船舶污染主要有船舶及相关作业向海洋排放污染物、废弃物和压载水、船舶垃圾和其他有害物质，以及可能因碰撞、触礁、搁浅、火灾或者爆炸等引起的海难事故，造成海洋环境的污染。

1. 检查港口、码头、装卸站和船舶修造厂等是否有具备处理船舶污染物、废弃物的接收能力

港口、码头、装卸站和船舶修造厂必须按照有关规定备有足够的用于处理船舶污染物、废弃物的接收设施，并使该设施处于良好状态。

装卸油类的港口、码头、装卸站和船舶必须编制溢油污染应急计划，并配备相应的溢油污染应急设备和器材。

2. *检查船舶及有关作业活动是否造成海洋污染*

船舶及有关作业活动应当遵守有关法律法规和标准，采取有效措施，防止造成海洋环境污染。船舶进行散装液体污染危害性货物的过驳作业，应当事先按照有关规定报经海事行政主管部门批准。

三、陆源污染的环境监察

（一）陆源污染

陆源污染是指陆地上产生的污染物进入海洋后对海洋环境造成的污染或损害。

陆地污染源（简称陆源），是指从陆地向海域排放污染物，造成或者可能造成海洋环境污染损害的场所、设施等。陆源污染物是指陆源排放的污染物。陆源污染物质可以通过直接入海排污管道或沟渠、混合入海排污管道或沟渠、入海河流等途径进入海洋。

据统计，80%的海洋污染属陆源污染。直接入海排污管道或沟渠是指临海工矿企业或事业单位专用的排污管道或沟渠，污染物质可以通过其直接排入海洋；混合入海排污管道或沟渠是指若干家临海工矿企业或事业单位共同的排污管道或沟渠，污染物可以直接或基本上直接排入海洋；污染物质还可随入海的河流进入海洋。

（二）陆源污染源的环境管理主体

按照法律规定，国务院环保部门主管全国的防治陆源污染物污染损害海洋环境工作。沿海县级以上地方人民政府环保部门，主管全国的防治陆源污染物污染损害海洋环境工作。沿海县级地方人民政府环保部门，主管本行政区域内的防治陆源污染物污染损害海洋环境工作。

（三）陆源污染的环境监察

1. 检查陆源污染源的排污达标情况

根据《海水水质标准》及有关排放标准等，检查违章排污、超标排污情况。为了更有效地保护海洋水质环境，应根据总量控制原则，采用排海许可证的方式进行污水排放监督管理。任何单位和个人向海域排放陆源污染物，必须向其所在地环保部门申报登记拥有的污染物排放设施、处理设施和在正常作业条件下排放污染物的种类、数量和浓度，提供防治陆源污染物污染损害海洋环境的资料，并将上述事项和资料抄送海洋行政主管部门。排放污染物的种类、数量和浓度有重大改变或者拆除、闲置污染物处理设施的，应当征求所在地环保部门同意并经原审批部门批准。

任何单位和个人，不得在海洋特别保护区、海上自然保护区、海滨风景游览区、盐场保护区、海水浴场、重要渔业水域和其他需要特殊保护的区域内兴建排污口（1990 年 8 月 1 日后）。对在前列区域内已建的排污口，排放污染物超过国家和地方排放标准的，限期治理。

未经所在地环保部门同意和原批准部门批准，擅自改变污染物排放的种类、增加污染物排放的数量、浓度或者拆除、闲置污染物处理设施的和 1990 年 8 月 1 日后在规定区域内兴建排污口的由县级以上人民政府环保部门责令改正，并可处以五千元以上十万元以下的罚款。

2. 有毒有害、放射性废水排放的监察

禁止向海域排放油类、酸液、碱液、剧毒废液和高、中水平放射性废水。

严格限制向海域排放低水平放射性废水；确需排放的，必须严格执行国家辐射防护规定。

严格控制向海域排放含有不易降解的有机物和重金属的废水。

3. 检查含病原体废水排放的消毒情况

向海域排放含病原体的废水，必须经过处理，符合国家和地方规定的排放标准和有关规定。

4. 检查有机物和富含营养物质的废水排放

检查含有机物和富含营养物质的废水的排放，防止海水富营养化。向自净能力较差的海域排放含有机物和营养物质的工业废水和生活污水，应当控制排放量；排污口应当设置在海水交换良好处，并采用合理的排放方式，防止海水富营养化。

5. 检查高温废水的排放

沿岸建设的电厂、核电站和化工厂，会产生大量高温冷却水，对海洋生态环境有很大影响。必须检查高温工业废水的排放。向海域排放含热废水，必须采取有效措施，保证邻近渔业水域的水温符合国家海洋环境质量标准，避免热污染对水产资源的危害。

6. 检查沿岸农业化肥、农药施用情况

沿海农田、林场施用化学农药，必须执行国家农药安全使用的规定和标准。

沿海农田、林场应当合理使用化肥和植物生长调节剂。

检查包括含磷洗衣粉在内的农业面源污染、生活污染物排放情况。

7. 检查近岸固体废物处理处置场的建设管理情况，检查岸滩废物堆弃情况

被批准设置废物堆放场、处理场的单位和个人，必须建造防护堤和防渗漏、防扬尘等设施；经批准设置废物堆放场、处理场的环保部门验收合格后方可使用。在批准使用的废弃物堆放场、处理场内，不得擅自堆放、弃置未经批准的其他种类的废物。不得露天堆放含剧毒、放射性、易溶解和易挥发性物质的废物；非露天堆放上述废物，不得作为最终处置方式。

禁止将失效或者禁用的药物及药具弃置岸滩。

8. 检查危险废物越境转移

禁止经中华人民共和国内水、领海转移危险废物。

经中华人民共和国管辖的其他海域转移危险废物的，必须事先取得国务院环保部门的书面同意。

【思考与训练】

（1）指出哪些属于海岸工程建设项目？海岸工程环境监督管理主体如何确定？

（2）海洋工程的环境监察工作包括哪几方面？如何开展？

（3）陆源污染源如何界定？其环境管理主体如何确定？

（4）陆源污染的环境监察工作如何开展？

（5）技能训练。

任务来源：情境案例 4 提出的要求完成相关任务。

训练要求：根据案例分析任务，4～5 人一组，分组讨论完成。

项目三　环境专项法律应用

【任务导向】

工作任务 1　建设项目环境监察

工作任务 2　环境污染防治法律应用

【活动设计】

在教学中，以环境专项法律项目化工作任务引领课程内容，以模块化构建课程教学体系，开展"导、学、做、评"一体教学活动。依法处理环境违法事件作为任务驱动，采用案例教学法和启发式教学法等形式开展教学，达到学生掌握职业知识和职业技能的教学目标。

【案例素材】

情境案例 1：某开发区新建一规模化造纸厂，由工艺生产车间、辅助生产车间和公用设施工程组成。工艺车间包括备料、花浆、浆板车间。年生产漂白木浆30 万 t。项目总投资近 53 亿元。厂址附近有一条河，作为工厂纳污水体（功能为一般工业用水）。制浆过程有废水、废气、废渣和噪声产生。初步工程分析表明，该项目废水排放量每日为 5 000 多 t，经过处理排放；燃料以烧煤为主，有袋式除尘装置。工厂经过近一年的试运行，新近已正式投产。

工作任务：

（1）根据以上案例，作为建设项目应如何执行环境管理规定（至正式生产前）？

（2）结合案例，列出该项目排污口设置的环保要求。

（3）若环保工程竣工验收后，环保抽查该项目的废水、废气排放均未达到地方环保要求，应如何处理？

情境案例 2：2015 年 10 月，在 A 县环保局集中开展环保专项行动中，执法人员发现 B 企业存在废水超标排放现象。经现场勘验、调查询问当事人查明：该企业是一家化工企业，2013 年 10 月建成，未办理环境影响评价手续，无配套治污设施，2014 年 9 月主体工程（化工产品生产线）投产，污染物废水直接排放。

工作任务：

（1）根据案例中 B 企业的生产和排污性质，指出其违法行为有哪些？

（2）结合案例，分析其存在的违法事实，适用于哪种法律，并依法提出处理意见。

情境案例 3：2011 年 8 月 24 日晚，H 市环境监察支队环境监察人员不定期监察，对位于 J 市 S 镇泉山脚的 J 市 F 物资有限公司的生产场所及污水处理设施进行了现场检查，现场发现当事人车间正在生产，含有大量浑浊物的黑色废水正在通过标排口排入三都溪，在溪面上形成约 100 m 带泡沫的黑色污染物。环境监察员拿 pH 试纸现场测试呈碱性。马上对当事人厂区污水标准排放口进行了现场采样送检，检测结果显示 J 市凤凰 F 物资有限公司厂区污水标准排放口水样除 pH 值超标外，尚有 COD、悬浮物、六价铬、总氰、铜、镍、锌、总铬等多指标超标，涉嫌违反规定向水体排放剧毒废液。环境监察机构马上上报 H 市环保部门立案。

工作任务：

（1）案例中事件存在哪些环境违法行为？指出执法的法律依据。

（2）结合案例，根据违法事实，撰写行政处罚流程，并提出处理意见。

情境案例 4：2016 年 4 月 8 日，Z 省 C 市环保局环境监察大队开展"一周一查"，20 时 30 分左右，到达 Z 纺织印染有限公司进行检查。执法人员先对企业连接污水总管的窨井内排放废水进行了采样，然后对厂区污水处理站进行现场勘查，发现连接标准排放口的污水管管口接了一根白色水管，废水通过该白色水管越过标准排放口明渠排放废水，致使设置在明渠的自动监控设施无法正常采样，执法人员对白色水管排出的废水也进行了采样。经进一步核查，企业通过阀门控制，将未经处理的废水通过暗管直接排放，经监测，厂区外污水入网口窨井内所排废水的 COD_{Cr} 为 1 610 mg/L，pH 值为 9.66；白色水管排出废水浓度的 COD_{Cr} 为 1 420 mg/L，pH 值为 9.35，均超过了《纺织染整工业水污染物排放标准》（GB 4287—2012）的间接排放标准。依据相关法律进行立案调查并进行行政处罚。C 市环保局依据《行政主管部门移送适用行政拘留环境违法案件暂行办法》（以下简称《暂行办法》）第五条将案件移送公安机关，C 市公安局对涉案人员（共 1 名）依法做出行政拘留 5 天的处理决定。

工作任务：

（1）分析案例，指出如何认定违法排污的事实证据？

（2）根据上述案例，如果存在违法事实，撰写行政处罚流程，并提出处理意见。

模块一　建设项目环境监察

【能力目标】

- 认知建设项目环境影响评价法；
- 能对建设项目进行全过程环境监察；
- 能辨识建设项目的违法行为并依法提出处理意见；
- 能对限期治理项目进行监察。

【知识目标】

- 熟悉建设项目环评法的法律规定；
- 理解建设项目环境监督管理内容和技术要求；

- 理解建设项目现场监察任务；
- 掌握限期治理项目环境监察任务。

一、建设项目的环境影响评价管理

《环境影响评价法》（2016 年 9 月 1 日施行，以下简称《环评法》）第二条规定：本法所称环境影响评价，是指对规划和建设项目实施后可能造成的环境影响进行分析、预测和评估，提出预防或者减轻不良环境影响的对策和措施，进行跟踪监测的方法与制度。

（一）规划的环境影响评价管理

《环评法》第七条规定："国务院有关部门、设区的市级以上地方人民政府及其有关部门，对其组织编制的土地利用的有关规划，区域、流域、海域的建设、开发利用规划，应当在规划编制过程中组织进行环境影响评价，编写该规划有关环境影响的篇章或者说明。" "规划有关环境影响的篇章或者说明，应当对规划实施后可能造成的环境影响作出分析、预测和评估，提出预防或者减轻不良环境影响的对策和措施，作为规划草案的组成部分一并报送规划审批机关。""未编写有关环境影响的篇章或者说明的规划草案，审批机关不予审批。"

《环评法》第八条规定："国务院有关部门、设区的市级以上地方人民政府及其有关部门，对其组织编制的工业、农业、畜牧业、林业、能源、水利、交通、城市建设、旅游、自然资源开发的有关专项规划（以下简称专项规划），应当在该专项规划草案上报审批前，组织进行环境影响评价，并向审批该专项规划的机关提出环境影响报告书。""前款所列专项规划中的指导性规划，按照本法第七条的规定进行环境影响评价。"

（二）建设项目的环境影响评价管理

1. 建设项目类型

建设项目是一个统称，它大体上包括新建、扩建、改建、技术改造的工业项目和非工业开发建设项目。依据《建设项目环境保护管理条例释义》，环境保护工作中所称的"建设项目"是指"中华人民共和国领域内（包括海域）的工业、交通、水利、农林、商业、卫生、文教、科研、旅游、市政、机场等对环境有影响的新建、扩建、改建、技术改造项目，包括区域开发建设项目以及中外合资、中外合作、外商独资等一切建设项目。"

2. 建设项目环境影响评价的管理

（1）建设项目环境影响评价的分类管理。

建设项目环境影响评价的管理实行分类管理。

新《环评法》规定：建设单位应当按照下列规定组织编制环境影响报告书、环境影响报告表或者填报环境影响登记表（以上统称环境影响评价文件）：可能造成重大环境影响的，应当编制环境影响报告书，对产生的环评影响进行全面评价；可能造成轻度环境影响的，应当编制环境影响报告表，对产生的环境影响进行分析或者专项评价；对环境影响很小，不需要进行环境影响评价的，应当填报环境影响登记表。

建设项目环境影响评价分类管理名录，由国务院环保部门在组织专家进行论证和征求有关部门、行业协会、企事业单位、公众等意见的基础上制定并公布。

建设项目环境影响报告书，应当包括下列内容：①建设项目概况；②建设项目周围环境现状；③建设项目对环境可能造成影响的分析和预测；④环境保护措施及其经济、技术论证；⑤环境影响经济损益分析；⑥对建设项目实施环境监测的建议；⑦环境影响评价结论。

建设项目环境影响报告表、环境影响登记表的内容和格式，由国务院环保部门规定。

（2）环境影响评价文件的审批管理法律规定。

依法应当编制环境影响报告书、环境影响报告表的建设项目，建设单位应当在开工建设前将环境影响报告书、环境影响报告表报有审批权的环保部门审批；建设项目的环境影响评价文件未依法经审批部门审查或者审查后未予批准的，建设单位不得开工建设。

环保部门审批环境影响报告书、环境影响报告表，应当重点审查建设项目的环境可行性、环境影响分析预测评估的可靠性、环境保护措施的有效性、环境影响评价结论的科学性等，并分别自收到环境影响报告书之日起 60 日内、收到环境影响报告表之日起 30 日内，作出审批决定并书面通知建设单位。

环保部门可以组织技术机构对建设项目环境影响报告书、环境影响报告表进行技术评估，并承担相应费用；技术机构应当对其提出的技术评估意见负责，不得向建设单位、从事环境影响评价工作的单位收取任何费用。

依法应当填报环境影响登记表的建设项目，建设单位应当按照国务院环保部门的规定将环境影响登记表报建设项目所在地县级环保部门备案。

环保部门应当开展环境影响评价文件网上审批、备案和信息公开。

《环评法》第二十二条规定："建设项目的环境影响报告书、报告表，由建设单位按照国务院的规定报有审批权的环保部门审批。海洋工程建设项目的海洋环境影响报告书的审批，依照《中华人民共和国海洋环境保护法》的规定办理。审批部门应当自收到环境影响报告书之日起 60 日内，收到环境影响报告表之日起 30 日内，收到环境影响登记表之日起 15 日内，分别作出审批决定并书面通知建设单位。"

国家对环境影响登记表实行备案管理。

（3）环境影响评价文件的建设项目审批权限规定。

根据《环评法》和国务院《政府核准的投资项目目录（2014 年本）》，2015年 3 月 13 日环保部对环保部审批环境影响评价文件的建设项目目录进行了调整，公告了《环境保护部审批环境影响评价文件的建设项目目录（2015 年本）》。公告目录以外的建设项目环境影响评价文件审批权限，报省级人民政府批准并公告实施。

①环保部的审批项目。

《环评法》第二十三条规定："国务院环保部门负责审批下列建设项目的环境影响评价文件：（一）核设施、绝密工程等特殊性质的建设项目；（二）跨省、自治区、直辖市行政区域的建设项目；（三）由国务院审批的或者由国务院授权有关部门审批的建设项目。前款规定以外的建设项目的环境影响评价文件的审批权限，由省、自治区、直辖市人民政府规定。建设项目可能造成跨行政区域的不良环境影响，有关环保部门对该项目的环境影响评价结论有争议的，其环境影响评价文件由共同的上一级环保部门审批。"

由国务院审批的或者由国务院授权有关部门审批的建设项目，关于原材料方面的建设项目包括：

- 稀土、铁矿、有色矿山开发：稀土矿山开发项目。
- 石化：新建炼油及扩建一次炼油项目（不包括列入国务院批准的国家能源发展规划、石化产业规划布局方案的扩建项目）。
- 化工：年产超过 20 亿 m^3 的煤制天然气项目；年产超过 100 万 t 的煤制油项目；年产超过 100 万 t 的煤制甲醇项目；年产超过 50 万 t 的煤经甲醇制烯烃项目。

社会事业方面建设项目有主题公园：特大型项目。

建设项目竣工环境保护验收依照本公告目录执行，目录以外已由环保部审批环境影响评价文件的建设项目，委托项目所在地省级环保部门办理竣工环境保护验收。

②省级环保部门的审批项目。

省级环保部门应根据本公告，及时调整公告目录以外的建设项目环境影响评价文件审批权限，报省级人民政府批准并公告实施。其中，火电站、热电站、炼铁炼钢、有色冶炼、国家高速公路、汽车、大型主题公园等项目的环境影响评价文件由省级环保部门审批。

各级环保部门应当以改善环境质量、优化经济发展为目标，切实发挥规划环境影响评价的调控约束作用，落实污染物排放总量控制前置要求，严格建设项目环境影响评价管理。

（4）建设项目报审规范及时限。

《环评法》第二十四条规定："建设项目的环境影响评价文件经批准后，建设项目的性质、规模、地点、采用的生产工艺或者防治污染、防止生态破坏的措施发生重大变动的，建设单位应当重新报批建设项目的环境影响评价文件。""建设项目的环境影响评价文件自批准之日起超过 5 年，方决定该项目开工建设的，其环境影响评价文件应当报原审批部门重新审核；原审批部门应当自收到建设项目环境影响评价文件之日起 10 日内，将审核意见书面通知建设单位。"

《环评法》第二十五条规定："建设项目的环境影响评价文件未依法经审批部门审查或者审查后未予批准的，建设单位不得开工建设。"

《环评法》第二十八条规定："环保部门应当对建设项目投入生产或者使用后所产生的环境影响进行跟踪检查，对造成严重环境污染或者生态破坏的，应当查清原因、查明责任。""对属于为建设项目环境影响评价提供技术服务的机构编制不实的环境影响评价文件的，依照本法第三十三条的规定追究其法律责任；属于审批部门工作人员失职、渎职，对依法不应批准的建设项目环境影响评价文件予以批准的，依照本法第三十五条的规定追究其法律责任。"

（三）违反建设项目环境影响评价法的处理

2015 年 1—9 月，全国累计查处涉建设项目环境违法案件共 20 564 件。

建设项目违法行为及处理详见表 3-1。

表 3-1　建设项目违反《环评法》的行为及查处

序号	违法行为	责任条款	应承担的法律责任	实施机构
1	规划编制机关违反本法规定，未组织环境影响评价，或者组织环境影响评价时弄虚作假，或者有失职行为，造成环境影响评价严重失实	《环评法》第二十九条	对直接负责的主管人员和其他直接责任人员，依法给予行政处分	由上级机关或者监察机关
2	规划审批机关对依法应当编写有关环境影响的篇章或者说明而未编写的规划草案，依法应当附送环境影响报告书而未附送的专项规划草案，违法予以批准	《环评法》第三十条	对直接负责的主管人员和其他直接责任人员，依法给予行政处分	上级机关或者监察机关

序号	违法行为	责任条款	应承担的法律责任	实施机构
3	建设单位未依法报批建设项目环境影响报告书、报告表，或者未依照本法第二十四条的规定重新报批或者报请重新审核环境影响报告书、报告表，擅自开工建设		责令停止建设，根据违法情节和危害后果，处建设项目总投资额 1% 以上 5% 以下的罚款，并可以责令恢复原状；对建设单位直接负责的主管人员和其他直接责任人员，依法给予行政处分	县级以上人民政府环保部门
4	建设项目环境影响报告书、报告表未经批准或者未经原审批部门重新审核同意，建设单位擅自开工建设	《环评法》第三十一条	依照前款的规定处罚、处分	
5	建设单位未依法备案建设项目环境影响登记表		责令备案，处 5 万元以下的罚款	
6	海洋工程建设项目的建设单位有前两款所列违法行为		依照《中华人民共和国海洋环境保护法》的规定处罚	
7	海洋工程建设项目的建设单位有本条所列违法行为		依照《中华人民共和国海洋环境保护法》的规定处罚	
8	负责审核、审批、备案建设项目环境影响评价文件的部门在审批、备案中收取费用	《环评法》第三十二条	责令退还；情节严重的，对直接负责的主管人员和其他直接责任人员依法给予行政处分	由其上级机关或者监察机关
9	负责审核、审批、备案建设项目环境影响评价文件的部门在审批、备案中收取费用	《环评法》第三十三条	责令退还；情节严重的，对直接负责的主管人员和其他直接责任人员依法给予行政处分	上级机关或者监察机关
10	环保部门或者其他部门的工作人员徇私舞弊，滥用职权，玩忽职守，违法批准建设项目环境影响评价文件	《环评法》第三十五条	依法给予行政处分；构成犯罪的，依法追究刑事责任	

二、建设项目的环境保护设施建设管理

（一）建设项目环境保护"三同时"的规定

《建设项目环境保护管理条例》1998 年 11 月 29 日发布，于 2017 年 7 月 16 日进行修订（以下简称《环保条例》）。

《环保条例》规定，建设项目需要配套建设的环境保护设施，必须与主体工程同时设计、同时施工、同时投产使用。

所谓"同时设计"，是指项目的初步设计阶段就要有环境保护篇章，施工图设计阶段要有污染防治设施的施工图；"同时施工"是指项目开工后，环境保护工程或者污染防治工程要与主体工程同时安排项目预算、施工计划，保证能与主体工程同时投产或者使用；"同时投产"是指施工完成，污染防治设施要与主体工程同时投入运行、生产，并进行竣工验收。

《环境保护法》第四十一条规定："建设项目中防治污染的设施，应当与主体工程同时设计、同时施工、同时投产使用。防治污染的设施应当符合经批准的环境影响评价文件的要求，不得擅自拆除或者闲置。"

《水污染防治法》第十九条规定："建设项目的水污染防治设施，应当与主体工程同时设计、同时施工、同时投入使用。水污染防治设施应当符合经批准或者备案的环境影响评价文件的要求。"

（二）环境保护设施竣工验收管理

编制环境影响报告书、环境影响报告表的建设项目竣工后，建设单位应当按照国务院环保部门规定的标准和程序，对配套建设的环境保护设施进行验收，编制验收报告。

建设单位在环境保护设施验收过程中，应当如实查验、监测、记载建设项目环境保护设施的建设和调试情况，不得弄虚作假。

除按照国家规定需要保密的情形外，建设单位应当依法向社会公开验收报告。

分期建设、分期投入生产或者使用的建设项目，其相应的环境保护设施应当分期验收。

编制环境影响报告书、环境影响报告表的建设项目，其配套建设的环境保护设施经验收合格，方可投入生产或者使用；未经验收或者验收不合格的，不得投入生产或者使用。

建设项目投入生产或者使用后，应当按照国务院环保部门的规定开展环境影响后评价。

　　环保部门应当对建设项目环境保护设施设计、施工、验收、投入生产或者使用情况，以及有关环境影响评价文件确定的其他环境保护措施的落实情况，进行监督检查。

　　环保部门应当将建设项目有关环境违法信息记入社会诚信档案，及时向社会公开违法者名单。

（三）建设项目环保设施竣工验收监测

　　关于建设项目环保设施竣工验收监测，按照《国务院关于第一批清理规范89项国务院部门行政审批中介服务事项的决定》（国发〔2015〕58号）、环境保护部《关于废止部分环保部门规章和规范性文件的决定》（部令第40号）、《财政部、国家发展改革委关于清理规范一批行政事业性收费有关政策的通知》（财税〔2017〕20号）等要求，建设项目环保设施竣工验收监测走市场化道路。

　　例如，浙江省2017年7月发布了《关于进一步促进建设项目环保设施竣工验收监测市场化的通知》，按照"谁委托、谁付费、谁选择"的原则，凡是具备中国国家认证认可监督管理委员会或浙江省质量技术监督局颁发的检测资质认定计量认证证书的环境监测单位均可承担建设项目环保设施竣工验收的监测工作。承担建设项目环保设施竣工验收的监测单位要严格按照国家制定的行业建设项目环境保护验收技术规范开展监测工作，并按照"谁监测谁负责"原则，对各项监测数据、结论负责。验收监测报告必须全面、客观、准确地反映项目建设情况和环境保护措施落实情况，并提出明确的结论和建议。

（四）违反环境保护设施竣工验收的处理

　　详见表3-2。

表 3-2　建设项目违反《环保条例》的行为及查处

序号	违法行为	责任条款	应承担的法律责任	实施机构
1	建设单位编制建设项目初步设计未落实防治环境污染和生态破坏的措施以及环境保护设施投资概算,未将环境保护设施建设纳入施工合同,或者未依法开展环境影响后评价	《环保条例》第二十二条	责令限期改正,处 5 万元以上 20 万元以下的罚款;逾期不改正的,处 20 万元以上 100 万元以下的罚款	建设项目所在地县级以上人民政府环保部门
2	建设单位在项目建设过程中未同时组织实施环境影响报告书、环境影响报告表及其审批部门审批决定中提出的环境保护对策措施		责令限期改正,处 20 万元以上 100 万元以下的罚款;逾期不改正的,责令停止建设	
3	需要配套建设的环境保护设施未建成、未经验收或者验收不合格,建设项目即投入生产或者使用,或者在环境保护设施验收中弄虚作假	《环保条例》第二十三条	责令限期改正,处 20 万元以上 100 万元以下的罚款;逾期不改正的,处 100 万元以上 200 万元以下的罚款;对直接负责的主管人员和其他责任人员,处 5 万元以上 20 万元以下的罚款	
4	造成重大环境污染或者生态破坏		责令停止生产或者使用	有批准权的人民政府
5			责令关闭	
6	建设单位未依法向社会公开环境保护设施验收报告		责令公开,处 5 万元以上 20 万元以下的罚款,并予以公告	县级以上人民政府环保部门
7	技术机构向建设单位、从事环境影响评价工作的单位收取费用	《环保条例》第二十四条	责令退还所收费用,处所收费用 1 倍以上 3 倍以下的罚款	
8	从事建设项目环境影响评价工作的单位,在环境影响评价工作中弄虚作假	《环保条例》第二十五条	处所收费用 1 倍以上 3 倍以下的罚款	
9	环境保护行政主管部门的工作人员徇私舞弊、滥用职权、玩忽职守	《环保条例》第二十六条	构成犯罪,依法追究刑事责任	司法机关
10			尚不构成犯罪的,依法给予行政处分	上级机关或者监察机关

三、污染物排放口的规范化设置

排放口规范化设置是落实国务院提出的实施污染物总量控制和确保"节能减排"的一项重要的环境基础工作。有利于强化环境监督，加大执法力度，便于环境监测工作和日常环境监察的顺利进行，逐步实现污染源自动监控，实现污染物排放的科学化、定量化、信息化管理。

污染物排放口规范化设置就是对污染物排放的种类、数量、浓度（噪声强度）及排放方式进行规范化管理。其依据是国家标准《环境保护图形标志》《污染物排放标准》和《全国主要污染物排放总量控制计划》等。《环境保护图形标志》标准有两个，一个是关于排放口或污染源的，即 GB 15562.1—1995，另一个是关于固体废物贮存（处置）场的，即 GB 15562.2—1995。这两个标准是强制性的。

（一）排污口规范化设置管理规定

按照《污染源监测技术规范》对废水、废气、噪声和固体废物的采样要求，排污口的规范化建设应设置便于计量监测的采样点，应满足今后安装污染源在线监测装置和日常现场监督检查的要求，对排污口进行规范化设置。

按照排污口管理要求，由各级环境监察机构在各排污口规定的位置竖立环境保护标志牌，颁发《中华人经共和国规范化排污口标志登记证》，登记证与标志牌配套使用，由各级环保部门签发给排污口所属的单位，完成排污口的立标工作。登记证一览表中的标志牌编号、登记卡上的标志牌编号与标志牌辅助标志上的编号相一致。表统一规定为：

污　　水　　WS—×××××

废　　气　　FQ—×××××

噪　　声　　ZS—×××××

固体废物　GF—×××××

编号的前两个字母为类别代号，后五位为排放口顺序编号，排放口顺序数字由各地环保部门自行规定。

立标之后，为了以后的污染源监督管理工作需要，还应建立各排污口相应的监督管理档案，内容包括：排污单位名称，排污口性质及编号，排污口的地理位置，排污口所排放的主要污染物种类、数量和浓度及排放去向，立标情况，设施运行及日常现场监督检查记录等有关资料和记录。重点排污单位的排污口规范化设置应安装自动计量装置和污染物治理设施记录仪，逐步实现自动监控和信息化管理。

《大气污染防治法》第一百条规定："未按照规定安装、使用大气污染物排放自动监测设备或者未按照规定与环境保护主管部门的监控设备联网，并保证监测设备正常运行的，处 2 万元以上 20 万元以下的罚款；拒不改正的，责令停产整治。"

（二）排污口规范化的整治要求

排污单位的排污口必须符合国家环保部门关于排污口规范化的要求，并按规定要求安装监控设施，纳入环保部门的监控网络系统。

1. 污水排放口的整治

每个排污单位的污水排放口原则上只允许设置污水和"清下水"排污口各一个，因特殊原因需要多设置排污口的，须报经当地环保部门审核同意，排污单位未经环保部门同意，超过允许数量设置排污口的，必须结合清污分流、厂区实际地形和排放污染物种类情况进行管网归并。

凡排放《污水综合排放标准》中规定的一类污染物的单位，应在产生该污染物的车间或车间污水处理设施出口设置专门的排污口，其他污染物采样点设在排污单位总排放口，应合理确定污水排放口的位置，一般设在厂内或厂围墙（界）外不超过 10 m 处。污水排放口的环境保护图形标志应设置在排污口旁醒目处，排污口隐蔽或距场界较远的，标志牌也可设在监测采样点旁醒目处。排放一类污染物的车间应设置采样点，采样点应能满足采样要求，用暗管或暗渠排污的，应设置能符合采样条件的竖井或修建明渠，污水水面在地面下 1 m 以上的，应配备取样台阶或梯架。有压排污水管道的应安装取样阀门。经污水处理设施处理的污染物采样点设在设施进出口。

排污单位安装的污水流量计、污染物在线监测仪和污染防治设施运行监控仪应用通信电话连接,通过环保部门统一使用的污染源自动监控软件,并入微机监控网络。

《水污染防治法》第十九条规定:"建设单位在江河、湖泊新建、改建、扩建排污口的,应当取得水行政主管部门或者流域管理机构同意;涉及通航、渔业水域的,环保部门在审批环境影响评价文件时,应当征求交通、渔业主管部门的意见。"

2. 废气排放口的整治

一类环境空气质量功能区、自然保护区、风景名胜区和其他需要特别保护的地区,不得新建排气筒,对于无组织排放有毒有害气体、粉尘、烟尘的排放点,凡能做到有组织排放的,均要通过整治,实现有组织排放。对有组织排放的废气的排气筒数量、高度和泄漏情况进行整治,有组织排放废气的排气筒高度应符合国家大气污染物排放标准的有关规定,还应宽出周围200 m半径的建筑并高出5 m以上,两个排放相同的污染物(不论其是否由同一生产工艺过程产生)的排气筒,若其距离小于其几何高度之和,应视为一根等效排气筒。新污染源的排气筒一般不应低于15 m。新污染源的无组织排放应从严控制,一般情况下不应有无组织排放存在。

《大气污染防治法》第二十条规定:"企业事业单位和其他生产经营者向大气排放污染物的,应当依照法律法规和国务院环境保护主管部门的规定设置大气污染物排放口。"

《大气污染防治法》第一百条规定:"未按照规定设置大气污染物排放口的,处2万元以上20万元以下的罚款;拒不改正的,责令停产整治。"

3. 固体废物贮存、堆放场的整治

露天存贮冶炼废渣、化工废渣、炉渣、粉煤灰、废矿石、尾矿和其他工业固体废物的,应设置符合环境保护要求的专用贮存设施或贮存场。对易造成二次扬尘污染的固体废物,应采取适时喷洒防尘等防治措施。对非危险固体废物贮存、处置场所占用土地超过 1 km² 的，应在其边界各进出口设置标志牌；面积大于100 m² 的、小于 1 km² 的，应在其边界主要路口设置标志牌；面积小于 100 m² 的，应在醒目处设置 1 个标志牌。危险固体废物贮存、处置场所，无论面积大小，其边界都应采用墙体或铁网封闭设施，并在其边界各进出路口设置标志牌，有毒有害等固体危险废物，应设置专用堆放场地，并必须有防扬散、防流失、防渗漏等防治措施。

临时性固体废物贮存、堆放场也应根据情况，进行相应整治。

《固体废物污染环境防治法》第七十五条规定："不设置危险废物识别标志的，责令停止违法行为，限期改正，处 1 万元以上 10 万元以下的罚款。"

4. 固定噪声源的整治

凡厂界噪声超出功能区环境噪声标准要求的，其噪声源均应进行整治，使其达到功能区标准要求。在固定噪声源厂界噪声敏感区且对外界影响最大处设置该噪声源的监测点。

5. 立标要求

环境保护图形标志的设置、安装需由各级地方环保部门及其环境监察机构负责组织实施，标志牌由环保部统一制发，不得自行设计制作和安装。

环保图形标志分为提示性和警告性标志两类。对排放一类污染物的排放口，对排放光气、氰化物和氯气等剧毒的大气污染物及有毒、有害污染物的排放口或危废贮存、处置场所，应竖立固定式标志牌。要求如下：

（1）一切排污单位的污染物排放口（源）和固体废物贮存（处置）场，必须在实行规范化设置同时，设置相应的环保图形标志牌。

（2）环保标志牌设置在距离排放口（源）较近且醒目处，且能长久保留。设置高度为环保图形标志牌上缘离地 2 m，其中噪声源标志牌应设置于距选定监测点较近且醒目处。

（3）排放剧毒致癌物和对人体有严重危害物质的排放口（源）或危废贮存（处置）场，设置警告性环保图形标志牌。

（4）环保图形标志牌的使用、维护和管理必须建立登记制度，环保部统一制发规范化排污口登记证。登记证是排污口监督管理档案的原始记录，各级地方环保部门及其环境监察机构和排污单位在立标的同时必须按规定填写登记证。

标志牌示意图见图 3-1～图 3-5 所示。

图 3-1 污水排放口标志

图 3-2 废气排放口标志

图 3-3 噪声排放源标志

图 3-4 一般固废堆放场标志

图 3-5 危险废物堆放场标志

四、建设项目的环境监察任务

（一）严查建设项目环境管理漏项、漏批，漏管现象

从原则上说，凡在行政辖区内的建设项目，本辖区的环境监察机构就有权对其进行现场检查。对有环境影响评价审批和"三同时"验收的要查看其原件，看其是否办完全部手续：看环保部门的审批意见是什么，批准的前提条件有没有，是什么，"三同时"执行了没有。对存在违法行为的建设项目，要立即制止建设或生产，同时上报环保部门。

（二）对建设项目的环保设施落实情况进行跟踪检查

（1）检查该项目的开工报告（施工许可证）是否经过建设行政主管部门批准，环保工程的设计是否已完成。

（2）建设项目开工后，检查该项目施工红线与批准位置的一致性。

（3）检查建设内容（与原环评报告书相比）有无变化，包括建设性质、内容、规模，采用的设备和工艺，使用的原料有无重大改变。

（4）检查环评报告书中提出的环保措施是否落实，环保设施的资金安排、施工计划、设备订货是否到位。

（5）检查建设项目的实际内容与建设单位所申报的建设内容是否一致，有无虚报、瞒报、漏报或私改内容。

（6）检查配套的污染防治设施是否能与主体工程同时竣工或投产。

（7）检查施工现场是否做好扬尘、污水、噪声、震动、垃圾排放等环境管理。

（8）检查项目环保设施竣工验收结果是否向社会公示，其污染治理是否存在超标排污或偷排现象。

应当对建设项目环境保护设施设计、施工、验收、投入生产或者使用情况，以及有关环境影响评价文件确定的其他环境保护措施的落实情况，进行监督检查。

（三）对排污口规范化设施进行监察

规范化设置排污口的有关设施（如标志牌、计量装置等）属于环境保护设施。排污口按照环境管理要求进行规范化整治，并规范设置环境保护图形标志牌。排污单位要负责排污口环保设施的正常运转，环境保护图形标志要保持清晰完整，测流装置、采样口及附设装置必须运转正常。环境保护图形标志设置安装后，任何单位和个人不得擅自拆除、移动和涂改。

（四）检查建设项目的生态环境保护情况

对区域性、流域性、资源开发和资源利用项目，生态建设项目，农、林、水、气建设项目，交通建设项目，远距离输水送电送气项目，大型水库和水力发电建设项目，引进物种和物种培育、驯化项目等不直接排放污染物的建设项目，尤其要关注该项目的建设施工过程对生态环境的破坏，如有破坏应限期恢复，严禁野蛮施工。关系到水土保持的项目，要依据经批准的水土保持方案，监督其认真实施。分期施工的项目要分期做好水土保持。

（五）严查国家限制、淘汰和取缔的项目

按照污染物总量控制制度，不符合《清洁生产促进法》和循环经济要求的行业门类，要实行限制、淘汰或取缔。对分散小型企业、乡镇企业建设项目的环境监察，除以上各要点外，重点放在是否属于淘汰、限制、禁止的行业。工艺、设备上，属于应取缔的坚决取缔。尤其要防止污染企业向乡镇、不发达地区转移。

（六）重视环境影响登记表备案的检查

在居民区、小城镇、农村的"三产"建设项目，如为居民服务的项目，小规模的餐饮娱乐业项目，对环境影响小不需要环境影响报告书、报告表，必须要填写环境影响登记表并进行备案。环境监察重点是防止建设项目对生活环境的破坏和建设项目引发的环境污染纠纷，如有违法行为应依法追究责任，并做好调解工作。

五、建设项目环境监察程序

（一）搜集信息

来源包括：环保系统内部沟通，日常现场监察信息和群众举报。做好辖区内建设项目的基本信息数据库，包括数量、地理位置、基本工艺、生产规模、群众投诉等；拟检查建设项目环境影响评价文件和环评审批文件、"三同时"验收报告、排污申报登记表，以及现场检查历史记录、环境违法问题处理历史记录等基本环境管理信息。统筹安排现场执法需要的人员、调查取证装备、交通设备等。

（二）现场监察

根据实际情况制定监察方案，确定监察重点、步骤、路线、时间、参加人员、设备工具等。

现场听取建设单位介绍；对有"环评"审批意见的建设项目，已投入生产或使用，检查污染防治设施与主体工程是否同时建成并投入运行；未投入生产或使用，检查污染防治设施与主体工程是否同时施工；对无"环评"审批意见和"三同时"验收的建设项目，报告有关主管部门并依法追究法律责任。现场做好记录，收集证据。

（三）视情处理

正常。通过检查，签字确认。

异常。违反《环评法》，同时又违反《环保条例》的按相关规定处罚；经限期治理，逾期未完成，按限期治理违法行为进行处理。

（四）定期复查

按规定对异常情况进行复查。

（五）总结归档

报告注明异常情况和处理结果。有关记录、材料按项目立卷归档。

六、限期治理环境监察

（一）限期治理项目

所谓限期治理项目是指有批准权的国家行政机关（通常是环保部门）指定某污染源在一定期限内完成污染治理任务的环保工程。其排污行为一般表现为污染源的排污设施与污染防治设施不配套而导致环境污染。如应该配套的污染防治设施没有配套，或该设施的设计、安装或使用有问题，达不到环境保护要求，造成环境污染。

（二）限期治理主要特点

（1）法律强制性。由国家行政机关依法做出的限期治理决定必须履行，对未按规定完成限期治理任务的排污单位，将进行严厉的法律制裁，并可采取强制措施。

（2）有时限要求。限期治理的实行是以时间期限为界限作为承担法律责任的依据之一。

（3）有具体的治理任务和指标要求。

（4）有明确的治理对象并体现了突出重点的政策。限期治理项目在限期中可否继续生产经营活动要视项目的具体情况而定。可以继续生产活动，边生产边治理；也可以责令停产治理或限产治理。

（三）提出限期治理处罚决定的主要因素

在技术层面上，决定限期治理项目时要考虑：该项目的确有限期治理的必要；该项目的治理有资金来源；该项目的治理有技术保证。无技术保证的，应予以停产转产、搬迁。

（四）限期治理项目的决定权限

《水污染防治法》规定："国控重点排污单位的限期治理，由省级环保部门决定，报环境保护部备案。省控重点排污单位的限期治理，由市级环保部门决定，报省级环保部门备案。其他排污单位的限期治理，由市级或者县级环保部门决定。"

（五）违反限期治理行为的处理

见表3-3。

表 3-3 限期治理项目的违法行为及查处

序号	违法行为	责任条款	应承担的法律责任	实施机构
1	企业事业单位和其他生产经营者违法排放污染物，受到罚款处罚，被责令改正，拒不改正	《环保法》第五十九条	可以自责令改正之日的次日起，按照原处罚数额按日连续处罚。前款规定的罚款处罚，依照有关法律法规按照防治污染设施的运行成本、违法行为造成的直接损失或者违法所得等因素确定的规定执行。地方性法规可以根据环境保护的实际需要，增加第一款规定的按日连续处罚的违法行为的种类	依法作出处罚决定的行政机关
2	企业事业单位和其他生产经营者超过污染物排放标准或者超过重点污染物排放总量控制指标排放污染物	《环保法》第六十条	可以责令其采取限制生产、停产整治等措施	县级以上人民政府环保部门
3	情节严重		责令停业、关闭	有批准权的人民政府
4	建设项目未依法进行环境影响评价，被责令停止建设，拒不执行	《环保法》第六十三条	尚不构成犯罪的，除依照有关法律法规规定予以处罚外，对其直接负责的主管人员和其他直接责任人员，处 10 日以上 15 日以下拘留；情节较轻的，处 5 日以上 10 日以下拘留	公安机关
5	违反法律规定，未取得排污许可证排放污染物，被责令停止排污，拒不执行			
6	通过暗管、渗井、渗坑、灌注或者篡改、伪造监测数据，或者不正常运行防治污染设施等逃避监管的方式违法排放污染物			
7	生产、使用国家明令禁止生产、使用的农药，被责令改正，拒不改正			

【思考与训练】

（1）某化工厂环境影响评价报告书报请环保部门批准后，因资金问题拖了6年才又开工建设，是否需要补办环保审批手续？如果没有补办审批手续，将会承担什么后果？

（2）怎样才能及时发现违反规定擅自开工的建设项目？若有违法情况如何处理？

（3）什么是限期治理项目？排污单位的限期治理，由哪一级环保部门决定？

（4）技能训练。

任务来源：按照情境案例1、情境案例2提出的要求完成相关任务。

训练要求：根据案例资料，4～5人一组，分组讨论完成。

【相关资料】

资料：2018年2月，环保部印发《14行业建设项目重大变动清单》，重大变动包括项目规模大、建设地点重新选址等情况。

为进一步规范环境影响评价管理，根据《中华人民共和国环境影响评价法》和《建设项目环境保护管理条例》的有关规定，按照《关于印发环评管理中部分行业建设项目重大变动清单的通知》要求，结合不同行业的环境影响特点，环境保护部近期制定了制浆造纸等14个行业建设项目重大变动清单（试行）并于近日印发。

据了解，14个行业包括制浆造纸建设项目、制药建设项目、农药建设项目、化肥（氮肥）建设项目、纺织印染建设项目、制革建设项目、制糖建设项目、电镀建设项目、钢铁建设项目、炼焦化学建设项目、平板玻璃建设项目、水泥建设项目、铜铅锌冶炼建设项目、铝冶炼建设项目。

根据清单，重大变动包括项目规模扩大、建设地点重新选址、生产工艺变化导致新增污染物或污染物排放量增加、环保措施变动导致不利环境影响加重等情况。

环境保护部要求，钢铁、水泥、电解铝、平板玻璃等产能严重过剩行业的建设项目还应按照《国务院关于化解产能严重过剩矛盾的指导意见》（国发〔2013〕41 号）要求，落实产能等量或减量置换，各级环保部门不得审批其新增产能的项目。

模块二　环境污染防治专项法应用

【能力目标】

- 能运用环境专项法律分析、判断各类违法行为；
- 能对不同违法行为依法提出处理意见。

【知识目标】

- 熟悉我国环境污染防治专项法的适用范围；
- 理解各类违法行为和相应的法律责任。

一、《中华人民共和国环境保护法》的执法应用

（一）《中华人民共和国环境保护法》的立法

1989 年 12 月 26 日第七届全国人民代表大会常务委员会第十一次会议通过《中华人民共和国环境保护法》（以下简称《环保法》），2014 年 4 月 24 日第十二届全国人民代表大会常务委员会第八次会议修订，于 2015 年 1 月 1 日起施行。

（二）违反《环保法》应承担的法律责任

新的《环保法》第五十九条至第六十九条，规定了有关违法行为的处理条款，详见表 3-4。

表 3-4 违反《环保法》的行为及查处

序号	违法行为	责任条款	应承担的法律责任	实施机构
1	企业事业单位和其他生产经营者违法排放污染物	《环保法》第五十九条	受到罚款处罚，被责令改正。罚款处罚，依照有关法律法规按照防治污染设施的运行成本、违法行为造成的直接损失或者违法所得等因素确定的规定执行	县级以上人民政府环保部门
2	本条款违法行为拒不改正		依法作出处罚决定的行政机关可以自责令改正之日的次日起，按照原处罚数额按日连续处罚。地方性法规可以根据环境保护的实际需要，增加第一款规定的按日连续处罚的违法行为的种类	
3	企业事业单位和其他生产经营者超过污染物排放标准或者超过重点污染物排放总量控制指标排放污染物	《环保法》第六十条	可以责令其采取限制生产、停产整治等措施	
4	本条款违法行为情节严重		责令停业、关闭	有批准权的人民政府
5	建设单位未依法提交建设项目环境影响评价文件或者环境影响评价文件未经批准，擅自开工建设	《环保法》第六十一条	责令停止建设，处以罚款，并可以责令恢复原状	负有环保监督管理职责的部门
6	重点排污单位不公开或者不如实公开环境信息	《环保法》第六十二条	责令公开，处以罚款，并予以公告	县级以上地方人民政府环保部门
7	企业事业单位和其他生产经营者建设项目未依法进行环境影响评价，被责令停止建设，拒不执行，尚不构成犯罪	《环保法》第六十三条	对其直接负责的主管人员和其他直接责任人员，处 10 日以上 15 日以下拘留	县级以上人民政府环保部门或者其他有关部门将案件移送公安机关

序号	违法行为	责任条款	应承担的法律责任	实施机构
8	违反法律规定,未取得排污许可证排放污染物,被责令停止排污,拒不执行,尚不构成犯罪	《环保法》第六十三条	对其直接负责的主管人员和其他直接责任人员,处 10 日以上 15 日以下拘留	县级以上人民政府环保部门或者其他有关部门将案件移送公安机关
	通过暗管、渗井、渗坑、灌注或者篡改、伪造监测数据,或者不正常运行防治污染设施等逃避监管的方式违法排放污染物,尚不构成犯罪			
	生产、使用国家明令禁止生产、使用的农药,被责令改正,拒不改正,尚不构成犯罪			
	以上违法行为情节较轻		处 5 日以上 10 日以下拘留	
9	因污染环境和破坏生态造成损害	《环保法》第六十四条	应当依照《中华人民共和国侵权责任法》的有关规定承担侵权责任	县级以上人民政府环保部门或者其他有关部门
10	环境影响评价机构、环境监测机构以及从事环境监测设备和防治污染设施维护、运营的机构,在有关环境服务活动中弄虚作假,对造成的环境污染和生态破坏负有责任	《环保法》第六十五条	除依照有关法律法规规定予以处罚外,还应当与造成环境污染和生态破坏的其他责任者承担连带责任	
11	地方各级人民政府、县级以上人民政府环保部门和其他负有环保监管职责的部门不符合行政许可条件准予行政许可	《环保法》第六十八条	对直接负责的主管人员和其他直接责任人员给予记过、记大过或者降级处分	隶属的上级单位
12	地方各级人民政府、县级以上人民政府环保部门和其他负有环保监管职责的部门对环境违法行为进行包庇			
13	地方各级人民政府、县级以上人民政府环保部门和其他负有环保监管职责的部门依法应当作出责令停业、关闭的决定而未作出			

序号	违法行为	责任条款	应承担的法律责任	实施机构
14	地方各级人民政府、县级以上人民政府环保部门和其他负有环保监管职责的部门对超标排放污染物、采用逃避监管的方式排放污染物、造成环境事故以及不落实生态保护措施造成生态破坏等行为,发现或者接到举报未及时查处	《环保法》第六十八条	对直接负责的主管人员和其他直接责任人员给予记过、记大过或者降级处分	隶属的上级单位
15	地方各级人民政府、县级以上人民政府环保部门和其他负有环保监管职责的部门违反本法规定,查封、扣押企业事业单位和其他生产经营者的设施、设备			
16	地方各级人民政府、县级以上人民政府环保部门和其他负有环保监管职责的部门篡改、伪造或者指使篡改、伪造监测数据			
17	地方各级人民政府、县级以上人民政府环保部门和其他负有环保监管职责的部门应当依法公开环境信息而未公开			
	地方各级人民政府、县级以上人民政府环保部门和其他负有环保监管职责的部门将征收的排污费截留、挤占或者挪作他用			
	地方各级人民政府、县级以上人民政府环保部门和其他负有环保监管职责的部门法律法规规定的其他违法行为			
18	本条款违法行为造成严重后果		给予撤职或者开除处分,其主要负责人应当引咎辞职	
19	违反本法规定,构成犯罪	《环保法》第六十九条	依法追究刑事责任	司法机关

二、《大气污染防治法》的执法应用

(一)《大气污染防治法》的立法

于 1987 年 9 月 5 日第六届全国人民代表大会常务委员会第二十二次会议通过《中华人民共和国大气污染防治法》;根据 1995 年 8 月 29 日第八届全国人民代表大会常务委员会第十五次会议《关于修改〈中华人民共和国大气污染防治法〉的决定》进行修正;2000 年 4 月 29 日第九届全国人民代表大会常务委员会第十五次会议第一次修订;2015 年 8 月 29 日第十二届全国人民代表大会常务委员会第十六次会议第二次修订。

技术指南为相关的《大气环境质量标准》和《大气污染物排放标准》等。

(二)《大气污染防治法》的标准依据

《环境空气质量标准》(GB 3095—1996)。

《大气污染物综合排放标准》(GB 16297—1996)。

大气环境质量功能区标准分类与大气污染物排放标准执行类别见表 3-5。

表 3-5　大气环境质量功能标准及大气污染物排放执行类别

大气环境质量功能区域		大气污染物排放执行标准分级
类别	功能	
一类区	自然保护区、风景名胜区和其他需要特殊保护的区域	一级
二类区	规划的居住区、商业交通居民混合区、文化区、一般工业区和农村地区	二级
三类区	特定工业区	三级

按照综合性排放标准与行业性排放标准不交叉执行的原则,行业标准优先于综合排放标准执行,标准按照废气排放去向执行。

我国还按行业的不同先后制定了：《恶臭污染物排放标准》《饮食业油烟排放标准（试行）》《火电厂大气污染物排放标准》《水泥工业大气污染物排放标准》《加油站大气污染物排放标准》《储油库大气污染物排放标准》《合成革与人造革工业污染物排放标准》《电镀污染物排放标准》《煤层气（煤矿瓦斯）排放标准（暂行）》《煤炭工业污染物排放标准》《镁、钛工业污染物排放标准》《硝酸工业污染物排放标准》《铜、镍、钴工业污染物排放标准》《铅、锌工业污染物排放标准》《铝工业污染物排放标准》《陶瓷工业污染物排放标准》《锅炉大气污染物排放标准》《工业窑炉大气污染物排放标准》《稀土工业污染物排放标准》《平板玻璃工业大气污染物排放标准》《钒工业污染物排放标准》等，与之相关的各行业执行上述各行业性的排放标准。

（三）违反《大气污染防治法》承担的法律责任

《大气污染防治法》第九十八条至第一百二十七条，规定了有关违法行为的处理，详见表 3-6。

表 3-6 违反《大气污染防治法》的行为及查处

序号	违法行为	责任条款	应承担的法律责任	实施机构
1	以拒绝进入现场等方式拒不接受环境保护主管部门及其委托的环境监察机构或者其他负有大气环境保护监督管理职责的部门的监督检查，或者在接受监督检查时弄虚作假	《大气污染防治法》第九十八条	责令改正，处 2 万元以上20 万元以下的罚款	县级以上人民政府环保部门或者其他负有大气环保监督管理职责的部门
2	构成违反治安管理行为		依法予以处罚	公安机关
3	未依法取得排污许可证排放大气污染物	《大气污染防治法》第九十九条	责令改正或者限制生产、停产整治，并处 10 万元以上100 万元以下的罚款	县级以上人民政府环保部门
4	超过大气污染物排放标准或者超过重点大气污染物排放总量控制指标排放大气污染物			
5	通过逃避监管的方式排放大气污染物			

序号	违法行为	责任条款	应承担的法律责任	实施机构
6	违反本条款，情节严重	《大气污染防治法》第九十九条	责令停业、关闭	报经有批准权的人民政府批准
7	侵占、损毁或者擅自移动、改变大气环境质量监测设施或者大气污染物排放自动监测设备	《大气污染防治法》第一百条	处2万元以上20万元以下的罚款；拒不改正的，责令停产整治	县级以上人民政府环保部门
8	未按照规定对所排放的工业废气和有毒有害大气污染物进行监测并保存原始监测记录			
9	未按照规定安装、使用大气污染物排放自动监测设备或者未按照规定与环境保护主管部门的监控设备联网，并保证监测设备正常运行			
10	重点排污单位不公开或者不如实公开自动监测数据			
11	未按照规定设置大气污染物排放口			
12	生产、进口、销售或者使用国家综合性产业政策目录中禁止的设备和产品，采用国家综合性产业政策目录中禁止的工艺，或者将淘汰的设备和产品转让给他人使用的	《大气污染防治法》第一百零一条	责令改正，没收违法所得，并处货值金额1倍以上3倍以下的罚款	县级以上人民政府经济综合主管部门、出入境检验检疫机构
13	违反本条款，拒不改正		责令停业、关闭	报经有批准权的人民政府批准
			进口行为构成走私，依法予以处罚	海关
14	煤矿未按照规定建设配套煤炭洗选设施	《大气污染防治法》第一百零二条	责令改正，处10万元以上100万元以下的罚款	县级以上人民政府能源主管部门
15	违反本条款，拒不改正的，		责令停业、关闭	报经有批准权的人民政府批准
16	开采含放射性和砷等有毒有害物质超过规定标准的煤炭			县级以上人民政府

序号	违法行为	责任条款	应承担的法律责任	实施机构
17	销售不符合质量标准的煤炭、石油焦	《大气污染防治法》第一百零三条	责令改正，没收原材料、产品和违法所得，并处货值金额1倍以上3倍以下的罚款	县级以上地方人民政府质量监督、工商行政管理部门
18	生产、销售挥发性有机物含量不符合质量标准或者要求的原材料和产品			
19	生产、销售不符合标准的机动车船和非道路移动机械用燃料、发动机油、氮氧化物还原剂、燃料和润滑油添加剂以及其他添加剂			
20	在禁燃区内销售高污染燃料			
21	进口不符合质量标准的煤炭、石油焦	《大气污染防治法》第一百零四条		出入境检验检疫机构
22	进口挥发性有机物含量不符合质量标准或者要求的原材料和产品			
23	进口不符合标准的机动车船和非道路移动机械用燃料、发动机油、氮氧化物还原剂、燃料和润滑油添加剂以及其他添加剂			
24	违反本条款，构成走私		予以处罚	海关
25	单位燃用不符合质量标准的煤炭、石油焦	《大气污染防治法》第一百零五条	责令改正，处货值金额1倍以上3倍以下的罚款	县级以上人民政府环保部门
26	使用不符合标准或者要求的船舶用燃油的	《大气污染防治法》第一百零六条	处1万元以上10万元以下的罚款	海事管理机构、渔业主管部门
27	在禁燃区内新建、扩建燃用高污染燃料的设施，或者未按照规定停止燃用高污染燃料，或者在城市集中供热管网覆盖地区新建、扩建分散燃煤供热锅炉，或者未按照规定拆除已建成的不能达标排放的燃煤供热锅炉的	《大气污染防治法》第一百零七条	没收燃用高污染燃料的设施，组织拆除燃煤供热锅炉，并处2万元以上20万元以下的罚款	县级以上地方人民政府环保部门

序号	违法行为	责任条款	应承担的法律责任	实施机构
28	生产、进口、销售或者使用不符合规定标准或者要求的锅炉		责令改正，没收违法所得，并处 2 万元以上 20 万元以下的罚款	县级以上人民政府质量监督、环保部门
29	产生含挥发性有机物废气的生产和服务活动，未在密闭空间或者设备中进行，未按照规定安装、使用污染防治设施，或者未采取减少废气排放措施			
30	工业涂装企业未使用低挥发性有机物含量涂料或者未建立、保存台账			
31	石油、化工以及其他生产和使用有机溶剂的企业，未采取措施对管道、设备进行日常维护、维修，减少物料泄漏或者对泄漏的物料未及时收集处理	《大气污染防治法》第一百零七条	责令改正，处 2 万元以上 20 万元以下的罚款；拒不改正的，责令停产整治	县级以上人民政府环保部门
32	储油储气库、加油加气站和油罐车、气罐车等，未按照国家有关规定安装并正常使用油气回收装置			
33	钢铁、建材、有色金属、石油、化工、制药、矿产开采等企业，未采取集中收集处理、密闭、围挡、遮盖、清扫、洒水等措施，控制、减少粉尘和气态污染物排放			
34	工业生产、垃圾填埋或者其他活动中产生的可燃性气体未回收利用，不具备回收利用条件未进行防治污染处理，或者可燃性气体回收利用装置不能正常作业，未及时修复或者更新			

序号	违法行为	责任条款	应承担的法律责任	实施机构
35	产生含挥发性有机物废气的生产和服务活动，未在密闭空间或者设备中进行，未按照规定安装、使用污染防治设施，或者未采取减少废气排放措施	《大气污染防治法》第一百零八条	责令改正，处 2 万元以上 20 万元以下的罚款；拒不改正，责令停产整治	县级以上人民政府环保部门
36	工业涂装企业未使用低挥发性有机物含量涂料或者未建立、保存台账			
37	石油、化工以及其他生产和使用有机溶剂的企业，未采取措施对管道、设备进行日常维护、维修，减少物料泄漏或者对泄漏的物料未及时收集处理			
38	储油储气库、加油加气站和油罐车、气罐车等，未按照国家有关规定安装并正常使用油气回收装置			
39	钢铁、建材、有色金属、石油、化工、制药、矿产开采等企业，未采取集中收集处理、密闭、围挡、遮盖、清扫、洒水等措施，控制、减少粉尘和气态污染物排放			
40	工业生产、垃圾填埋或者其他活动中产生的可燃性气体未回收利用，不具备回收利用条件未进行防治污染处理，或者可燃性气体回收利用装置不能正常作业，未及时修复或者更新			
41	生产超过污染物排放标准的机动车、非道路移动机械	《大气污染防治法》第一百零九条	责令改正，没收违法所得，并处货值金额 1 倍以上 3 倍以下的罚款，没收销毁无法达到污染物排放标准的机动车、非道路移动机械	省级以上人民政府环保部门
42	违反本条款，拒不改正		责令停产整治，责令停止生产该车型	国务院机动车生产主管部门

序号	违法行为	责任条款	应承担的法律责任	实施机构
43	机动车、非道路移动机械生产企业对发动机、污染控制装置弄虚作假、以次充好，冒充排放检验合格产品出厂销售	《大气污染防治法》第一百零九条	责令停产整治，没收违法所得，并处货值金额 1 倍以上 3 倍以下的罚款，没收销毁无法达到污染物排放标准的机动车、非道路移动机械	省级以上人民政府环保部门
			停止生产该车型	国务院机动车生产主管部门
44	进口、销售超过污染物排放标准的机动车、非道路移动机械	《大气污染防治法》第一百一十条	没收违法所得，并处货值金额 1 倍以上 3 倍以下的罚款，没收销毁无法达到污染物排放标准的机动车、非道路移动机械	县级以上人民政府工商行政管理部门、出入境检验检疫机构海关
45	进口行为构成走私		依法予以处罚	
46	销售的机动车、非道路移动机械不符合污染物排放标准		销售者应当负责修理、更换、退货	
47	给购买者造成损失		销售者应当赔偿损失	
48	机动车生产、进口企业未按照规定向社会公布其生产、进口机动车车型的排放检验信息或者污染控制技术信息	《大气污染防治法》第一百一十一条	责令改正，处 5 万元以上50 万元以下的罚款	省级以上人民政府环保部门
49	机动车生产、进口企业未按照规定向社会公布其生产、进口机动车车型的有关维修技术信息		责令改正，处 5 万元以上50 万元以下的罚款	省级以上人民政府交通运输主管部门
50	伪造机动车、非道路移动机械排放检验结果或者出具虚假排放检验报告	《大气污染防治法》第一百一十二条	没收违法所得，并处 10 万元以上 50 万元以下的罚款	县级以上人民政府环保部门
51	违反本条款，情节严重		取消其检验资格	负责资质认定的部门
52	伪造船舶排放检验结果或者出具虚假排放检验报告		依法予以处罚	海事管理机构
53	以临时更换机动车污染控制装置等弄虚作假的方式通过机动车排放检验或者破坏机动车车载排放诊断系统		责令改正，对机动车所有人处 5 000 元的罚款；对机动车维修单位处每辆机动车5 000 元的罚款	县级以上人民政府环保部门

序号	违法行为	责任条款	应承担的法律责任	实施机构
54	机动车驾驶人驾驶排放检验不合格的机动车上道路行驶	《大气污染防治法》第一百一十三条	依法予以处罚	公安机关交通管理部门
55	使用排放不合格的非道路移动机械，或者在用重型柴油车、非道路移动机械未按照规定加装、更换污染控制装置	《大气污染防治法》第一百一十四条	责令改正，处 5 000 元的罚款	县级以上人民政府环保部门
56	在禁止使用高排放非道路移动机械的区域使用高排放非道路移动机械		依法予以处罚	人民政府环保部门等
57	施工工地未设置硬质密闭围挡，或者未采取覆盖、分段作业、择时施工、洒水抑尘、冲洗地面和车辆等有效防尘降尘措施；建筑土方、工程渣土、建筑垃圾未及时清运，或者未采用密闭式防尘网遮盖	《大气污染防治法》第一百一十五条	责令改正，处 1 万元以上 10 万元以下的罚款；拒不改正的，责令停工整治	县级以上人民政府住房城乡建设等主管部门
58	建设单位未对暂时不能开工的建设用地的裸露地面进行覆盖，或者未对超过三个月不能开工的建设用地的裸露地面进行绿化、铺装或者遮盖		依照前款规定予以处罚	县级以上人民政府住房城乡建设等主管部门
59	运输煤炭、垃圾、渣土、砂石、土方、灰浆等散装、流体物料的车辆，未采取密闭或者其他措施防止物料遗撒	《大气污染防治法》第一百一十六条	责令改正，处 2 000 元以上 2 万元以下的罚款；拒不改正的，车辆不得上道路行驶	县级以上地方人民政府确定的监督管理部门
60	未密闭煤炭、煤矸石、煤渣、煤灰、水泥、石灰、石膏、砂土等易产生扬尘的物料	《大气污染防治法》第一百一十七条	责令改正，处 1 万元以上 10 万元以下的罚款；拒不改正的，责令停工整治或者停业整治	县级以上人民政府环保部门
61	对不能密闭的易产生扬尘的物料，未设置不低于堆放物高度的严密围挡，或者未采取有效覆盖措施防治扬尘污染			

序号	违法行为	责任条款	应承担的法律责任	实施机构
62	装卸物料未采取密闭或者喷淋等方式控制扬尘排放	《大气污染防治法》第一百一十七条	责令改正，处 1 万元以上 10 万元以下的罚款；拒不改正的，责令停工整治或者停业整治	县级以上人民政府环保部门
63	存放煤炭、煤矸石、煤渣、煤灰等物料，未采取防燃措施			
64	码头、矿山、填埋场和消纳场未采取有效措施防治扬尘污染			
65	排放有毒有害大气污染物名录中所列有毒有害大气污染物的企业事业单位，未按照规定建设环境风险预警体系或者对排放口和周边环境进行定期监测、排查环境安全隐患并采取有效措施防范环境风险			
66	向大气排放持久性有机污染物的企业事业单位和其他生产经营者以及废弃物焚烧设施的运营单位，未按照国家有关规定采取有利于减少持久性有机污染物排放的技术方法和工艺，配备净化装置			
67	未采取措施防止排放恶臭气体	《大气污染防治法》第一百一十八条		县级以上地方人民政府确定的监督管理部门
68	排放油烟的餐饮服务业经营者未安装油烟净化设施、不正常使用油烟净化设施或者未采取其他油烟净化措施，超过排放标准排放油烟		责令改正，处 5 000 元以上 5 万元以下的罚款；拒不改正的，责令停业整治	
69	在居民住宅楼、未配套设立专用烟道的商住综合楼、商住综合楼内与居住层相邻的商业楼层内新建、改建、扩建产生油烟、异味、废气的餐饮服务项目		责令改正；拒不改正的，予以关闭，并处 1 万元以上 10 万元以下的罚款	
70	在当地人民政府禁止的时段和区域内露天烧烤食品或者为露天烧烤食品提供场地		责令改正，没收烧烤工具和违法所得，并处 500 元以上 2 万元以下的罚款	

序号	违法行为	责任条款	应承担的法律责任	实施机构
71	在人口集中地区对树木、花草喷洒剧毒、高毒农药，或者露天焚烧秸秆、落叶等产生烟尘污染的物质	《大气污染防治法》第一百一十九条	责令改正，并可以处500元以上2 000元以下的罚款	县级以上地方人民政府确定的监督管理部门
72	在人口集中地区和其他依法需要特殊保护的区域内，焚烧沥青、油毡、橡胶、塑料、皮革、垃圾以及其他产生有毒有害烟尘和恶臭气体的物质		责令改正，对单位处1万元以上10万元以下的罚款，对个人处500元以上2 000元以下的罚款	县级人民政府确定的监督管理部门
73	在城市人民政府禁止的时段和区域内燃放烟花爆竹		依法予以处罚	县级以上地方人民政府确定的监督管理部门
74	从事服装干洗和机动车维修等服务活动，未设置异味和废气处理装置等污染防治设施并保持正常使用，影响周边环境	《大气污染防治法》第一百二十条	责令改正，处2 000元以上2万元以下的罚款；拒不改正的，责令停业整治	县级以上地方人民政府环保部门
75	擅自向社会发布重污染天气预报预警信息，构成违反治安管理行为	《大气污染防治法》第一百二十一条	依法予以处罚	公安机关
76	拒不执行停止工地土石方作业或者建筑物拆除施工等重污染天气应急措施		处1万元以上10万元以下的罚款	县级以上地方人民政府确定的监督管理部门
77	未依法取得排污许可证排放大气污染物	《大气污染防治法》第一百二十三条	受到罚款处罚，被责令改正，拒不改正的，可以自责令改正之日的次日起，按照原处罚数额按日连续处罚	依法作出处罚决定的行政机关
78	超过大气污染物排放标准或者超过重点大气污染物排放总量控制指标排放大气污染物			
79	通过逃避监管的方式排放大气污染物			
80	建筑施工或者贮存易产生扬尘的物料未采取有效措施防治扬尘污染			
81	对举报人以解除、变更劳动合同或者其他方式打击报复	《大气污染防治法》第一百二十四条	应当依照有关法律的规定承担责任	司法机关

序号	违法行为	责任条款	应承担的法律责任	实施机构
82	地方各级人民政府、县级以上人民政府环境保护主管部门和其他负有大气环境保护监督管理职责的部门及其工作人员滥用职权、玩忽职守、徇私舞弊、弄虚作假	《大气污染防治法》第一百二十六条	依法给予处分	上级机关
83	条违反本法规定，构成犯罪	《大气污染防治法》第一百二十七条	依法追究刑事责任	司法机关

相应的环境污染损害和环境污染事故的行为及处理见项目六表 6-2。

三、《水污染防治法》的执法应用

（一）《水污染防治法》的立法

1984 年 11 月 1 日，《中华人民共和国水污染防治法》正式实行。1993 年、1996 年、2002 年、2008 年先后进行修订，最新修改后的《水污染防治法》2017 年 6 月 27 日第十二届全国人大常务委员会第二十八次会议通过，2018 年 1 月 1 日起施行。

技术指南是《地表水环境质量标准》《污水综合排放标准》等。

（二）《水污染防治法》的标准依据

国家环保总局和国家质量监督检验检疫总局联合发布《地表水环境质量标准》（GB 3838—2002），从 2002 年 6 月 1 日起实施。

近海水功能水域执行《海水水质标准》。

单一渔业水域按《渔业水质标准》管理。

处理后的生活污水和相近的工业废水按《农田灌溉水质标准》管理。

《地表水环境质量标准》分类和《污水综合排放标准》执行情况见表 3-7。

表 3-7　地表水域功能标准及污水污染物排放标准执行分类表

地表水环境		污水排放执行标准分级
类别	功能和保护目标	
Ⅰ类	主要适用于源头水、国家自然保护区	禁止排放污水
Ⅱ类	主要适用于集中式生活饮用水地表水源地一级保护区、珍稀水生生物栖息地、鱼虾类产卵场、仔稚幼鱼的索饵场等	禁止排放污水
Ⅲ类	主要适用于集中式生活饮用水地表水源地二级保护区、鱼虾类越冬场、洄游通道、水产养殖区等渔业水域和游泳区	一级（划定的保护区和游泳区除外）
Ⅳ类	主要适用于一般工业用水区及人体非直接接触的娱乐用水区	二级
Ⅴ类	主要适用于农业用水区及一般景观要求水域	
备注		三级（排入二级城镇污水处理厂）

　　按照综合性排放标准与行业性标准不交叉执行的原则，行业标准优先于综合排放标准执行，标准按照污水排放去向执行。

　　我国还按行业的不同先后制定了：《污水综合排放标准》《合成氨工业水污染物排放标准》《污水海洋处置工程污染控制标准》《畜禽养殖业污染物排放标准》《兵器工业水污染物排放标准　火炸药》《兵器工业水污染物排放标准　火工药剂》《兵器工业水污染物排放标准　弹药装药》《城镇污水处理厂污染物排放标准》《柠檬酸工业污染物排放标准》《味精工业污染物排放标准》《医疗机构水污染物排放标准》《啤酒工业污染物排放标准》《煤炭工业污染物排放标准》《杂环类农药工业水污染物排放标准》《制浆造纸工业水污染物排放标准》《电镀污染物排放标准》《羽绒工业水污染物排放标准》《合成革与人造革工业污染物排放标准》《发酵类制药工业水污染物排放标准》《化学合成类制药工业水污染物排放标准》《提取类制药工业水污染物排放标准》《中药类制药工业水污染物排放标准》《生物工程类制药工业水污染物排放标准》《混装制剂类制药工业水污染物排放标准》《制糖工业水污染物排放标准》《淀粉工业水污染物排放标准》《酵母工业水污染物排放标准》《油墨工业水污染物排放标准》《陶瓷工业污染物排放标准》《铝工业污染物排放标

准》《铅、锌工业污染物排放标准》《铜、镍、钴工业污染物排放标准》《镁、钛工业污染物排放标准》《硝酸工业污染物排放标准》《硫酸工业污染物排放标准》《磷肥工业水污染物排放标准》《稀土工业污染物排放标准》《钒工业污染物排放标准》《弹药装药行业水污染物排放标准》《皂素工业水污染物排放标准》等。适用于现有单位水污染物的排放管理，以及建设项目的环境影响评价、建设项目环保设施设计、竣工验收及其投产后的排放管理。

标准分级及执行：按三级排放标准执行。

污染物按其性质和控制方式分为两类：第一类污染物 13 种，一律在车间或车间处理设施排放口采样；第二类污染物 56 种，在排污单位总排放口排放。

（三）违反《水污染防治法》承担的法律后果

《水污染防治法》第八十条至第一百零二条，特别规定了有关违法行为的法律责任追究。《水污染防治法》对违法行为的处理如表 3-8 所示。

表 3-8　违反《水污染防治法》的行为及查处

序号	违法行为	责任条款	应承担的法律责任	实施机构
1	环境保护主管部门或者其他依照本法规定行使监督管理权的部门，不依法作出行政许可或者办理批准文件的，发现违法行为或者接到对违法行为的举报后不予查处的，或者有其他未依照本法规定履行职责的行为的	《水污染防治法》第八十条	对直接负责的主管人员和其他直接责任人员依法给予处分	上级主管部门
2	以拖延、围堵、滞留执法人员等方式拒绝、阻挠环境保护主管部门或者其他依照本法规定行使监督管理权的部门的监督检查，或者在接受监督检查时弄虚作假	《水污染防治法》第八十一条	责令改正，处 2 万元以上20 万元以下的罚款	县级以上人民政府环保部门或者其他依照本法规定行使监督管理权的部门

序号	违法行为	责任条款	应承担的法律责任	实施机构
3	未按照规定对所排放的水污染物自行监测，或者未保存原始监测记录	《水污染防治法》第八十二条	责令限期改正，处2万元以上20万元以下的罚款；逾期不改正的，责令停产整治	县级以上人民政府环保部门
4	未按照规定安装水污染物排放自动监测设备，未按照规定与环境保护主管部门的监控设备联网，或者未保证监测设备正常运行			
5	未按照规定对有毒有害水污染物的排污口和周边环境进行监测，或者未公开有毒有害水污染物信息			
6	未依法取得排污许可证排放水污染物	《水污染防治法》第八十三条	责令改正或者责令限制生产、停产整治，并处10万元以上100万元以下的罚款	有批准权的人民政府
7	超过水污染物排放标准或者超过重点水污染物排放总量控制指标排放水污染物			
8	利用渗井、渗坑、裂隙、溶洞，私设暗管，篡改、伪造监测数据，或者不正常运行水污染防治设施等逃避监管的方式排放水污染物		情节严重，责令停业、关闭	
9	未按照规定进行预处理，向污水集中处理设施排放不符合处理工艺要求的工业废水			
10	在饮用水水源保护区内设置排污口	《水污染防治法》第八十四条	责令限期拆除，处10万元以上50万元以下的罚款；逾期不拆除的，强制拆除，所需费用由违法者承担，处50万元以上100万元以下的罚款，并可以责令停产整治	县级以上地方人民政府

序号	违法行为	责任条款	应承担的法律责任		实施机构
11	违反法律、行政法规和国务院环境保护主管部门的规定设置排污口	《水污染防治法》第八十四条	责令限期拆除，处2万元以上10万元以下的罚款；逾期不拆除的，强制拆除，所需费用由违法者承担，处10万元以上50万元以下的罚款；情节严重的，可以责令停产整治		县级以上地方人民政府环保部门
12	未经水行政主管部门或者流域管理机构同意，在江河、湖泊新建、改建、扩建排污口		依照前款规定采取措施、给予处罚		县级以上人民政府水行政主管部门，或流域管理机构
13	向水体排放油类、酸液、碱液	《水污染防治法》第八十五条	责令停止违法行为，限期采取治理措施，消除污染，处以10万元以上100万元以下的罚款	逾期不采取治理措施的，环境保护主管部门可以指定有治理能力的单位代为治理，所需费用由违法者承担	县级以上地方人民政府环保部门
14	向水体排放剧毒废液，或者将含有汞、镉、砷、铬、铅、氰化物、黄磷等的可溶性剧毒废渣向水体排放、倾倒或者直接埋入地下				
15	在水体清洗装贮过油类、有毒污染物的车辆或者容器		责令停止违法行为，限期采取治理措施，消除污染，处以2万元以上20万元以下的罚款		
16	向水体排放、倾倒工业废渣、城镇垃圾或者其他废弃物，或者在江河、湖泊、运河、渠道、水库最高水位线以下的滩地、岸坡堆放、存贮固体废物或者其他污染物				
17	向水体排放、倾倒放射性固体废物或者含有高放射性、中放射性物质的废水		责令停止违法行为，限期采取治理措施，消除污染，处以10万元以上100万元以下的罚款		
18	违反国家有关规定或者标准，向水体排放含低放射性物质的废水、热废水或者含病原体的污水		责令停止违法行为，限期采取治理措施，消除的污染，处以2万元以上20万元以下的罚款	情节严重，责令停业、关闭	有批准权的人民政府

序号	违法行为	责任条款	应承担的法律责任		实施机构
19	未采取防渗漏等措施，或者未建设地下水水质监测井进行监测	《水污染防治法》第八十五条	责令停止违法行为，限期采取治理措施，消除污染，处2万元以上20万元以下的罚款	情节严重的，责令停业、关闭	有批准权的人民政府
20	加油站等的地下油罐未使用双层罐或者采取建造防渗池等其他有效措施，或者未进行防渗漏监测				
21	未按照规定采取防护性措施，或者利用无防渗漏措施的沟渠、坑塘等输送或者存贮含有毒污染物的废水、含病原体的污水或者其他废弃物		责令停止违法行为，限期采取治理措施，消除污染，处以10万元以上100万元以下的罚款		
22	生产、销售、进口或者使用列入禁止生产、销售、进口、使用的严重污染水环境的设备名录中的设备，或者采用列入禁止采用的严重污染水环境的工艺名录中的工艺	《水污染防治法》第八十六条	责令改正，处5万元以上20万元以下的罚款		县级以上人民政府经济综合宏观调控部门
			情节严重的，责令停业、关闭		本级人民政府
23	建设不符合国家产业政策的小型造纸、制革、印染、染料、炼焦、炼硫、炼砷、炼汞、炼油、电镀、农药、石棉、水泥、玻璃、钢铁、火电以及其他严重污染水环境的生产项目	《水污染防治法》第八十七条	责令关闭		所在地的市、县人民政府
24	城镇污水集中处理设施的运营单位或者污泥处理处置单位，处理处置后的污泥不符合国家标准，或者对污泥去向等未进行记录	《水污染防治法》第八十八条	责令限期采取治理措施，给予警告；造成严重后果的，处10万元以上20万元以下的罚款；逾期不采取治理措施，可以指定有治理能力的单位代为治理，所需费用由违法者承担		城镇排水主管部门
25	船舶未配置相应的防污染设备和器材，或者未持有合法有效的防止水域环境污染的证书与文书	《水污染防治法》第八十九条	责令限期改正，处2 000元以上2万元以下的罚款；逾期不改正的，责令船舶临时停航		海事管理机构、渔业主管部门

序号	违法行为	责任条款	应承担的法律责任	实施机构
26	船舶进行涉及污染物排放的作业，未遵守操作规程或者未在相应的记录簿上如实记载	《水污染防治法》第八十九条	责令改正，处2 000元以上2万元以下的罚款	海事管理机构、渔业主管部门
27	向水体倾倒船舶垃圾或者排放船舶的残油、废油	《水污染防治法》第九十条	停止违法行为，处1万元以上10万元以下的罚款；造成水污染的，责令限期采取治理措施，消除污染，处2万元以上20万元以下的罚款；逾期不采取治理措施的，有关部门按照职责分工可以指定有治理能力的单位代为治理，所需费用由船舶承担	海事管理机构、渔业主管部门
28	未经作业地海事管理机构批准，船舶进行散装液体污染危害性货物的过驳作业			
29	船舶及有关作业单位从事有污染风险的作业活动，未按照规定采取污染防治措施			
30	以冲滩方式进行船舶拆解			
31	进入中华人民共和国内河的国际航线船舶，排放不符合规定的船舶压载水			
32	在饮用水水源一级保护区内新建、改建、扩建与供水设施和保护水源无关的建设项目	《水污染防治法》九十一条	责令停止违法行为，处10万元以上50万元以下的罚款	县级以上地方人民政府环保部门
33	在饮用水水源二级保护区内新建、改建、扩建排放污染物的建设项目			
34	在饮用水水源准保护区内新建、扩建对水体污染严重的建设项目，或者改建建设项目增加排污量		责令拆除或者关闭	有批准权的人民政府
35	在饮用水水源一级保护区内从事网箱养殖或者组织进行旅游、垂钓或者其他可能污染饮用水水体的活动的		责令停止违法行为，处2万元以上10万元以下的罚款	县级以上地方人民政府环保部门
36	个人在饮用水水源一级保护区内游泳、垂钓或者从事其他可能污染饮用水水体的活动		责令停止违法行为，可以处500元以下的罚款	
37	饮用水供水单位供水水质不符合国家规定标准	《水污染防治法》第九十二条	责令改正，处2万元以上20万元以下的罚款；情节严重的，报经有批准权的人民政府批准，可以责令停业整顿；对直接负责的主管人员和其他直接责任人员依法给予处分	所在地市、县级人民政府供水主管部门

序号	违法行为	责任条款	应承担的法律责任	实施机构
38	不按照规定制定水污染事故的应急方案	《水污染防治法》第九十三条	责令改正；情节严重的，处2万元以上10万元以下的罚款	县级以上人民政府环保部门
39	水污染事故发生后，未及时启动水污染事故的应急方案，采取有关应急措施			
40	企业事业单位和其他生产经营者违法排放水污染物	《水污染防治法》第九十五条	受到罚款处罚，被责令改正的，依法作出处罚决定的行政机关应当组织复查，发现其继续违法排放水污染物或者拒绝、阻挠复查的，依照《中华人民共和国环境保护法》的规定按日连续处罚	行政机关

相应的环境污染事故的行为及处理见项目六表6-2。

四、《固体废物污染环境防治法》的执法应用

（一）防治固体废物污染的立法

1995年10月30日第八届全国人民代表大会常务委员会第十六次会议通过《固体废物污染环境防治法》，2004年12月29日第十届全国人民代表大会常务委员会第十三次会议修订。

（二）工业固体废物及危险废物控制的标准依据

危险废物名录和危险废物鉴别标准、工业固体废物及危险废物控制标准见项目一模块四的固废相关内容。

（三）违反《固体废物污染环境防治法》应承担的法律后果

在《固体废物污染环境防治法》第六十七条和第八十三条中，特别规定了有关违法行为的法律责任。《固体废物污染环境防治法》对违法行为的处理如表3-9所示。

表 3-9   违反《固体废物污染环境防治法》的行为及查处

序号	违法行为	责任条款	应承担的法律责任	实施机构
1	县级以上人民政府环保部门或者其他固体废物污染环境防治工作的监督管理部门不依法作出行政许可或者办理批准文件	《固体废物污染环境防治法》第六十七条	责令改正,对负有责任的主管人员和其他直接责任人员依法给予行政处分	本级人民政府或者上级人民政府有关行政主管部门
2	县级以上人民政府环保部门或者其他固体废物污染环境防治工作的监督管理部门发现违法行为或者接到对违法行为的举报后不予查处		构成犯罪的,依法追究刑事责任	司法部门
3	县级以上人民政府环保主管部门或者其他固体废物污染环境防治工作的监督管理部门有不依法履行监督管理职责的其他行为			
4	不按照国家规定申报登记工业固体废物,或者在申报登记时弄虚作假	《固体废物污染环境防治法》第六十八条	责令停止违法行为,限期改正,处以 5 000 元以上 5 万元以下的罚款	县级以上人民政府环保部门
5	对暂时不利用或者不能利用的工业固体废物未建设贮存的设施、场所安全分类存放,或者未采取无害化处置措施的			
6	将列入限期淘汰名录被淘汰的设备转让给他人使用			
7	擅自关闭、闲置或者拆除工业固体废物污染环境防治设施、场所		责令停止违法行为,限期改正,处以 1 万元以上 10 万元以下的罚款	
8	在自然保护区、风景名胜区、饮用水水源保护区、基本农田保护区和其他需要特别保护的区域内,建设工业固体废物集中贮存、处置的设施、场所和生活垃圾填埋场			
9	擅自转移固体废物出省、自治区、直辖市行政区域贮存、处置			
10	未采取相应防范措施,造成工业固体废物扬散、流失、渗漏或者造成其他环境污染			

序号	违法行为	责任条款	应承担的法律责任	实施机构
11	在运输过程中沿途丢弃、遗撒工业固体废物	《固体废物污染环境防治法》第六十八条	责令停止违法行为，限期改正，处 5 000 元以上 5 万元以下的罚款	县级以上人民政府环保部门
12	建设项目需要配套建设的固体废物污染环境防治设施未建成、未经验收或者验收不合格，主体工程即投入生产或者使用的，由审批该建设项目环境影响评价文件的环境保护行政主管部门责令停止生产或者使用	《固体废物污染环境防治法》第六十九条	可以并处 10 万元以下的罚款	县级以上人民政府环保部门
13	拒绝县级以上人民政府环保部门或者其他固体废物污染环境防治工作的监督管理部门现场检查	《固体废物污染环境防治法》第七十条	责令限期改正；拒不改正或者在检查时弄虚作假的，处 2 000 元以上 2 万元以下的罚款	执行现场检查的部门
14	从事畜禽规模养殖未按照国家有关规定收集、贮存、处置畜禽粪便，造成环境污染	《固体废物污染环境防治法》第七十一条	责令限期改正，可以处 5 万元以下的罚款	县级以上地方人民政府环保部门
15	生产、销售、进口或者使用淘汰的设备，或者采用淘汰的生产工艺	《固体废物污染环境防治法》第七十二条	责令改正	县级以上人民政府经济综合宏观调控部门
16			情节严重的，停业或者关闭	同级人民政府决定
17	尾矿、矸石、废石等矿业固体废物贮存设施停止使用后，未按照国家有关环境保护规定进行封场	《固体废物污染环境防治法》第七十三条	责令限期改正，可以处 5 万元以上 20 万元以下的罚款	县级以上地方人民政府环保部门
18	随意倾倒、抛撒或者堆放生活垃圾	《固体废物污染环境防治法》第七十四条	责令停止违法行为，限期改正，处 5 000 元以上 5 万元以下的罚款；个人处 200 元以下的罚款	县级以上地方人民政府环境卫生行政主管部门
19	擅自关闭、闲置或者拆除生活垃圾处置设施、场所		责令停止违法行为，限期改正，处 1 万元以上 10 万元以下的罚款	
20	工程施工单位不及时清运施工过程中产生的固体废物，造成环境污染		责令停止违法行为，限期改正，处 5 000 元以上 5 万元以下的罚款	

序号	违法行为	责任条款	应承担的法律责任	实施机构
21	工程施工单位不按照环境卫生行政主管部门的规定对施工过程中产生的固体废物进行利用或者处置	《固体废物污染环境防治法》第七十四条	责令停止违法行为,限期改正,处1万元以上10万元以下的罚款	县级以上地方人民政府环境卫生行政主管部门
22	在运输过程中沿途丢弃、遗撒生活垃圾		责令停止违法行为,限期改正,处5 000元以上5万元以下的罚款;个人处200元以下的罚款	
23	不设置危险废物识别标志	《固体废物污染环境防治法》第七十五条	责令停止违法行为,限期改正,处1万元以上10万元以下的罚款	县级以上人民政府环保部门
24	不按照国家规定申报登记危险废物,或者在申报登记时弄虚作假			
25	擅自关闭、闲置或者拆除危险废物集中处置设施、场所		责令停止违法行为,限期改正,处2万元以上20万元以下的罚款	
26	不按照国家规定缴纳危险废物排污费		责令停止违法行为,限期改正,限期缴纳,逾期不缴纳的,处应缴纳危险废物排污费金额1倍以上3倍以下的罚款	
27	将危险废物提供或者委托给无经营许可证的单位从事经营活动		责令停止违法行为,限期改正,处2万元以上20万元以下的罚款	
28	不按照国家规定填写危险废物转移联单或者未经批准擅自转移危险废物			
29	将危险废物混入非危险废物中贮存		责令停止违法行为,限期改正,处1万元以上10万元以下的罚款	
30	未经安全性处置,混合收集、贮存、运输、处置具有不相容性质的危险废物			
31	将危险废物与旅客在同一运输工具上载运			
32	未经消除污染的处理将收集、贮存、运输、处置危险废物的场所、设施、设备和容器、包装物及其他物品转作他用			

序号	违法行为	责任条款	应承担的法律责任	实施机构
33	未采取相应防范措施,造成危险废物扬散、流失、渗漏或者造成其他环境污染	《固体废物污染环境防治法》第七十五条	责令停止违法行为,限期改正,处1万元以上10万元以下的罚款	县级以上人民政府环保部门
34	在运输过程中沿途丢弃、遗撒危险废物			
35	未制定危险废物意外事故防范措施和应急预案			
36	危险废物产生者不处置其产生的危险废物又不承担依法应当承担的处置费用	《固体废物污染环境防治法》第七十六条	责令限期改正,处代为处置费用1倍以上3倍以下的罚款	县级以上地方人民政府环保部门
37	无经营许可证或者不按照经营许可证规定从事收集、贮存、利用、处置危险废物经营活动	《固体废物污染环境防治法》第七十七条	责令停止违法行为,没收违法所得,可以并处违法所得3倍以下的罚款	县级以上人民政府环保部门
38	不按照经营许可证规定从事前款活动		还可以吊销经营许可证	发证机关
39	将境外的固体废物进境倾倒、堆放、处置的,进口属于禁止进口的固体废物或者未经许可擅自进口属于限制进口的固体废物用作原料	《固体废物污染环境防治法》第七十八条	责令退运该固体废物,可以并处10万元以上100万元以下的罚款;构成犯罪的,依法追究刑事责任。进口者不明的,由承运人承担退运该固体废物的责任,或者承担该固体废物的处置费用	海关/司法机关
40	逃避海关监管将境外的固体废物运输进境		构成犯罪的,依法追究刑事责任	司法机关
41	过境转移危险废物	《固体废物污染环境防治法》第七十九条	责令退运该危险废物,可以并处5万元以上50万元以下的罚款	海关
42	对已经非法入境的固体废物	《固体废物污染环境防治法》第八十条	依法向海关提出处理意见,海关应当依照本法第七十八条的规定作出处罚决定	省级以上人民政府环保部门/海关
43			已经造成环境污染的,责令进口者消除污染	省级以上人民政府环保部门

相应的环境污染事故的行为及处理见项目六表6-2。

五、《噪声污染防治法》的执法应用

（一）防治环境噪声污染的立法

1996 年 10 月 29 日第八届全国人大常委会第二十二次会议通过了《环境噪声污染防治法》，从公布之日起实施。1998 年 8 月 13 日公安部发出《关于做好城市禁止机动车鸣喇叭工作的通知》。2001 年高考期间，国家环保总局第三次发布《关于加强高考期间环境噪声管理的通知》。

技术指南：《声环境质量标准》和《环境噪声排放标准》。

（二）环境噪声污染控制的标准依据

《声环境质量标准》适用于城乡五类声环境功能区的声环境质量评价与管理，对于与五类功能区有重叠的机场周围区域，应该执行《机场周围飞机噪声环境标准》。但对于机场周围区域内的地面噪声，仍然需要执行《声环境质量标准》。

1.《声环境质量标准》（GB 3096—2008）

见表 3-10。

表 3-10　《声环境质量标准》

类别		昼间/dB	夜间/dB	适用区域
0 类		50	40	0 类标准适用于疗养区、高级别墅区、高级宾馆区等特别需要安静的区域。位于城郊和乡村的这一类区域分别按严于 0 类标准 5 dB 执行
1 类		55	45	1 类标准适用于以居住、文教机关为主的区域。乡村居住环境可参照执行该类标准
2 类		60	50	2 类标准适用于居住、商业、工业混杂区
3 类		65	55	3 类标准适用于工业区
4 类	4a 类	70	55	4a 类标准适用于高速公路、一级公路、二级公路、城市快速路、城市主干路、城市次干路、城市轨道交通（地面段）、内河航道两侧区域
	4b 类	70	60	4b 类标准适用于铁路干线两侧区域
备注		夜间突发的噪声，其最大值不准超过标准值 15 dB		

2. 《工业企业厂界环境噪声排放标准》（GB 12348—2008）

《工业企业厂界环境噪声排放标准》适用于工业企业和固定设备厂界环境噪声排放的管理，同时也适用于机关、事业单位、团体等对外环境排放噪声的单位。鉴于一些工业生产活动中使用的固定设备可能是独立分散的，标准规定，各种产生噪声的固定设备的厂界为其实际占地的边界。具体见表 1-10《工业企业厂界环境噪声排放标准》。排放标准类别对应区域噪声功能目标要求。

3. 《社会生活环境噪声排放标准》（GB 22337—2008）

《社会生活环境噪声排放标准》针对营业性文化娱乐场所和商业经营活动中可能产生环境噪声污染的设备、设施，规定了边界噪声排放限值执行《工业企业厂界环境噪声排放标准》（GB 12348—2008）。《社会生活环境噪声排放标准》并不覆盖所有的社会生活噪声源，例如，建筑物配套的服务设施产生的噪声，街道、广场等公共活动场所噪声，家庭装修等邻里噪声等均不适用该标准。

4. 《建筑施工厂界噪声限值》（GB 12523—90）

《建筑施工厂界噪声限值》适用于城市建筑施工期间场地产生的噪声。噪声值是指与敏感区域相应的建筑施工场地边界线处的限值。具体限值如表 1-12《建筑施工厂界噪声限值》所列。

如有几个施工阶段同时进行，以高噪声阶段的限值为准。

（三）违反《环境噪声污染防治法》应承担的法律后果

在《环境噪声污染防治法》第四十九条和第五十六条中，特别规定了有关违法行为的法律责任。《环境噪声污染防治法》对违法行为的处理见表 3-11。

表 3-11　违反《环境噪声污染防治法》的行为及查处

序号	违法行为	责任条款	应承担的法律责任	实施机构
1	拒报或者谎报规定的环境噪声排放申报事项	《环境噪声污染防治法》第四十九条	根据不同情节，给予警告或者处以罚款	县级以上地方人民政府环保部门

序号	违法行为	责任条款	应承担的法律责任	实施机构
2	未经环保部门批准，擅自拆除或者闲置环境噪声污染防治设施，致使环境噪声排放超过规定标准	《环境噪声污染防治法》第五十条	责令改正，并处罚款	县级以上地方人民政府环保部门
3	不按照国家规定缴纳超标准排污费	《环境噪声污染防治法》第五十一条	根据不同情节，给予警告或者处以罚款	县级以上地方人民政府环保部门
4	对经限期治理逾期未完成治理任务的企业事业单位	《环境噪声污染防治法》第五十二条	除依照国家规定加收超标准排污费外，可以根据所造成的危害后果处以罚款	县级以上地方人民政府环保部门
5			或者责令停业、搬迁、关闭	同级人民政府
6	生产、销售、进口禁止生产、销售、进口的设备	《环境噪声污染防治法》第五十三条	责令改正	县级以上人民政府经济综合主管部门
7			情节严重的，责令停业、关闭	同级人民政府
8	未经当地公安机关批准，进行产生偶发性强烈噪声活动	《环境噪声污染防治法》第五十四条	根据不同情节给予警告或者处以罚款	公安机关
9	噪声排污单位拒绝环保部门或者其他依照本法规定行使环境噪声监督管理权的部门、机构现场检查或者在被检查时弄虚作假	《环境噪声污染防治法》第五十五条	给予警告或者处以罚款	环保部门或者其他依照本法规定行使环境噪声监督管理权的监督管理部门、机构
10	建筑施工单位在城市市区噪声敏感建筑的集中区域内，夜间进行禁止进行的产生环境噪声污染的建筑施工作业	《环境噪声污染防治法》第五十六条	责令改正，可以并处罚款	工程所在地县级以上地方人民政府环保部门

六、《海洋环境保护法》的执法应用

（一）防治海洋污染的立法

《中华人民共和国海洋环境保护法》于 1982 年 8 月 23 日第五届全国人民代表

大会常务委员会第二十四次会议通过颁布施行，1999 年 12 月 25 日第九届全国人民代表大会常务委员会第十三次会议第一次修订，2013 年 12 月 28 日第十二届全国人民代表大会常务委员会第六次会议《关于修改〈中华人民共和国海洋环境保护法〉等七部法律的决定》第二次修正，2016 年 11 月 7 日主席令第 56 号《全国人大常委会关于修改〈中华人民共和国海洋环境保护法〉的决定》第三次修改。2000 年 1 月 1 日施行。

（二）《海洋环境保护法》的应用范围

本法适用于中华人民共和国内水、领海、毗连区、专属经济区、大陆架以及中华人民共和国管辖的其他海域。在中华人民共和国管辖海域内从事航行、勘探、开发、生产、旅游、科学研究及其他活动，或者在沿海陆域内从事影响海洋环境活动的任何单位和个人，都必须遵守本法。在中华人民共和国管辖海域以外，造成中华人民共和国管辖海域污染的，也适用本法。

（三）防治海洋环境污染的标准依据

近海水功能水域执行《海水水质标准》（GB 3097—1997）。

海水水质保护目标功能分类及污染物排放执行标准见表 3-12。

表 3-12　海水水质保护目标功能分类及污染物排放执行标准

海水环境质量		污水排放执行标准分级
类别	功能和保护目标	
第一类	适用于海洋渔业水域，海上自然保护区和珍稀濒危海洋生物保护区	禁止排放污水
第二类	适用于水产养殖区，海水浴场，人体直接触海水的海上运动或娱乐区，以及与人类食用直接有关的工业用水区	一级
第三类	适用于一般工业用水区，滨海风景旅游区	二级
第四类	适用于海洋港口水域，海洋开发作业区	
备注		三级（排入二级城镇污水处理厂）

（四）违反《海洋环境保护法》应承担的法律后果

在《海洋环境保护法》第七十三条和第九十三条中，特别规定了有关违法行为的法律责任。《海洋环境保护法》对违法行为的处理如表 3-13 所示。

表 3-13   违反《海洋环境保护法》的行为及查处

序号	违法行为	责任条款	应承担的法律责任	实施机构
1	（一）向海域排放本法禁止排放的污染物或者其他物质	《海洋环境保护法》第七十三条	责令停止违法行为、限期改正或者责令采取限制生产、停产整治等措施，并处以罚款；拒不改正的，依法作出处罚决定的部门可以自责令改正之日的次日起，按照原罚款数额按日连续处罚；情节严重的，报经有批准权的人民政府批准，责令停业、关闭。有前款第（一）、（三）项行为之一的，处 3 万元以上 20 万元以下的罚款；有前款第（二）、（四）项行为之一的，处 2 万元以上 10 万元以下的罚款	行使海洋环境监督管理权的部门
2	（二）不按照本法规定向海洋排放污染物，或者超过标准、总量控制指标排放污染物			
3	（三）未取得海洋倾倒许可证，向海洋倾倒废弃物的			
4	（四）因发生事故或者其他突发性事件，造成海洋环境污染事故，不立即采取处理措施			
5	不按照规定申报，甚至拒报污染物排放有关事项，或者在申报时弄虚作假	《海洋环境保护法》第七十四条	予以警告，或者处 2 万元以下的罚款	行使海洋环境监督管理权的部门
6	发生事故或者其他突发性事件不按照规定报告		予以警告，或者处 5 万元以下的罚款	
7	不按照规定记录倾倒情况，或者不按照规定提交倾倒报告		予以警告，或者处 2 万元以下的罚款	
8	拒报或者谎报船舶载运污染危害性货物申报事项		予以警告，或者处 5 万元以下的罚款	
9	拒绝现场检查，或者在被检查时弄虚作假	《海洋环境保护法》第七十五条	予以警告，并处 2 万元以下的罚款	行使海洋环境监督管理权的部门

序号	违法行为	责任条款	应承担的法律责任	实施机构
10	造成珊瑚礁、红树林等海洋生态系统及海洋水产资源、海洋保护区破坏	《海洋环境保护法》第七十六条	责令限期改正和采取补救措施，并处1万元以上10万元以下的罚款；有违法所得的，没收其违法所得	行使海洋环境监督管理权的部门
11	违反本法第三十条第一款、第三款规定设置入海排污口	《海洋环境保护法》第七十七条	责令其关闭，并处2万元以上10万元以下的罚款	县级以上地方人民政府环保部门
12	违反本法第三十九条第二款的规定，经中华人民共和国管辖海域，转移危险废物	《海洋环境保护法》第七十八条	责令非法运输该危险废物的船舶退出中华人民共和国管辖海域，并处5万元以上50万元以下的罚款	国家海事行政主管部门
13	海岸工程建设项目未依法进行环境影响评价	《海洋环境保护法》第七十九条	依照《中华人民共和国环境影响评价法》的规定处理	环保部门
14	海岸工程建设项目未建成环境保护设施，或者环境保护设施未达到规定要求即投入生产、使用	《海洋环境保护法》第八十条	责令其停止生产或者使用，并处2万元以上10万元以下的罚款	环保部门
15	新建严重污染海洋环境的工业生产建设项目	《海洋环境保护法》第八十一条	责令关闭	县级以上人民政府
16	海洋工程建设项目单位不依法对海洋环境进行科学调查，编制海洋环境影响报告书（表），并在建设项目开工前，报海洋行政主管部门审查批准	《海洋环境保护法》第八十二条	责令其停止施工，根据违法情节和危害后果，处建设项目总投资额1%以上5%以下的罚款，并可以责令恢复原状	海洋行政主管部门
17	海洋工程建设项目的环境保护设施，未与主体工程同时设计、同时施工、同时投产使用；环境保护设施未经海洋行政主管部门验收，或者经验收不合格的，建设项目投入生产或者使用		责令其停止生产、使用，并处5万元以上20万元以下的罚款	海洋行政主管部门
18	使用含超标准放射性物质或者易溶出有毒有害物质材料	《海洋环境保护法》第八十三条	处5万元以下的罚款，并责令其停止该建设项目的运行，直到消除污染危害	海洋行政主管部门

序号	违法行为	责任条款	应承担的法律责任	实施机构
19	规定进行海洋石油勘探开发活动，造成海洋环境污染	《海洋环境保护法》第八十四条	予以警告，并处 2 万元以上 20 万元以下的罚款	国家海洋行政主管部门
20	不按照许可证的规定倾倒，或者向已经封闭的倾倒区倾倒废弃物	《海洋环境保护法》第八十五条	予以警告，并处 3 万元以上 20 万元以下的罚款；对情节严重的，可以暂扣或者吊销许可证	海洋行政主管部门
21	将中华人民共和国境外废弃物运进中华人民共和国管辖海域倾倒	《海洋环境保护法》第八十六条	予以警告，并根据造成或者可能造成的危害后果，处 10 万元以上 100 万元以下的罚款	国家海洋行政主管部门
22	港口、码头、装卸站及船舶未配备防污设施、器材		予以警告，或者处以 2 万元以上 10 万元以下的罚款	
23	船舶未持有防污证书、防污文书，或者不按照规定记载排污记录	《海洋环境保护法》第八十七条	予以警告，处 2 万元以下的罚款	行使海洋环境监督管理权的部门
24	从事水上和港区水域拆船、旧船改装、打捞和其他水上、水下施工作业，造成海洋环境污染损害		予以警告，处 5 万元以上 20 万元以下的罚款	
25	船舶载运的货物不具备防污适运条件		予以警告，或者处以 2 万元以上 10 万元以下的罚款	
26	船舶、石油平台和装卸油类的港口、码头、装卸站不编制溢油应急计划	《海洋环境保护法》第八十八条	予以警告，或者责令限期改正	行使海洋环境监督管理权的部门

相应的环境污染事故的行为及处理见项目六表 6-2。

七、《放射性污染防治法》的执法应用

(一)《放射性污染防治法》的立法

2003 年 10 月 1 日起施行《放射性污染防治法》。

（二）《放射性污染防治法》的应用范围

放射性污染，即核辐射污染，是指由于人类活动造成物料、人体、场所、环境介质表面或者内部出现超过国家标准的放射性物质或者射线。

根据放射性废物的特性及其对人体健康和环境的潜在危害程度，将放射性废物分为高水平放射性废物、中水平放射性废物和低水平放射性废物。

（三）违反《放射性污染防治法》承担的法律后果

在《放射性污染防治法》第四十八条和第五十八条中，特别规定了有关违法行为的法律责任。《放射性污染防治法》对违法行为的处理如表 3-14 所示。

表 3-14　违反《放射性污染防治法》的行为及查处

序号	违法行为	责任条款	应承担的法律责任	实施机构
1	放射性污染防治监督管理人员违反法律规定，利用职务上的便利收受他人财物、谋取其他利益，或者玩忽职守，对不符合法定条件的单位颁发许可证和办理批准文件	《放射性污染防治法》第四十八条	给予行政处分；构成犯罪的，依法追究刑事责任	行使监督管理的机构/司法机关
2	如前款的放射性污染防治监督管理人员，不依法履行监督管理职责			
3	如前款的放射性污染防治监督管理人员，发现违法行为不予查处			
4	不按照规定报告有关环境监测结果	《放射性污染防治法》第四十九条	依据职权责令限期改正，可以处 2 万元以下罚款	县级以上人民政府环保部门
5	拒绝环保部门和其他有关部门进行现场检查，或者被检查时不如实反映情况和提供必要资料			

序号	违法行为	责任条款	应承担的法律责任	实施机构
6	未编制环境影响评价文件，或者环境影响评价文件未经环保部门批准，擅自进行建造、运行、生产和使用等活动	《放射性污染防治法》第五十条	责令停止违法行为，限期补办手续或者恢复原状，并处 1 万元以上 20 万元以下罚款	审批环境影响评价文件的环保部门
7	未建造放射性污染防治设施、放射防护设施，或者防治防护设施未经验收合格，主体工程即投入生产或者使用	《放射性污染防治法》第五十一条	责令停止违法行为，限期改正，并处 5 万元以上 20 万元以下罚款	审批环境影响评价文件的环保部门
8	未经许可或者批准，核设施营运单位擅自进行核设施的建造、装料、运行、退役等活动	《放射性污染防治法》第五十二条	责令停止违法行为，限期改正，并处 20 万元以上 50 万元以下罚款	国务院环保部门
9			构成犯罪的，依法追究刑事责任	司法机关
10	生产、销售、使用、转让、进口、贮存放射性同位素和射线装置以及装备有放射性同位素的仪表	《放射性污染防治法》第五十三条	依据职权责令停止违法行为，限期改正；逾期不改正的，责令停产停业或者吊销许可证	县级以上人民政府环保部门或者其他有关部门
11			有违法所得的，没收违法所得；违法所得 10 万元以上的，并处违法所得 1 倍以上五倍以下罚款	
12			没有违法所得或者违法所得不足 10 万元的，并处 1 万元以上 10 万元以下罚款	
13			构成犯罪的，依法追究刑事责任	司法机关
14	未建造尾矿库或者不按照放射性污染防治的要求建造尾矿库，贮存、处置铀（钍）矿和伴生放射性矿的尾矿	《放射性污染防治法》第五十四条	责令停止违法行为，限期改正，处以 10 万元以上 20 万元以下罚款；构成犯罪的，依法追究刑事责任	县级以上人民政府环保部门/司法机关
15	向环境排放不得排放的放射性废气、废液			
16	不按照规定的方式排放放射性废液，利用渗井、渗坑、天然裂隙、溶洞或者国家禁止的其他方式排放放射性废液			

序号	违法行为	责任条款	应承担的法律责任	实施机构
17	不按照规定处理或者贮存不得向环境排放的放射性废液	《放射性污染防治法》第五十四条	责令停止违法行为，限期改正，处 1 万元以上 10 万元以下罚款；构成犯罪的，依法追究刑事责任	县级以上人民政府环保部门/司法机关
18	将放射性固体废物提供或者委托给无许可证的单位贮存和处置		责令停止违法行为，限期改正，处 10 万元以上 20 万元以下罚款；构成犯罪的，依法追究刑事责任	
19	不按照规定设置放射性标识、标志、中文警示说明	《放射性污染防治法》第五十五条	责令限期改正；逾期不改正的，责令停产停业，并处 2 万元以上 10 万元以下罚款；构成犯罪的，依法追究刑事责任	县级以上人民政府环保部门或者其他有关部门/司法机关
20	不按照规定建立健全安全保卫制度和制订事故应急计划或者应急措施			
21	不按照规定报告放射源丢失、被盗情况或者放射性污染事故			
22	产生放射性固体废物的单位，不按照本法第四十五条的规定对其产生的放射性固体废物进行处置	《放射性污染防治法》第五十六条	责令停止违法行为，限期改正；逾期不改正的，指定有处置能力的单位代为处置，所需费用由产生放射性固体废物的单位承担，可以并处 20 万元以下罚款	审批该单位立项环境影响评价文件的环保部门
23			构成犯罪的，依法追究刑事责任	司法机关
24	未经许可，擅自从事贮存和处置放射性固体废物活动	《放射性污染防治法》第五十七条	责令停产停业或者吊销许可证；有违法所得的，没收违法所得；违法所得 10 万元以上的，并处违法所得 1 倍以上五倍以下罚款；没有违法所得或者违法所得不足 10 万元的，并处 5 万元以上 10 万元以下罚款；构成犯罪的，依法追究刑事责任	省级以上人民政府环保部门
25	不按照许可的有关规定从事贮存和处置放射性固体废物活动			
26	向我国境内输入放射性废物和被放射性污染的物品，或者经我国境内转移放射性废物和被放射性污染的物品	《放射性污染防治法》第五十八条	责令退运该放射性废物和被放射性污染的物品，并处 50 万元以上 100 万元以下罚款	海关
27			构成犯罪的，依法追究刑事责任	司法机关

【思考与训练】

（1）附近鱼塘受到排污单位所排废水的污染，造成鱼死，排污单位将怎样处理？

（2）某印染厂废水处理站实验室，检测员私自涂改或编造废水处理监测数据应对检查，应如何处理？

（3）某制造厂燃煤锅炉经检查，排放的废气污染物超标排放，应如何处理？限期治理期限过后，排放的污染物仍然超标，又该如何处理？

（4）随意倾倒有毒废物将受到哪些处罚？

（5）技能训练。

任务来源：按照情境案例 3、按照情境案例 4 提出的要求完成相关工作任务。

训练要求：根据案例分析任务，4~5 人一组，分组讨论完成。

项目四　环境监察行政执法

【任务导向】

工作任务 1　环境监察现场执法

工作任务 2　环境行政复议与环境行政诉讼

【活动设计】

在教学中，以环境监察执法项目工作任务引领教学内容，以模块化构建课程教学体系，开展"导、学、做、评"一体教学活动。以环境行政执法与处罚、环境行政复议与诉讼为任务驱动，采用案例教学法和启发式教学法等形式开展教学，通过课业训练和评价达到学生掌握知识和职业技能的教学目标。

【案例素材】

情境案例 1：2010 年 5 月 10 日晚上，中央电视台"焦点访谈"播出了"管不住的排污口"：F 市后竺村村民反映，村里有一个工业排污口，常年排放污水流入 T 溪。这是流经 F 市的一条主要河道，两岸有大量的农田和居民生活区，作为 N 市三大江之一的支流，流域面积近 6 000 km^2。在现场，记者看到黑色的污水奔涌而出，排污口周围泛起浓浓的白色泡沫。记者从排污口取来污水，将两条鲫鱼放入一盆污水中，1 min 后鲫鱼死亡。水样经 N 市渔业环境监测站检测，pH 值和重金属严重超标。经调查，污水来自大埠工业区块，园区里有电镀企业 4 家，铝氧化企业 3 家，拉丝企业 1 家。这些企业产生的废水富含重金属，有的还有强腐蚀性的硫酸。在大埠工业园区，记者看到污水处理厂的门紧锁。记者在工业区的一家小店里，找到了污水处理厂的值班人员，证实废水站设备无故停用。

再次来到排污口时，记者拨通了 F 市环保局的举报电话。奇怪的是，就在打完电话 5 min 后排污口停止了污水排放。30 min 后，F 市环保局的工作人员赶到现场。面对镜头，环保执法人员说，在几次检查中没发现偷排现象，也可能是检查时企业没有偷排，检查完了就偷排。

媒体曝光后，该污染事件引起社会的广泛关注，环保部作出指示：对违法排污企业加紧调查，严肃查处。Z 省省委、省政府领导作出批示：抓住这样的典型事例，依法依规，从重从快惩处，绝不护短。

依照省领导的意见，省环保厅及时约谈了 N 市市委书记、市长和市环保局局长。5 月 18 日，省政府成立事件调查组赶赴 F 市。随后，N、F 两级环保部门入驻大埠工业区块，对违法排污企业下发整改通知书，责令停产，启动责任倒查程序，彻查企业偷排污水事实。经证实，有 4 家企业存在控制排污阀门，私自改造污水管道，故意规避监管，将未经处理或未经完全处理的污水排入 T 溪的违法行为。

查处结果：

1. 4 家电镀企业被关闭，分别处以 10 万元的最高限额罚款，并被追缴 60.43 万元至 72.64 万元不等的排污费；4 家企业法人代表行政拘留 15 天（待关闭企业，完成善后后执行）；1 名企业主管和 7 名排污操作员被行政拘留 12 天（已执行）。

2. N 市纪委、监察局对 F 市分管环保工作的常务副市长进行诫勉谈话；给予 F 市环保局局长行政记过处分，负有直接责任的 F 市环保局副局长被免职；给予 F 市某街道办事处主任行政警告处分，对分管副主任诫勉谈话；N 市环境监察大队大队长被撤职，副大队长被行政警告，监管人被党内警告。

工作任务：

1. 根据以上案例，提出环境行政处罚的依据有哪些？

2. 分析以上案例的违法情况，针对不同违法对象，根据最新法律条款提出处理意见。

3. 针对案例违法程度，撰写一份环境行政处罚流程报告。

情境案例 2：D 公司成立于 2007 年，经营项目主要涉及污水净化处理及污水厂的建设、运营等。2015 年 1 月 21 日，B 县环境监测站监测人员在 D 公司的废水排放口进行采样，并于 1 月 23 日出监测报告，结果表明：D 公司排口废水中化学需氧量浓度为 69 mg/L，超过《城镇污水处理厂污染物排放标准》（GB 18918—2002）一级 B 标准相应指标排放限值 0.15 倍。1 月 27 日，B 县环保局向 D 公司送达责令改正违法行为决定书，并于 2 月 13 日送达了行政处罚事先告知书，告知拟做出行政处罚决定的内容、依据及相关权利等。之后，D 公司提出了陈述和申辩意见。3 月 13 日，B 县环保局仍然做出了行政处罚决定书。D 公司不服，申请行政复议。B 县人民政府 7 月 24 日做出行政复议决定书，维持 B 县环保局的行政处罚决定。D 公司仍不服，向 C 县法院提起本案诉讼。C 县法院一审判决驳回 D 公司的诉讼请求并无不当，应予维持。上诉人 D 公司对 C 县法院判决不服，向 A 市中院提起上诉。中级人民法院于 2016 年 1 月 26 日立案受理后依法组成合议庭，对此案关于涉诉处罚决定是否具有事实和法律依据，程序是否合法的问题进行审查。中级人民法院依照《中华人民共和国行政诉讼法》第八十九条第一款第（一）项的规定，判决如下：驳回上诉，维持原判决。

工作任务：

1. 根据上述案例，监测人员取样属取证程序违法吗？现场执法证据收集要符合什么要求？证据收集可以有哪些方式？

2. 结合案例，如果不服行政处罚决定，被处罚人可以通过哪些途径维权？指出案例中的实施主体分别是哪个机构？

模块一　环境监察执法

【能力目标】

- 能对不同环境违法行为提出正确的执法程序；
- 能对不同环境违法事件提出相应的处理意见。

【知识目标】

- 熟悉环境行政执法的主要内容和程序；
- 掌握各类环境法律责任要素构成和条件。

一、环境现场执法

（一）环境现场执法的含义

执法是法制建设的一项重要内容，是立法和守法的桥梁与纽带，其概念有广义和狭义之分。从广义上讲，执法是指在政治、社会生活中，所有组织和个人按法律办事的过程。从狭义上讲，执法是特指国家机关执行法律的活动，包括司法机关执法和行政机关执法。我们平常所说的执法，一般是指狭义概念的执法。

环境现场执法是整个国家执法活动的一个组成部分，包括环境司法执法和环境行政执法，环境现场执法属于环境行政执法的范畴，是指环境行政机关设立的环境监察机构根据法律授权或者行政机关委托，实施环境现场监督检查，并依照法定程序执行或适用环境法律法规，直接强制地影响行政相对人权利和义务的具体行政行为。

各级环境监察机构是依法对辖区内一切单位和个人履行环保法律、法规，执行环境保护各项政策、标准的情况进行现场监督、检查、处理的专职机构（国家环境保护总局　环发〔1999〕141 号）。

（二）环境现场执法的主体和对象

1. 法律依据

《环保法》第二十四条规定："县级以上人民政府环保部门或者其他依照法律规定行使环境监督管理权的部门，有权对管辖范围内的排污单位进行现场检查，被检查的单位应当如实反映情况，提供必要资料。"

2. 实施主体

法律规定，现场检查的主体是县级以上人民政府环保部门和其他依照法律规定行使环境监督管理权的部门。其中，环保部门是实施统一监督管理的部门。国家海洋行政主管部门、港务监督、渔政渔港监督、军队环境保护部门和各级公安、交通、铁道、民航管理部门依照有关法律的规定对环境污染防治实施监督管理；县级以上人民政府的土地、矿产、林业、农业、水利行政主管部门依照有关法律的规定对资源的保护实施监督管理。

3. 现场检查对象

存在环境问题或者会对环境产生影响的地方。如工业企业、建设项目和限期治理项目、环境污染事故或发生环境污染纠纷的地方以及生态环境敏感区等。

各级环保部门的环境监察机构是环境保护系统唯一的一支现场执法队伍。

（三）环境现场执法的特点

环境现场执法的基本特征是这种执法活动具有现场性和微观性，即在现场实施监督检查，进行微观环境管理。

环境现场执法属于环境行政执法的范畴。其主要特点是：

（1）环境现场执法是一种单方的具体行政行为。它是对特定的环境行政管理相对人和特定事件所采取的具体行政行为，并且由现场执法主体即环境监察机构单方面意思表达即告成立。

（2）环境现场执法是直接影响环境行政管理相对人权利和义务的行政行为。

（3）环境现场执法是具有程序要求的行为。环境监察机构在进行现场执法活动时，必须按照法律、法规规定的程序进行。

（4）环境现场执法是具有技术性的行政行为。必须借助一定的技术手段方能执法。

（四）实施现场执法的注意事项

（1）严格依据法律、法规授权或行政主管部门委托的执法范围，不能越职越权执法。

（2）坚持深入现场，深入实际，进行日常性执法检查，及时发现和查处各种环境违法行为，并积极受理人民群众的投诉举报。

（3）强化执法程序观念，严格执行各项执法程序，不能随意违反或者超越执法程序的各个环节。

（4）鉴于环境现场执法是一种单方面行政行为，就必须坚持执法行为的合法性和公正性，自觉维护执法相对人的合法权益。

（5）环境现场执法人员必须具备一定的专业技能，配备必要的仪器设备，并按照技术规范和科学方法进行现场调查、采样监测、勘察取证和综合分析，确保现场执法特别是案件查处的严密性和准确性。

（五）环境现场执法范围

根据现行法律法规的规定和各地的环境监察执法的实践，当前环境现场执法的主要内容有以下3个方面：

（1）现场监督检查有关组织和个人履行环境法律法规义务的情况，并对违法行为追究其法律责任。

（2）现场监督检查自然资源与生态环境保护情况，并对破坏自然资源与生态环境的行为给予处理处罚，这些自然资源与生态环境包括：土地、水资源、森林、草原、能源、矿产等自然资源；自然保护区、风景名胜区、水源保护区等特殊保护区域；农、牧、渔业环境等生态环境。

（3）现场监督和检查海洋环境保护情况，并对污染海洋的行为依法给予处理处罚。

环境保护现场执法是环境保护执法的形式之一。环境保护执法一般有 3 个组成部分，即执法监督、执法纠正和执法惩戒。环境保护执法还包含一个深层次的意义，就是执法防范。执法监督是采取环境监测、环境检查、事故调查、信息搜集等手段了解情况、发现问题。其结果是纠正环境违法行为，即执法纠正。当环境违法行为严重，必须给予惩罚以儆效尤时，就进入执法惩戒阶段。执法最终目的是杜绝环境违法行为的发生，防范环境质量的损害，让人类社会可持续发展。根据现场情况进行必要的宣传教育，提高对方的环境意识、守法意识，帮助对方制定相应的规章制度，修改和完善相关的规定、规范、规程，建立行之有效的违法行为制约机制，起到防范效果。

二、环境监察的执法依据

环境执法的目的是促进环境行为人的守法意识，发现环境行为人的违法行为，纠正他们的违法行为。环境执法依据是环境执法工作的基础。

环境执法的依据主要有法律依据、标准依据和事实依据。

（一）法律依据

环境法律体系是指国家现行的有关保护和改善环境和自然资源、防治污染和其他公害的各种法律规范所组成的相互联系、相互补充、协调一致的法律规范的统一整体。

我国现行的环境保护法律体系构成如下：

（1）环保法律，由《宪法》中的环境保护规定、综合性环保基本法、自然资源和生态保护法、环境污染防治法（单行法）、环保纠纷解决程序法和其他法律关于环境与资源保护的规定等组成。

（2）环保法规，包括条例、实施细则、规定等。

（3）环保行政规章，包括决定、规定、办法等，可分为部门行政规章和地方行政规章。

（4）环保法律、法规、规章的司法解释，如全国人大代表常委会的《关于加强法律解释工作的决议》、国家环保总局的《环境保护法规解释管理办法》等。

（5）环保规范性文件，是指具有普遍约束力的决定、规定、办法、制度、说明、意见、通知等。

（6）部门行政规章，由国务院环保部门或其他有关部门制定并发布的环保法规性文件。可单独制定或联合制定。单独制定的如环保部制定的《环境行政处罚证据指南》，联合制定的如 2014 年 12 月公安部、工业和信息化部、环境保护部、农业部、国家质量监督检验检疫总局联合发布的《行政主管部门移送适用行政拘留环境违法案件暂行办法》。

（7）地方行政规章，由各省、直辖市、自治区、省会城市以及国务院批准的较大城市的人民政府制定并公布的有关环保法规性文件。

（8）环保规范性文件，是环保法律、法规、规章在环保实际工作中针对某一领域或某一特定环境问题的具体运用，不是具体行政行为，但与具体行政行为密不可分，是具体行政行为的延伸，而不能相悖。如环保部发布的《根据〈关于深化企业环境监督员制度试点工作的通知〉》。

（9）中国参加或缔约的重要的国际环境条约，主要有《保护臭氧层维也纳公约》《联合国生物多样性公约》《联合国海洋法公约》《世界文化和自然遗产保护公约》《联合国气候变化框架公约》《控制危险废物越境转移及其处置巴塞尔公约》等。

（二）标准依据

环境标准是为防治环境污染，维护生态平衡，保护人群健康，依据有关法律规定，对环境保护工作中需要统一的各项技术规范和技术要求依法定程序所制定的各项标准的总称。

我国的环境保护标准包括 2 个级别 6 个类型。

国家级环境保护标准，包括国家环境质量标准、国家污染物排放（控制）标准、国家环境标准样品和其他用于各方面环境保护执法和管理工作的国家环境保护标准（监测方法标准和基础标准）。另外，环境保护行业标准（环境保护部标准）是环保标准的一种发布形式，因其在制定主体、发布方式、适用范围等方面的特征，属于国家级环境保护标准。污染物排放标准又分综合排放标准和行业排放标准。对有行业排放标准的优先执行行业标准。

地方级环境保护标准包括地方环境质量标准和污染物排放标准（或控制标准）。地方污染物排放标准要严于国家污染物排放标准中的相应指标。

环境监察机构现场执法依据的环境标准主要是污染物排放标准，超过国家或地方规定（企业所在地域）的污染物排放标准排放污染物即视为违法排污。

（三）事实依据

环境监察的事实依据包括3项，即监测数据与物料衡算数据、排污申报登记与统计结果和现场调查取得的人证、物证、书证等。

监测数据与物料衡算数据反映了环境质量状况和污染物排放情况，是环境污染预测与判断的基础，是实施总量控制、排污收费（或环保税）、污染治理设施运行效率、建设项目管理、污染物及纠纷仲裁等项管理措施必不可少的依据。没有环境监测数据作依据，环境监察就很难执法。

排污申报登记与统计是依法征收排污费（或环保税）以及防止污染危害的基础。法律规定，对于拒报或谎报有关污染物的排放申报登记事项的行为，要追究法律责任，给予警告或处以罚款。

现场调查取得的证据有书证、物证、证人证言、视听资料和计算机数据、当事人的陈述、环境监测报告及其他鉴定结论、勘验笔录与现场笔录7类。书证包括文件、报告、计划、记录等文字材料。物证包括损伤的物品、受污染的植物茎叶、毒死的鱼虾、变色的水体等。视听资料包括现场的录音录像、照片、资料片等。鉴定结论包括各种科学鉴定和司法鉴定。勘验笔录是现场进行勘验时或在现场调查研究及相关人员谈话时的笔录。此外还包括环境监测分析的结果。

事实依据的取得应合法、及时、准确。合法是指取证的程序、方法和手段要严格遵守法律规定。环境污染会随时间的流失发生显著变化，因此必须及时取证。

为了保证证据的准确记录、分析和判断，有时需要配备一定的仪器设备，还需要权威部门分析鉴别。

（四）环境行政执法证据收集要求

环保部 2011 年 5 月发布的《环境行政处罚证据指南》，阐明了收集证据的方式和要求、审查证据的方法和要求、证据效力的判断方法，提供了常见证据的证明对象示例、常见环境违法行为的事实证明和证据收集示例、常见证据制作示例。指南适用于全国各级环保部门办理行政处罚案件时收集、审查和认定证据的工作，供行政处罚案件调查人员和审查人员参考。

1. 证据收集工作要求

（1）依法、及时、全面、客观、公正地收集证据。

（2）执法人员不得少于两人，出示中国环境监察执法证或者其他行政执法证件，告知当事人申请回避的权利和配合调查的义务。

（3）保守国家秘密、商业秘密，保护个人隐私。对涉及国家秘密、商业秘密或者个人隐私的证据，提醒提供人标注。

（4）收集证据时应当通知当事人到场。但在当事人拒不到场、无法找到当事人、暗查等情形下，当事人未到场不影响调查取证的进行。当事人拒绝签名、盖章或者不能签名、盖章的，应当注明情况，并由两名执法人员签名。有其他人在现场的，可请其他人签名。执法人员可以用录音、拍照、录像等方式记录证据收集的过程和情况。

（5）证据收集工作在行政处罚决定作出之前完成。

（6）禁止违反法定程序收集证据。

（7）禁止采取利诱、欺诈、胁迫、暴力等不正当手段收集证据。

（8）不得隐匿、毁损、伪造、变造证据。

2. 证据收集方式

（1）查阅、复制保存在国家机关及其他单位的相关材料。

（2）进入有关场所进行检查、勘察、采样、监测、录音、拍照、录像、提取原物原件。

（3）查阅、复制当事人的生产记录、排污记录、环保设施运行记录、合同、缴款凭据等材料。

（4）询问当事人、证人、受害人等有关人员，要求其说明相关事项、提供相关材料。

（5）组织技术人员、委托相关机构进行监测、鉴定。

（6）调取、统计自动监控数据。

（7）依法采取先行登记保存措施。

（8）依法采取查封、扣押（暂扣）措施。

（9）申请公证进行证据保全。

（10）听取当事人陈述、申辩，听取当事人听证会意见。

（11）依法可以采取的其他措施。

3．证据要求

（1）证据能确认环境违法行为的实施人，能证明环境违法事实、执法程序事实、行使自由裁量权的基础事实，能反映环保部门实施行政处罚的合法性和合理性。

（2）尽可能收集书证原件，书证的原本、正本和副本均属于书证的原件。收集原件有困难的，可以对原件进行复印、扫描、照相、抄录，经提供人和执法人员核对后，在复制件、影印件、抄录件或者节录本上注明"原件存××处，经核对与原件无误"。书证要注明调取时间、提供人和执法人员姓名，并由提供人、执法人员签名或者盖章。要收集当事人的身份证明。

（3）尽可能收集物证原物，并附有对该物证的来源、调取时间、提供人和执法人员姓名、证明对象的说明，并由提供人、执法人员签名或者盖章。对大量同类物，可以抽样取证。

收集原物有困难的，可以对原物进行拍照、录像、复制。物证的照片、录像、复制件要附有对该物证的保存地点、保存人姓名、调取时间、执法人员姓名、证明对象的说明，并由执法人员签名或者盖章。

（4）视听资料和自动监控数据要提取原始载体。无法提取原始载体或者提取原始载体有困难的，可以采取打印、拷贝、拍照、录像等方式复制，制作笔录记载收集时间、地点、参与人员、技术方法、过程、事项名称、内容、规格、类别等信息。

（5）证人证言要写明证人的姓名、年龄、性别、职业、住址、与本案关系等基本信息，注明出具日期，由证人签名、盖章或者按指印，并附有居民身份证复印件、工作证复印件等证明证人身份的材料。

（6）当事人陈述要写明当事人基本信息，注明出具日期，并由当事人签名、盖章或者按指印。当事人陈述中的添加、删除、改正文字之处，要有当事人的签名、盖章或者按指印。

（7）环境监测报告要载明委托单位、监测项目名称、监测机构全称、国家计量认证标志（CMA）和监测字号、监测时间、监测点位、监测方法、检测仪器、检测分析结果等信息，并有编制、审核、签发等人员的签名和监测机构的盖章。

（8）鉴定结论要载明委托人、委托鉴定的事项、向鉴定部门提交的相关材料、鉴定依据和使用的科学技术手段、鉴定部门和鉴定人的鉴定资格说明，并有鉴定人的签名和鉴定部门的盖章。

（9）现场检查（勘察）笔录要记录执法人员出示执法证件表明身份和告知当事人申请回避权利、配合调查义务的情况；现场检查（勘察）的时间、地点、主要过程；被检查场所概况及与当事人的关系；与违法行为有关的物品、工具、设施的名称、规格、数量、状况、位置、使用情况及相关书证、物证；与违法行为有关人员的活动情况；当事人及其他人员提供证据和配合检查情况；现场拍照、录音、录像、绘图、抽样取证、先行登记保存情况；执法人员检查发现的事实；执法人员签名等内容。现场图示要注明绘制时间、方位。

（10）调查询问笔录要记录执法人员出示执法证件表明身份和告知当事人申请回避权利、配合调查义务的情况；被询问人基本信息；问答内容；被询问人对笔录的审阅确认意见；执法人员签名等内容。

三、环境法律责任概念及类型

所谓法律责任，是指违法者对其违法行为必须承担的具有强制性的某种法律上的责任。

所谓环境法律责任，是指违反环境保护法律，破坏或污染环境的单位或个人所应承担的具有强制性的某种法律上的责任。

环境法律责任包括环境行政责任、环境民事责任和环境刑事责任。

（一）环境行政责任

环境行政责任是指违反环境保护行政管理法律、法规的单位和个人所应承担的行政管理的法律责任。

责任承担对象为法人单位及其领导者和直接责任人，其他公民，行政管理机关及其所属的公务人员。

1. 构成要件

行为有违法性（前提条件）；行为有危害结果（是否为要件，按照各具体法律规定）；违法行为与危害后果之间有因果关系（直接的，不适合污染赔偿责任中的"因果关系推定"）；行为人有主观过错（故意和过失两种）。

- 故意。行为人明知自己的行为会造成污染或破坏环境的结果，并放任这种结果发生（间接故意，如企业无视环境法律规定偷排、乱排废水造成水环境污染），或希望发生（直接故意，如狩猎国家保护动物）。

- 过失。行为人因疏忽大意或过于自信，造成危害后果而没有预见到的心理状态。如工厂疏于管理排放污水发生的污染事故或轻信经验判断失误造成污染事故。

2. 环境行政责任形式

（1）行政处罚。环境行政处罚是由特定的国家行政机关对违反环境法或国家行政法规尚不构成犯罪的公民、法人或其他组织给予的法律制裁。

行政处罚有警告、罚款、没收违法所得、责令停止生产或使用（政府决定或批准）、吊销许可证或其他许可证性质的证书等。

实施处罚的机关主要指对环保实施统一监督管理的县级以上环保部门。此外还包括实施监督管理的国家海洋局、港务监督、渔政、渔港、军队环保部门和各级公安、交通、铁道、民航等管理部门及资源管理部门。

（2）行政处分。又称纪律处分，是指国家行政机关、企业、事业单位，根据行政隶属关系，依照有关法规或内部规章，对犯有违法失职和违纪行为的下属人员给予的一种行政制裁。

行政处分包括警告、记过、记大过、降级、降职、撤职、开除留用察看、开除。按照《环境保护违法违纪行为处分暂行规定》。

实施处分的机关，必须是具有隶属关系和行政处分权的国家行政机关或者企业事业单位。

（二）环境民事责任

环境民事责任指公民或法人因违反环保法的行为，污染或破坏环境而侵害公共财产或者他人正当的环境权益，所应承担的民事方面的法律责任。

1. 构成要件

行为的违法性（特殊情况，致人损害并有后果的行为是合法的，也要承担民事责任）；行为损害的结果（前提条件）；违法行为与损害之间有因果关系（法律规定的一些免除行为人承担民事责任的例外除外，如不可抗力）。

2. 责任形式

排除所造成的环境危害；支付消除危害的费用；对造成的损失进行赔偿。

3. 处理环境民事纠纷的方式

根据环境法规定，处理方式有两种，一是在双方当事人自愿的前提下，通过行政机关或者社会组织进行调解；二是通过法院进行民事诉讼。

（三）环境刑事责任

环境刑事责任指因违反环境法律或刑事法律而严重污染或破坏环境，造成财产重大损失或人身伤亡，构成犯罪所应承担的刑事方面的责任。

1. 构成要件

有违反刑法规定的行为；侵害了各种环境要素，进而侵犯了人身权、财产权和环境权（环境犯罪的主体和环境犯罪的客体）；造成严重后果；主观上有故意或过失犯罪。

2. 责任实施单位

司法机关依照刑事诉讼程序实施。

3. 责任形式

管制、拘役、有期徒刑、无期徒刑、死刑等人身罚和罚金、没收财产等财产罚。

4. 追究环境管理职能部门有关人员的涉嫌范围

最高人民检察院规定，负有环境保护监管职能的环保部门的工作人员，涉嫌下列情形之一的，构成犯罪，人民检察院应予立案：

（1）造成直接经济损失 30 万元以上的；

（2）造成人员死亡 1 人以上的，或者重伤 3 人以上，或者轻伤 10 人以上；

（3）使一定区域内的居民的身心健康受到严重危害的；

（4）其他致使公私财产遭受重大损失或造成人身伤亡严重后果的情形。

另外，破坏环境资源保护罪共 14 种：重大环境污染事故罪；非法处置进口的固体废物罪；擅自进口固体废物罪；非法捕捞水产品罪；非法猎捕、杀害珍贵、濒危野生动物罪；非法狩猎罪；非法占用耕地罪；非法采矿罪；破坏性采矿罪；非法采伐、毁坏珍贵树木罪；盗伐林木罪；滥伐林木罪；非法收购盗伐、滥伐的林木罪等。

（四）环境行政责任与环境刑事责任、环境民事责任的区别

1. 环境行政责任与环境刑事责任的区别

（1）法律依据不同。追究行政责任依据的是环境保护行政法律、法规，而追究刑事责任依据的是刑事法律，包括刑法和环保法律法规中的刑事条款。

（2）处罚对象不同。行政责任可以对自然人，也可以对法人和其他社会组织与团体，而刑事责任一般对自然人，在特殊情况下可以对法人。

（3）实施的机关和程序不同。行政责任是行政机关依照有关行政程序实施，而刑事责任是由司法机关依照刑事诉讼程序实施。

（4）追究责任的形式不同（此前已有详述）。

2. 环境行政责任与环境民事责任的区别

（1）法律依据不同。追究环境行政责任依据的是环境行政法律法规，而追究环境民事责任依据的是《民法通则》和环境法中有关民事的规定。

（2）构成要件不同。追究环境民事责任以损害结果为前提，而危害后果在许多情况下并不是追究环境行政责任的必要条件。

（3）实施的程序不同。追究环境行政责任是按照行政程序进行，而环境民事责任则按照民事调解或民事诉讼程序进行。

四、环境保护行政处罚办法

参照 2010 年 3 月 1 日起施行的《环境行政处罚办法》。

（一）环境保护行政处罚的基本原则

1. 行政处罚法定原则

行政处罚的依据、实施主体、处罚程序必须是法律、法规或规章明确规定的。没有法定依据的不得实施处罚。根据最高人民法院关于行政行为种类和规范行政案件案由的规定，行政命令不属行政处罚。行政命令不适用行政处罚程序的规定。

2. 处罚与教育相结合的原则

实施环境行政处罚，坚持教育与处罚相结合，服务与管理相结合，引导和教育公民、法人或者其他组织自觉守法。

3. 公开、公正的原则

要做到处罚的依据公开、程序公开、证据公开、决定公开，并使相对人有充分申辩和了解有关情况的权利。

4. 实施处罚必须纠正违法行为的原则

《行政处罚法》规定："行政机关实施处罚时，应当责令当事人改正或限期改正违法行为。"

5. 一事不再罚款的原则

《行政处罚法》规定："对当事人的同一个违法行为，不得给予两次以上罚款的行政处罚"。这里当事人的同一个违法行为与《环保法》规定的"按日连续处罚"有所区别。《环保法》第五十九条规定："企业事业单位和其他生产经营者违法排放污染物，受到罚款处罚，被责令改正，拒不改正的，依法作出处罚决定的行政机关可以自责令改正之日的次日起，按照原处罚数额按日连续处罚。"责令改正期限届满，当事人未按要求改正，违法行为仍处于继续或者连续状态的，可以认定为新的环境违法行为。

6. 行政处罚与违法行为相适当的原则

7. 不得以罚代刑的原则

《行政处罚法》规定："违法行为构成犯罪，应当依法追究刑事责任，不得以行政处罚代替刑事处罚"。涉嫌犯罪的案件，按照《行政执法机关移送涉嫌犯罪案件的规定》等有关规定移送司法机关。这是刑事优先原则决定的。

8. 行政处罚不免除民事责任的原则

指的是当事人的违法行为造成污染损害的事实，既要承担行政责任又要承担民事责任。

9. 无救济则无处罚的原则

《行政处罚法》规定："公民、法人或其他组织对行政机关给予的行政处罚，享有陈述权、申辩权；对行政处罚不服的，有权依法申请行政复议或提起行政诉讼。公民、法人或其他组织因行政机关违法给予行政处罚受到损害的，有权依法提出赔偿要求"。这是司法救济的原则。

所谓救济，是指相对人因行政机关的处罚违法或不当，致使其合法权益受到损害，请求国家予以补救的制度。

10. 追溯时效原则

《行政处罚法》规定："违法行为在两年内未被发现的，不再给予行政处罚，法律另有规定的除外"。又规定："前款规定的期限，从违法行为发生之日计算，违法行为有连续或继续状态的，从行为终了之日起计算"。

例如，建设项目未按《环评法》和《环境保护管理条例》要求建设污染防治设施，而擅自投产，造成污染物超标排放，其行为就具有连续和继续状态。

又如，企业拒绝缴纳排污费的行为，属于同一种违法行为呈间接发生，在时间上没有连续，就不能按一次违法行为看待，而应该按其发生的次数和时间分别计算其时效。

11. 维护合法权益的原则

实施环境行政处罚，应当依法维护公民、法人及其他组织的合法权益，保守相对人的有关技术秘密和商业秘密。

（二）实施主体与管辖

1. 处罚主体

县级以上环保部门在法定职权范围内实施环境行政处罚。

经法律、行政法规、地方性法规授权的环境监察机构在授权范围内实施环境行政处罚，适用本办法关于环保部门的规定。

2. 委托处罚

环保部门可以在其法定职权范围内委托环境监察机构实施行政处罚。受委托的环境监察机构在委托范围内，以委托其处罚的环保部门名义实施行政处罚。

委托处罚的环保部门负责监督受委托的环境监察机构实施行政处罚的行为，

并对该行为的后果承担法律责任。

3. 外部移送

发现不属于环保部门管辖的案件，应当按照有关要求和时限移送有管辖权的机关处理。

涉嫌违法依法应当由人民政府实施责令停产整顿、责令停业、关闭的案件，环保部门应当立案调查，并提出处理建议报本级人民政府。

涉嫌违法依法应当实施行政拘留的案件，移送公安机关。

涉嫌违反党纪、政纪的案件，移送纪检、监察部门。

涉嫌犯罪的案件，按照《行政执法机关移送涉嫌犯罪案件的规定》等有关规定移送司法机关，不得以行政处罚代替刑事处罚。

4. 案件管辖

县级以上环保部门管辖本行政区域的环境行政处罚案件。

造成跨行政区域污染的行政处罚案件，由污染行为发生地环保部门管辖。

5. 优先管辖

2 个以上环保部门都有管辖权的环境行政处罚案件，由最先发现或者最先接到举报的环保部门管辖。

6. 管辖争议解决

对行政处罚案件的管辖权发生争议时，争议双方应报请共同的上一级环保部门指定管辖。

7. 指定管辖

下级环保部门认为其管辖的案件重大、疑难或者实施处罚有困难的，可以报请上一级环保部门指定管辖。

上一级环保部门认为下级环保部门实施处罚确有困难或者不能独立行使处罚权的，经通知下级环保部门和当事人，可以对下级环保部门管辖的案件指定管辖。

上级环保部门可以将其管辖的案件交由有管辖权的下级环保部门实施行政处罚。

8. 内部移送

不属于本机关管辖的案件，应当移送有管辖权的环保部门处理。

受移送的环保部门对管辖权有异议的，应当报请共同的上一级环保部门指定管辖，不得再自行移送。

（三）环境保护行政处罚的基本制度

1. 执法人员身份公开制度

执法人员在现场开展执法活动以及当场作出处罚决定时，必须佩戴环境监察证章，出示环境监察证件，公开表明自己的执法身份。便于接受监督，避免假冒。

2. 陈述申辩制度

这是针对管理相对人而言的。

3. 听证制度

听证制度是指执法机关在作出较重的处罚决定以前，由该机关指定非本案执法人员主持，并有调查取证人员和当事人参加，再次对本案听取意见以获得证据的法定过程。详见本模块的"听证程序的适用条件"。

4. 回避制度

回避制度指执法人员与当事人有直接利害关系时，不参与对其案件的调查、处理而实行回避的制度。

有下列情形之一的，案件承办人员应当回避：

（1）是本案当事人或者当事人近亲属的；

（2）本人或者近亲属与本案有直接利害关系的；

（3）法律、法规或者规章规定的其他回避情形。

符合回避条件的，案件承办人员应当自行回避，当事人也有权申请其回避。

5. 告知当事人权利制度

告知当事人权利制度是指执法机关及其执法人员在作出处罚决定之前，有责任告知当事人有关情况和依法享有的权利。包括作出处罚决定的事实和理由；应当告知当事人的权利（陈述权、申辩权、听证权、行政复议和行政诉讼权、有理由要求行政赔偿权）。

6. 案件调查人员与处罚人员分开制度

目的是为了防止腐败。

7. 重大案件集体讨论决定制度

保证处罚决定的正确性和合理性。

8. 处罚决定机关与收缴罚款机构分离制度

作出处罚决定的执法机关不得自行收缴罚款，而应当由当事人在规定的时间内到指定银行缴纳罚款，银行须将罚款直接上缴国库，避免搞"小金库"。

9. 行政处罚监督制度

行政处罚监督制度包括内部监督、政府监督、当事人有权对处罚申诉或检举、处罚决定备案、发现错误及时改正。

五、环境保护行政处罚程序

（一）简易程序（现场处罚工作程序）

1. 适用条件

违法事实确凿、情节轻微并有法定依据，对公民处以 50 元以下、对法人或者其他组织处以 1 000 元以下罚款或者警告的行政处罚，可以适用简易程序，当场作出行政处罚决定。

2. 工作程序

（1）表明执法身份。当场作出行政处罚决定时，环境执法人员不得少于两人，并应当向当事人出示其执法证件。表明执法身份一则证明执法人员身份的合法性，防止不法分子冒充执法人员招摇撞骗；二则表明了执法人员主动接受群众监督。

（2）现场查清事实并取证。环境行政处罚必须建立在事实确凿、证据充分的基础上。如果发现违法事实在现场无法查清，则应终止简易程序，转为一般程序办理。

（3）事先告知。在作出行政处罚前，执法人员应向当事人告知查清的违法事实、行政处罚的理由和依据、拟给予的行政处罚，并告知当事人享有陈述和申辩的权利。

（4）听取陈述和申辩。当事人就执法人员的告知进行陈述、申辩，提出自己的主张和理由。当事人提出的陈述、申辩意见，执法人员应当认真听取，对于当事人提出的事实、理由或证据成立的，执法人员应当采纳。

（5）制作和交付行政处罚决定书。执法人员应当填写预定格式、编有号码、盖有环保部门印章的行政处罚决定书，由执法人员签名或者盖章，一式两联，一联交当事人，另一联存档。将行政处罚决定书当场交付当事人，并要求当事人在15日内到指定银行交款。

（6）告知诉权。执法人员应当告知当事人，如对当场作出的行政处罚决定不服，可以依法申请行政复议或者提起行政诉讼。此外，为加强对适用简易程序的行政处罚的监督，执法人员当场作出行政处罚决定，应当对办案过程制作笔录，在处罚结束后，应当在作出处罚决定之日起3个工作日内，将行政处罚决定报所属环保部门备案。

（二）一般程序

一般程序又称普通程序，是指除法律特别规定应当适用简易程序或其他程序以外，环境行政执法机关实施行政处罚通常所适用的程序。其主要工作程序如下。

1. 立案

环境行政机关通过检查发现或通过举报、媒体曝光、其他机关移送、交办等途径发现违法线索，对违法行为进行初步审查，并在7个工作日内决定是否立案。

经审查，符合下列四项条件的，予以立案：

（1）有涉嫌违反环境保护法律、法规和规章的行为；

（2）依法应当或者可以给予行政处罚；

（3）属于本机关管辖；

（4）违法行为发生之日起到被发现之日止未超过2年，法律另有规定的除外。违法行为处于连续或继续状态的，从行为终了之日起计算。对符合条件的，填写

《立案审批表》。对已经立案的案件，根据新情况发现不符合立案条件的，应当撤销立案。对需要立即查处的环境违法行为，可以先行调查取证，并在 7 个工作日内决定是否立案和补办立案手续。立案审查，属于环保部门管辖，但不属于本机关管辖范围的，应当移送有管辖权的环保部门；属于其他有关部门管辖范围的，应当移送其他有关部门。

2. 调查取证

环境行政机关对登记立案的环境违法行为，应当指定专人及时组织调查取证。调查取证时执法人员不得少于两人，并向当事人出示执法证件。环境行政机关调查取证时，当事人应当到场。当事人及有关人员应当配合调查、检查或者现场勘验，如实回答询问，不得拒绝、阻碍、隐瞒或者提供虚假情况。调查取得的证据详见本模块的"事实依据"内容。在证据可能灭失或者以后难以取得的情况下，经本机关负责人批准，调查人员可以采取先行登记保存措施。调查终结，案件调查机构应当提出已查明违法行为的事实和证据、初步处理意见，按照查处分离的原则送本机关处罚案件审查部门审查。

（1）登记保存措施与解除。对于先行登记保存的证据，应当在 7 个工作日内采取以下措施：①根据情况及时采取记录、复制、拍照、录像等证据保全措施；②需要鉴定的，送交鉴定；③根据有关法律、法规规定可以查封、暂扣的，决定查封、暂扣；④违法事实不成立，或者违法事实成立但依法不应当查封、暂扣或者没收的，决定解除先行登记保存措施。

超过 7 个工作日未作出处理决定的，先行登记保存措施自动解除。

（2）依法实施查封暂扣。实施查封、暂扣等行政强制措施，应当有法律、法规的明确规定，并应当告知当事人有申请行政复议和提起行政诉讼的权利。

（3）查封暂扣实施要求。查封、暂扣当事人的财物，应当当场清点，开具清单，由调查人员和当事人签名或者盖章。

查封、暂扣的财物应当妥善保管，严禁动用、调换、损毁或者变卖。

（4）查封、暂扣解除。经查明与违法行为无关或者不再需要采取查封、暂扣措施的，应当解除查封、暂扣措施，将查封、暂扣的财物如数返还当事人，并由调查人员和当事人在财物清单上签名或者盖章。

（5）当事人与现场调查取证，环保部门调查取证时，当事人应当到场。

下列情形不影响调查取证的进行：①当事人拒不到场的；②无法找到当事人的；③当事人拒绝签名、盖章或者以其他方式确认的；④暗查或者其他方式调查的；⑤当事人未到场的其他情形。

（6）调查终结。有下列情形之一的，可以终结调查：①违法事实清楚、法律手续完备、证据充分的；②违法事实不成立的；③作为当事人的自然人死亡的；④作为当事人的法人或者其他组织终止，无法人或者其他组织承受其权利义务，又无其他关系人可以追查的；⑤发现不属于本机关管辖的；⑥其他依法应当终结调查的情形。

（7）案件移送审查。终结调查的，案件调查机构应当提出已查明违法行为的事实和证据、初步处理意见，按照查处分离的原则送本机关处罚案件审查部门审查。

3. 案件审查

案件审查部门进行案件审查的主要内容包括：

（1）本机关是否有管辖权。

（2）违法事实是否清楚。

（3）证据是否确凿。

（4）调查取证是否符合法定程序。

（5）是否超过行政处罚追诉时效。

（6）适用依据和初步处理意见是否合法、适当。对于违法事实不清、证据不充分或者调查程序违法的，应当退回补充调查取证或者重新调查取证。

4. 告知和听证

环境行政机关在作出行政处罚决定前，应当告知当事人违法事实、作出行政处罚决定的理由、依据及当事人依法享有的陈述、申辩权利。对于暂扣或吊销许可证、较大数额的罚款和没收等重大行政处罚决定，当事人还有要求举行听证的权利。环境行政机关应当对当事人陈述、申辩的内容进行复核，当事人提出的事实、理由或者证据成立的，应当予以采纳。不得因当事人的申辩而加重处罚。

5. 作出处理决定

在案件调查人员查明事实、案件审理人员提出处理意见后，由环境行政机关的负责人进行审查，根据不同情况分别处理：

（1）违法事实成立，依法应当给予行政处罚的，根据其情节轻重及具体情况，作出行政处罚决定。

（2）违法行为轻微，依法可以不予行政处罚的，不予行政处罚。

（3）发现不属于环境行政机关管辖的案件，应当按照有关要求和时限移送到有管辖权的机关处理。

环境行政机关决定给予行政处罚的，应当制作行政处罚决定书。同一当事人有两个或者两个以上环境违法行为，可以分别制作行政处罚决定书，也可以列入同一行政处罚决定书。

行政处罚决定书应当载明以下内容：①当事人的基本情况，包括当事人姓名或者名称、组织机构代码、营业执照号码、地址等；②违反法律、法规或者规章的事实和证据；③行政处罚的种类、依据和理由；④行政处罚的履行方式和期限；⑤不服行政处罚决定，申请行政复议或者提起行政诉讼的途径和期限；⑥作出行政处罚决定的环保部门名称和作出决定的日期，并且加盖作出行政处罚决定环保部门的印章。

6. 处罚决定的送达

行政处罚决定书应当送达当事人，并根据需要抄送与案件有关的单位和个人，如举报人、受害人等。行政处罚决定书应当在宣告后当场交付当事人，当事人不在场的，行政机关应当在7日内将行政处罚决定书送达当事人。送达行政处罚文书可以采取直接送达、留置送达、委托送达、邮寄送达、转交送达、公告送达、公证送达或者其他方式。送达行政处罚文书应当使用送达回证并存档。

当事人不服的可以向作出处罚决定的上一级环保部门申请行政复议，或向当地法院起诉。对复议决定不服的向当地法院诉讼。

7. 执行

根据《行政处罚法》《环境保护法》规定，当事人对行政处罚决定不服的，可以在接到处罚通知之日起规定时间内申请行政复议或行政诉讼。具体见本项目模块二。

当事人申请行政复议或行政诉讼的，不停止行政处罚决定的执行。

当事人到期不缴纳罚款的，作出处罚决定的环保部门可对当事人每日按罚款数额的3%加以罚款。

8. 重大违法行为

对于重大违法行为及其处罚决定报上级主管部门备案。

9. 总结归档

处罚履行完毕后，进行结案，整理归档。

（三）听证程序

听证程序是指环境行政机关在作出重大行政处罚决定之前，以听证会的形式听取当事人的陈述和申辩，由听证参加人就存在的问题进行陈述、相互发问、辩论和反驳，从而查明案件事实的过程。听证程序赋予了当事人为自己辩解的权利，为当事人充分维护自身的合法权益提供了程序上的保障。为规范环境行政行政处罚的听证程序，切实保护当事人的合法权益，环境保护部2010年12月27日颁布了《环境行政处罚听证程序规定》。

1. 听证程序的适用条件

根据《环境行政处罚听证程序规定》，适用听证程序应具备以下条件：

（1）拟作出重大的行政处罚。包括：对法人、其他组织处以人民币50 000元以上或者对公民处以人民币5 000元以上罚款的；对法人、其他组织处以人民币（或者等值物品价值）50 000元以上或者对公民处以人民币（或者等值物品价值）5 000元以上的没收违法所得或者没收非法财物的；暂扣、吊销许可证或者其他具有许可性质的证件的；责令停产、停业、关闭的。

（2）当事人要求听证。听证是当事人的一项申辩权利，环境行政机关在作出上述行政处罚决定前，应当告知当事人有申请听证的权利，当事人申请听证的，环境行政机关应当组织听证；当事人不要求听证的，环境行政机关不组织听证。但是环境行政机关认为案件重大疑难有必要组织听证的，在征得当事人同意之后，也可以组织听证。

2. 听证程序的主要内容

（1）告知当事人申请听证的权利。对适用听证程序的行政处罚案件，环境行政机关应当在作出行政处罚决定前，制作并送达《行政处罚听证告知书》，告知当事人有要求听证的权利。

（2）当事人申请听证。当事人要求听证的，应当在收到《行政处罚听证告知书》之日起 3 日内，向拟作出行政处罚决定的环境行政机关提出书面申请。当事人未如期提出书面申请的，环境行政机关不再组织听证。

（3）听证申请审查。环境行政机关应当在收到当事人听证申请之日起 7 日内进行审查。对不符合听证条件的，决定不组织听证，并告知理由。对符合听证条件的，决定组织听证，制作并送达《行政处罚听证通知书》。《行政处罚听证通知书》应载明举行听证会的时间、地点，听证主持人、听证员、记录员的姓名、单位、职务等相关信息，并在举行听证会的 7 日前送达当事人和第三人。

（4）听证会的举行。听证主持人、听证员和记录员应当是非本案调查人员，涉及专业知识的听证案件，可以邀请有关专家担任听证员。上述人员与本案有利害关系的应当自行回避，当事人认为上述人员与本案有利害关系的，可以申请其回避。听证会除涉及国家秘密、商业秘密或者个人隐私外，应当公开举行。当事人可以亲自参加听证，也可以委托 1～2 人代理参加听证。在听证过程中，听证主持人可以向案件调查人员、当事人、第三人和证人发问，有关人员应当如实回答。与案件相关的证据应当在听证中出示，并经质证后确认。环境行政机关应当对听证会全过程制作笔录，听证结束后，听证笔录应交由参加听证会人员审核无误后当场签字或者盖章。

环境行政处罚工作流程如图 4-1 所示。

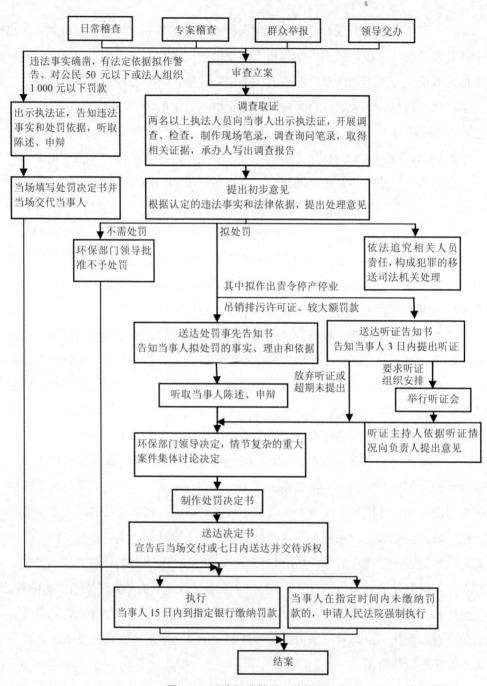

图 4-1　环境行政处罚工作流程

【思考与训练】

（1）简述环境行政责任的构成要件？追究环境行政责任是否意味免责民事责任？

（2）追究环境刑事责任是否意味其他法律责任的免责？

（3）如何理解一事不再罚的原则？拒绝缴纳排污费的行为，是否属于同一种违法行为？

（4）对于环境处罚追溯时效的计算，《行政处罚法》有什么规定？

（5）对不履行环境行政处罚决定的，环境监察机构可以采取哪些措施？

（6）技能训练。

任务来源：按照情境案例 1 提出的要求完成相关任务。

训练要求：根据案例分析任务，4～5 人一组，分组讨论完成。

【相关资料】

资料：某法院行政裁定书

Z 市 D 区人民法院行政裁定书

（2017）X0902 行审 125 号

申请执行人 Z 市 D 区环境保护局，住所地 Z 市 D 区××路 247 号。

法定代表人×××，局长。

被执行人 Z 市某船舶修造厂，住所地 Z 市 D 区 J 镇××路 52 号。

执行事务合伙人贺某。

申请执行人 Z 市 D 区环境保护局向本院申请强制执行×环罚字〔2017〕8 号行政处罚决定。本院受理后，依法组成合议庭进行了审查。

申请事由：被执行人生产作业时厂界噪声值超过了《工业企业厂界环境噪声排放标准》（GB 12348—2008）2 类昼间 60.0 dB 的排放标准限值。申请执行人经发放责令限制生产通知书并要求落实整改措施未果后，作出《责令停产整治决定书》并送达，被执行人收到之后仍拒不停产。上述行为，违反了环保相关法律、法规的规定，故申请人依据《中华人民共和国环境保护法》第六十条及《环境保护主管部门实施限制生产、停产整治办法》第八条第（二）项之规定，并经区人民政府×政函〔2017〕8号文件批复同意关闭被执行人修造厂，于2017年3月9日作出涉案行政处罚决定，给予被申请人责令关闭Z市某船舶修造厂之行政处罚，并于同日送达该处罚决定书。被执行人在法定期限内未申请行政复议也未提起行政诉讼，又不履行。2017年11月13日，经申请执行人催告，被执行人逾期仍未自觉履行。同年12月6日，申请执行人向本院申请强制执行责令关闭事项。本院于同日立案受理后，认为责令关闭属于重大处罚事项，故向申请执行人与被执行人分别发出《听证通知书》，并依法于同年12月21日举行听证，被执行人未向本院提供书面材料也未依法参加听证，本案现已审查完毕。

本院认为，本案申请期限符合法律规定。申请执行的×环罚字〔2017〕8号行政处罚决定既有相应的事实根据，又有法律法规依据，且无其他明显违法损害被执行人合法权益的情形，可准予强制执行。同时按照×高法（2014）18号《关于推进和规范全省非诉行政执行案件"裁执分离"工作的纪要（试行）》和×高法函（2014）4号《关于环保非诉行政执行案件强制执行方式问题的答复》的精神，对本案责令关闭的强制执行，仍由申请执行人组织实施。据此，依照《中华人民共和国行政诉讼法》第九十七条之规定，裁定如下：

一、对×环罚字〔2017〕8号行政处罚决定，准予强制执行；

二、×环罚字〔2017〕8号行政处罚决定中责令被执行人Z市某船舶修造厂关闭事项的强制执行，由Z市D区环境保护局组织实施。

审　判　长　×××

审　判　员　×××

人民陪审员　×××

二〇一七年十二月二十八日

本件与原本核对无异

书　记　员　×××

模块二 环境行政复议与环境行政诉讼

【能力目标】

- 认知环境行政处罚裁量权、环境行政复议与环境行政诉讼的应用范围；
- 能操作环境行政复议流程；
- 能应用环境行政诉讼的适用条件和法律规定。

【知识目标】

- 熟悉自由裁量权、环境行政复议、环境行政诉讼的含义；
- 掌握自由裁量权、环境行政复议、环境行政诉讼适用条件和法律规定；
- 了解行政赔偿的权利和义务。

一、环境行政处罚自由裁量权的应用

根据环境保护部发布的《规范环境行政处罚自由裁量权若干意见》，参照 2010 年 3 月 1 日起施行的修订后的《环境行政处罚办法》。环境行政处罚自由裁量权，是指环保部门在查处环境违法行为时，依据法律、法规和规章的规定，酌情决定对违法行为人是否处罚、处罚种类和处罚幅度的权限。

正确行使环境行政处罚自由裁量权，是严格执法、科学执法、推进依法行政的基本要求。近年来，各级环保部门在查处环境违法行为过程中，依法行使自由裁量权，对于准确适用环保法规，提高环境监管水平，打击恶意环境违法行为，防治环境污染和保障人体健康发挥了重要作用。但是，在行政处罚工作中，一些地方还不同程度地存在着不当行使自由裁量权的问题，个别地区出现了滥用自由裁量权的现象，甚至由此滋生执法腐败，在社会上造成不良影响，应当坚决予以纠正。

（一）环境法律、法规的适用规则

1. 高位法优先适用规则

环保法律的效力高于行政法规、地方性法规、规章；环保行政法规的效力高于地方性法规、规章；环保地方性法规的效力高于本级和下级政府规章；省级政府制定的环保规章的效力高于本行政区域内的较大的城市政府制定的规章。

2. 特别法优先适用规则

同一机关制定的环保法律、行政法规、地方性法规和规章，特别规定与一般规定不一致的，适用特别规定。

3. 新法优先适用规则

同一机关制定的环保法律、行政法规、地方性法规和规章，新的规定与旧的规定不一致的，适用新的规定。

4. 地方法规优先适用情形

环保地方性法规或者地方政府规章依据环保法律或者行政法规的授权，并根据本行政区域的实际情况作出的具体规定，与环保部门规章对同一事项规定不一致的，应当优先适用环保地方性法规或者地方政府规章。

5. 部门规章优先适用情形

环保部门规章依据法律、行政法规的授权作出的实施性规定，或者环保部门规章对于尚未制定法律、行政法规而国务院授权的环保事项作出的具体规定，与环保地方性法规或者地方政府规章对同一事项规定不一致的，应当优先适用环保部门规章。

6. 部门规章冲突情形下的适用规则

环保部门规章与国务院其他部门制定的规章之间，对同一事项的规定不一致的，应当优先适用根据专属职权制定的规章；两个以上部门联合制定的规章，优先于一个部门单独制定的规章；不能确定如何适用的，应当按程序报请国务院裁决。

（二）环境行政处罚自由裁量的原则

环保部门在环境执法过程中，对具体环境违法行为决定是否给予行政处罚、确定处罚种类、裁定处罚幅度时，应当严格遵守以下原则：

1. 过罚相当

环保部门行使环境行政处罚自由裁量权，应当遵循公正原则，必须以事实为依据，与环境违法行为的性质、情节以及社会危害程度相当。

2. 严格程序

环保部门实施环境行政处罚，应当遵循调查、取证、告知等法定程序，充分保障当事人的陈述权、申辩权和救济权。对符合法定听证条件的环境违法案件，应当依法组织听证，充分听取当事人意见，并集体讨论决定。

3. 重在纠正

处罚不是目的，要特别注重及时制止和纠正环境违法行为。环保部门实施环境行政处罚，必须首先责令违法行为人立即改正或者限期改正。责令限期改正的，应当明确提出要求改正违法行为的具体内容和合理期限。对责令限期改正、限期治理、限产限排、停产整治、停产整顿、停业关闭的，要切实加强后督察，确保各项整改措施执行到位。

4. 综合考虑

环保部门在行使行政处罚自由裁量权时，要综合、全面地考虑以下情节：①环境违法行为的具体方法或者手段；②环境违法行为危害的具体对象；③环境违法行为造成的环境污染、生态破坏程度以及社会影响；④改正环境违法行为的态度和所采取的改正措施及其效果；⑤环境违法行为人是初犯还是再犯；⑥环境违法行为人的主观过错程度。

同类违法行为的情节相同或者相似、社会危害程度相当的，行政处罚种类和幅度应当相当。

5. 量罚一致

环保部门应当针对常见环境违法行为，确定一批自由裁量权尺度把握适当的典型案例，作为行政处罚案件的参照标准，使同一地区、情节相当的同类案件，行政处罚的种类和幅度基本一致。

6. 罚教结合

环保部门实施环境行政处罚，纠正环境违法行为，应当坚持处罚与教育相结合，教育公民、法人或者其他组织自觉遵守环保法律法规。

（三）环境行政处罚的裁量情节

1. 从重处罚的裁量情节

（1）主观恶意的。恶意环境违法行为，常见的有："私设暗管"偷排的，用稀释手段"达标"排放的，非法排放有毒物质的，建设项目"未批先建""批小建大""未批即建成投产"以及"以大化小"骗取审批的，拒绝、阻挠现场检查的，为规避监管私自改变自动监测设备的采样方式、采样点的，涂改、伪造监测数据的，拒报、谎报排污申报登记事项的。

（2）后果严重的。环境违法行为造成饮用水中断的，严重危害人体健康的，群众反映强烈以及造成其他严重后果的，从重处罚。

（3）区域敏感的。环境违法行为对生活饮用水水源保护区、自然保护区、风景名胜区、居住功能区、基本农田保护区等环境敏感区造成重大不利影响的，从重处罚。

（4）屡罚屡犯的。环境违法行为人被处罚后 12 个月内再次实施环境违法行为的，从重处罚。

2. 从轻处罚的情节

主动改正或者及时中止环境违法行为的，主动消除或者减轻环境违法行为危害后果的，积极配合环保部门查处环境违法行为的，环境违法行为所致环境污染轻微、生态破坏程度较小或者尚未产生危害后果的，一般性超标或者超总量排污的，从轻处罚。

3. 单位个人"双罚"制

企业事业单位实施环境违法行为的，除对该单位依法处罚外，环保部门还应当对直接责任人员依法给予罚款等行政处罚；对其中由国家机关任命的人员，环保部门应当移送任免机关或者监察机关依法给予行政处分。如《环评法》第三十一条规定："建设单位未依法报批建设项目环境影响报告书、报告表，擅自开工建设的，由县级以上环保部门责令停止建设，根据违法情节和危害后果，处建设项目总投资额 1%以上 5%以下的罚款，并可以责令恢复原状；对建设单位直接负责的主管人员和其他直接责任人员，依法给予行政处分。"

4. 按日计罚

环境违法行为处于继续状态的，环保部门可以根据法律法规的规定，严格按照违法行为持续的时间或者拒不改正违法行为的时间，按日累加计算罚款额度。如《环保法》第五十九条规定："企业事业单位和其他生产经营者违法排放污染物，受到罚款处罚，被责令改正，拒不改正的，依法作出处罚决定的行政机关可以自责令改正之日的次日起，按照原处罚数额按日连续处罚。"

5. 从一重处罚

同一环境违法行为，同时违反具有包容关系的多个法条的，应当从一重处罚。

对于同类违法行为触犯多个法律相关法条，环保部门应当选择其中处罚较重的一个法条，定性并量罚。

6. 多个行为分别处罚

一个单位的多个环境违法行为，虽然彼此存在一定联系，但各自构成独立违法行为的，应当对每个违法行为同时、分别依法给予相应处罚。

如一个建设项目同时违反《环评法》和《环保条例》规定，属于两个虽有联系但完全独立的违法行为，应当对建设单位同时、分别、相应予以处罚。针对建设项目没有进行环境影响评价的违法行为，依据《环评法》"根据违法情节和危害后果，处建设项目总投资额 1%以上 5%以下的罚款，并可以责令恢复原状"。而其"在项目建设过程中未同时组织实施环境影响报告书、环境影响报告表及其审批部门审批决定中提出的环境保护对策措施的"的行为，按照《环保条例》由建设项目所在地县级以上环保部门责令限期改正，处 20 万元以上 100 万元以下的罚款；逾期不改正的，责令停止建设。

7. 不予处罚情形

违法行为轻微并及时纠正，没有造成危害后果的，不予行政处罚。

二、环境行政复议

（一）环境行政复议

（1）行政复议，指国家行政机关在依法赋予的职权进行行政管理的活动中，与行政管理相对人发生争议时，上一级行政机关或依法规定的行政机关，根据相对人的申请，对争议的具体行政行为是否合法适当进行复查审理并作出裁决的活动。

（2）环境行政复议，指公民、法人或其他组织认为环境行政机关或其工作人员的具体环境行政行为侵犯其环境权益，而向该机关的上一级机关提出的重新审查的请求。

（二）环境保护行政复议受理机关

《中华人民共和国行政复议法》规定，依照本法履行行政复议职责的行政机关是行政复议机关；行政复议机关负责法制工作的机构具体办理行政复议事项。据此，县级以上地方政府环保部门都是行政复议机关。

环境保护行政复议的受理机关：申请人可以选择向被申请人的本级人民政府申请行政复议，也可以选择向被申请人的上一级主管部门申请行政复议。但公民、法人或者其他组织向人民法院提起行政诉讼，人民法院已经依法受理的，不得申请行政复议。申请行政复议应当一并提交其身份证明、与被申请复议的具体行政行为有关的材料和证明。

（三）环境保护行政复议范围

公民、法人或其他组织对环保部门的行政决定、环境行政处罚决定等具体环境行政行为不服或持有异议或认为侵犯了他们的合法权益，《行政复议法》 规定公民、法人或其他组织可以依法向有关行政部门申请行政复议。《环境行政复议与行政应诉办法》具体规定了以下 6 项内容：

（1）对环保部门作出的警告、罚款、没收违法所得、责令停止生产或者使用、暂扣、吊销许可证等行政处罚决定不服的；

（2）认为符合法定条件，申请环保部门颁发许可证、资质证、资格证等证书，或者申请审批、登记等有关事项，环保部门没有依法办理的；

（3）对环保部门有关许可证、资质证、资格证等证书的变更、中止、撤销、注销决定不服的；

（4）认为环保部门违法征收排污费或者违法要求履行其他义务的；

（5）申请环保管部门履行法定职责，环保部门没有依法履行的；

（6）认为环保部门的其他具体行政行为侵犯其合法权益的。

认为环保行政机关的具体行政行为所依据的规定不合法，在对具体行政行为申请复议时，可以一并向行政复议机关提出复议。这些规定是：国务院部门的规定；县级以上地方各级人民政府及其工作部门的规定；乡镇人民政府的规定。这些规定不含国务院部委规章和地方人民政府规章。

行政复议的范围不包括环保部门对环境污染纠纷作出的调解处理。

（四）环境行政复议程序

1. 申请人提出申请

公民、法人或者其他组织认为环保部门或其所属机构的具体行政行为侵犯其合法权益或持有异议的，可以自知道该具体行政行为之日起 60 天内提出行政复议申请。申请可以是书面的，也可以口头申请。

2. 行政复议受理

环保部门接到行政复议申请后，应在 5 日之内进行审查，对不符合《行政复议法》规定的行政复议申请，决定不予受理，并书面告知申请人；对符合《行政复议法》的规定，但不属于本机关受理的行政复议申请，应当告知申请人向有关行政复议机关提出。

负责法制工作的机构应当自受理行政复议申请之日起 7 个工作日内，制作《提出答复通知书》。《提出答复通知书》《行政复议申请书》副本或者行政复议申请笔录复印件应一并送达被申请人。

被申请人应当自收到《提出答复通知书》之日起 10 日内，提出书面答复，并提交当初作出该具体行政行为的证据、依据和其他有关材料。行政复议机关无正当理由不予受理的，上级行政机关应当责令其受理；必要时，上级行政机关也可以直接受理。行政机关不得向行政复议申请人收取任何费用。

3. 行政复议审理

行政复议机关在对被申请人作出的具体行政行为进行审查时，认为其依据不合法，本机关有权处理的，应当在 30 日内依法处理；无权处理的，应当在 7 日内按照法定程序转送有权处理的国家机关依法处理。处理期间，终止对具体行政行为的审查。

行政复议机关应当自受理申请之日起 60 日内作出行政复议决定。情况复杂，不能在规定期限内作出行政复议决定的，经行政复议机关的负责人批准，可以适当延长，并告知申请人和被申请人，但是延长期限最多不超过 30 日。

4. 环境行政复议决定

在行政复议过程中，被申请人不得自行向申请人和其他有关组织或者个人收集证据。

行政复议机关对被申请人作出的具体行政行为进行审查，提出意见，经行政复议机关的负责人同意或者集体讨论通过后，作出明确的行政复议决定。环境行政复议机关可以根据不同情况作出如下决定：

（1）维持决定。对于被申请的具体行政行为，环境行政复议机关认为事实清楚、证据确凿、适用法律正确、程序合法、内容适当的，应当作出维持该具体行政行为的决定。

（2）履行决定。被申请的环境行政机关不履行其法定职责的，环境行政复议机关可以决定其在一定期限内履行。

（3）撤销、变更和确认违法决定。环境行政复议机关经过对被申请的具体行政行为的审查，认为具有下列情形之一的，依法作为撤销、变更或者确认该具体行政行为违法的决定，必要时，可以附带责令被申请人在一定期限内重新作出具体行政行为：主要事实不清、证据不足的；适用法律错误的；违反法定程序的；超载或者滥用职权的；具体行政行为明显不当的。

（4）赔偿决定。环境行政复议机关审理复议案件，在决定撤销、变更具体行政行为或者确认具体行政行为违法时，可以应申请人请求或者依法主动责令被申请人对申请人的合法权益造成的损害给予行政赔偿。

5. 复议决定执行

行政复议决定书一经送达，即发生法律效力。

行政复议机关在行政复议过程中，发现被申请人有其他不当行政行为的，应当提出改进和完善建议，制作《行政复议建议书》，与《行政复议决定书》一并送达被申请人。

被申请人不履行或者无正当理由拖延履行行政复议决定的，行政复议机关或者有关上级行政机关应当责令其限期履行。

不履行行政复议决定，又逾期不起诉的，按下列规定分别处理：

（1）维持具体行政行为的行政复议决定，由作出具体行政行为的行政机关强制执行，或者申请人民法院强制执行。

（2）变更具体行政行为的行政复议决定，由行政复议机关依法强制执行，或者申请人民法院强制执行。

《行政复议法》还对行政复议机关和被申请人违反该法的行为作出了规定，如对直接负责的主管人员和其他直接责任人员给予行政处分，直至开除。构成犯罪的，依法追究刑事责任。

（五）环境行政复议应注意的问题

环保行政复议只能由不服行政处罚的法人、公民或其他组织的申请行为而引起，不能由作出处罚决定的环保执法机关提出，也不能由复议机关主动实施。

行政复议实行一级复议制，即不服行政处罚的公民、法人或其他组织，可以向作出处罚决定的上一级行政机关或者法律法规规定的其他机关申请复议。如果对复议决定不服，只能向人民法院提起诉讼，不得再向上一级机关申请复议。

行政复议与行政诉讼不能同时进行，即复议申请人如先申请复议，在复议期限内，不得又向法院提起行政诉讼；同样，先提起行政诉讼且法院已经受理的，不得同时申请行政复议。

三、环境保护行政诉讼

（一）环境保护行政诉讼

环境保护行政诉讼是指法人、公民或者其他组织认为环保执法机关的具体行政行为侵犯了其法权益，依法向人民法院起诉，由人民法院进行审理并作出判决的活动。环境保护行政诉讼依据《中华人民共和国行政诉讼法》和有关法律、法规的规定实施。

（二）环境保护行政诉讼的特点

环境保护行政诉讼解决的是有关环境保护行政行为和行政行为的争议案件。

诉讼的原告是行政管理相对人，即具体行政行为涉及的法人、公民或者其他组织。

行政诉讼的被告是作出具体行政行为的环境保护行政执法机关。

行政诉讼是由当事人在人民法院支持下的诉讼活动。人民法院的职责是审查具体行政行为是否合法、正确。

（三）环境保护行政诉讼的原则

根据《行政诉讼法》的规定，行政诉讼法坚持以下原则：

1. 着重审查具体行政行为合法性原则

人民法院审理行政案件，一般是对具体行政行为是否合法进行审查，而对具体行政行为是否适当基本不予审查。

2. 人民法院特定主管原则

这是指人民法院依照行政诉讼法规定只管辖一部分行政案件的原则。人民法院主管的行政案件的范围，主要包括法律规定人民法院受理行政机关对外的、具体的关于人身权、财产权的行政行为所引起的行政案件。

3. 行政机关负有举证责任原则

这是指被告行政机关有责任提供作出具体行政行为的证据和依据的规范性文件。行政机关不能提供证据证明所做的具体行政行为合法的，应当承担具体行政行为被人民法院判决撤销的后果。

4. 不适用调解原则

人民法院对行政案件的审理不适用调解，也不以调解方式结案，而应在查明案情、分清是非的基础上做出公正的判决。

5. 司法变更权有限原则

这是指人民法院在对被诉具体行政行为审查后，对一般的行政行为，法院只能判决维持或撤销；对于行政处罚显失公正的，法院才可能判决变更。规定这一原则，既是对司法权的限制，又可以促使行政机关提高执法水平。

（四）环境行政诉讼的受案范围

行政诉讼受案范围是指人民法院受理行政案件的范围，它明确了哪些行政行为是可诉的。首先，《行政诉讼法》第二条概括地规定了行政诉讼的受案条件，即"公民、法人或者其他组织认为行政机关和行政机关工作人员的具体行政行为侵犯其合法权益，有权依照本法向人民法院提起诉讼。"其次，《行政诉讼法》第十一条明确列举了多种可以提起行政诉讼的具体行政行为，如行政强制、行政处罚、行政许可、行政机关违法要求履行义务等，又概括地规定行政机关侵犯公民人身权和财产权的其他具体行政行为也可以被提起行政诉讼。最后，《行政诉讼法》第十二条规定了四类排除在行政诉讼范围之外的行政行为，即国家行为、抽象行政行为、行政机关内部的人事管理行为和法律规定的行政机关终局裁决行为。

根据《行政诉讼法》的上述规定和环境保护的实践，环境行政诉讼的受案范围主要分为 3 类。

1. 环境行政司法审查之诉

环境行政司法审查之诉是相对人认为环境行政机关的行政行为不合法或者显失公正而要求法院审查的诉讼。具体包括：①环境行政机关作出的环境行政处罚行为；②环境行政机关违法要求相对人履行环境保护义务的行为；③环境行政机关违法限制人身自由，对财产进行查封、扣押、冻结等行政强制措施，以及侵犯人身权、财产权、经营自主权的行为。

2. 请求履行职责之诉

请求履行职责之诉是指相对人为要求环境行政机关及其工作人员履行法定职责而向法院提起的诉讼。不履行法定职责的环境行政行为主要包括：①环境行政监督检查；②环境行政许可行为；③环境行政强制措施；④环境行政救济中的某些环境行政行为。

3. 环境行政侵权赔偿之诉

环境行政侵权赔偿之诉是指环境行政机关及其工作人员违法行使职权，侵犯相对人合法权益造成损害所应承担赔偿责任，由相对人向法院提起的诉讼。如违反环境行政处罚行为造成的损害赔偿、违法采取环境行政强制措施造成的损害赔偿等。

（五）环境行政诉讼案件的管辖

行政诉讼管辖是各级和各地人民法院之间受理第一审行政案件的分工与权限。环境行政诉讼案件的管辖与一般行政案件的管辖一致，包括级别管辖、地域管辖和裁定管辖。

1. 级别管辖

级别管辖是指上下级法院之间受理第一审行政案件的分工与权限。按照我国人民法院的组织体系，人民法院受理第一审行政案件分工如下：

（1）基层人民法院管辖第一审环境行政案件。基层人民法院是我国法院体系的基层单位，数量大，分布广，由基层人民法院受理第一审行政案件有利于方便相对人提起行政诉讼，一些基层人民法院还设立了专门的环境保护审判庭。

（2）中级人民法院管辖的一审环境行政案件包括：对环保部或者省、自治区、直辖市人民政府所作的行政决定提起诉讼的案件，以及在本辖区内重大、复杂的环境行政案件。

（3）高级人民法院管辖本辖区内重大、复杂的第一审环境行政案件。高级人民法院更主要的任务是受理中级法院的上诉案件，加强对下级法院审判工作的指导和监督。

（4）最高人民法院管辖全国范围内重大、复杂的第一审环境行政案件。最高人民法院更主要的任务是对全国各级各类法院的审判工作进行指导和监督，对具体的审判工作进行司法解释。

2. 地域管辖

行政诉讼的地域管辖解决的是同级人民法院在受理第一审行政案件上的权限分工问题。根据《行政诉讼法》的规定，环境行政诉讼的地域管辖分为以下几种：

（1）一般地域管辖。《行政诉讼法》第十七条规定："行政案件由最初作出具体行政行为的行政机关所在地人民法院管辖。经复议的案件，复议机关改变原具体行政行为的，也可以由复议机关所在地人民法院管辖。"遵循的是"原告就被告"的原则。

（2）特殊地域管辖。《行政诉讼法》第十八条规定："对限制人身自由的行政强制措施不服提起的诉讼，由被告所在地或者原告所在地人民法院管辖。"这里的"原告所在地"，根据司法解释包括原告的户籍所在地、经常居住地和被限制人身自由地。《行政诉讼法》第十九条规定："因不动产提起的行政诉讼，由不动产所在地人民法院管辖。"

（3）裁定管辖。所谓裁定管辖是指不是根据法律规定而是根据人民法院裁定确定的管辖。包括：

①移送管辖。即无管辖权的人民法院将已经受理的案件移送给有管辖权的人民法院进行审理。《行政诉讼法》第二十一条规定："人民法院发现受理的案件不属于自己管辖时，应当移送有管辖权的人民法院。受移送的人民法院不得自行移送。"

②指定管辖。即上级人民法院用裁定的方式，指令下一级法院审理某一行政案件。《行政诉讼法》第二十二条规定，指定管辖有两种情形：一是有管辖权的人民法院由于特殊原因不能行使管辖权的，由上级人民法院指定管辖；二是人民法院对管辖权发生争议后协商不成的，由它们的共同上级人民法院指定管辖。

③管辖权的转移。即经上级人民法院同意或者决定，把行政案件的管辖权由下级人民法院移交给上级人民法院，或者由上级人民法院移交给下级人民法院。根据《行政诉讼法》第二十三条的规定，管辖权的转移包括三种情况：上级人民法院提审下级人民法院管辖的第一审行政案件；上级人民法院把自己管辖的第一审行政案件移交下级人民法院审判；下级人民法院对其管辖的第一审行政案件，认为需要由上级人民法院审判的，报请上级人民法院决定。

（六）环境保护行政诉讼的程序

1. 提起诉讼

当事人对环境保护执法机关的具体行政行为不服，依法向人民法院提起诉讼。根据环保法律、法规的有关规定，提起环保行政诉讼的案件主要有两类：一类是当事人不服环保机关的具体行政行为，直接向人民法院提起的诉讼；另一类是当事人不服上一级环保部门作出的复议决定，而向人民法院提起的诉讼。

2. 受理

人民法院接到原告的起诉后，由行政审判庭进行审查，符合起诉条件的，应当在7日内立案受理；不符合起诉条件的，应当在7日内作出不予受理的裁定。

3. 审理

人民法院审理行政案件实行第一审和第二审制度。

一审是人民法院审理行政案件最基本的审理程序，包括：人民法院在立案之日起5日内，将起诉状副本发送被告环保部门；被告应在收到起诉副本之日起10日内，向法院提交做出具体行政行为的证据和依据，并提出答辩状；法院应在收到被告的答辩之日起5日内，将答辩状副本发送原告；开庭审理，经过法院调查、法庭辩论、合议庭评议等审理程序做出一审判决。

二审是指上级人民法院对下级人民法院所做的一审案件的判决。如果被告或者原告对一审判决不服，可以在收到判决书之日起 15 日内，向上级人民法院提起上诉，即进行二审并做出二审判决。

4. 判决

判决是指人民法院经过审理、根据不同情况，分别做出维持、撤销或者部分撤销、在一定期限内履行和变更的判决和裁定。人民法院作出判决的期限，一审案件为立案之日起 3 个月，二审案件为立案之日起两个月。

5. 执行

当事人必须履行人民法院发生法律效力的判决和裁定。原告当事人不履行或拒绝履行判决或裁定的，被告环保部门可以向一审人民法院申请强制执行。被告环保部门拒绝判决裁定的，一审人民法院可以依法采取强制措施，情节严重的要追究主管人员和直接责任人员的法律责任。

四、行政赔偿

（一）行政赔偿的法律规定

1994 年颁布《国家赔偿法》，2012 年 10 月第 2 次修正。该法是为了促进国家机关依法行使职权，保障公民、法人和其他组织，因国家机关、国家机关工作人员违法行使职权，致使合法权益受到损害时取得国家赔偿的权利。

环境监察机构或者环境监察人员，在行使行政监察或现场执法检查时，超越自身职权，或者违法违纪执行公务，给行政相对人造成人身或财产损伤，致使其合法权益受到损害，环境监察机构或监察人员要负责任，这就促使环境监察机构和环境监察人员必须正当执法，不能违法违纪。

《国家赔偿法》规定："行政机关及其工作人员在行使行政职权时有下列侵犯财产权情形之一的，受害人有取得赔偿的权利：

（1）违法实施罚款、吊销许可证和执照、责令停产停业，没收财物等行政处罚的；

（2）违法对财产采取查封、扣押、冻结等行政强制措施；

（3）违反国家规定征收财物、摊派费用的；

（4）造成财产权损害的其他违法行为。

罚款是行政机关对违反行政法律规范的公民、法人或者其他组织实施的经济处罚。

吊销许可证和执照，是对依法持有某种许可证或者执照，但其活动违反许可的内容和范围的公民、法人或者其他组织的处罚。

责令停产停业，是对工商业企业或者个体经营户违反行政法律规范的一种处罚。

没收财产是将违法行为人的非法所得、违禁物或者违法行为工具予以没收的一种经济上的处罚。作出没收财产处罚的前提必须是财产取得方式和财产本身是违禁物或者违法行为工具。

查封是行政机关依其职权对财产运到另外场所所予以扣留。

冻结是银行根据行政机关的请求，不准存款人提取银行存款。

"等"主要有强制划拨；强制销毁；强制收兑；强行退还；强行拆除；强行抵缴；强制收购。

违法对财产采取强制措施主要是指：①无权作出行政强制措施的机关对财产采取强制措施。②采取对财产的强制措施没有明确的法律依据。③违反国家规定征收财物、摊派费用的。这是指行政机关征收财物、摊派费用没有法律依据，强迫公民、法人或者其他组织履行非法律规定的义务。造成财产权损害的其他违法行为。这是一项原则性规定。

（二）环境监察机构违法执法的侵权赔偿

一般来讲，环境监察机构没有决定处罚的权力，特别是吊销许可证、没收和扣押财物的权力。因此，环境监察机构在现场执法中一定不要超越权限，要按照环保部门的决定办事。例如，证据先行登记保存。《中华人民共和国行政处罚法》第三十七条第二款规定："行政机关在收集证据时，可以采取抽样取证的方法；在证据可能灭失或者以后难以取得的情况下，经行政机关负责人批准，可以先行登记保存，并应当在 7 日内及时做出处理决定，在此期间，当事人或者有关人员不得销毁或者转移证据。"

《国家赔偿法》规定："行政机关及其工作人员行使行政职权侵犯公民、法人和其他组织的合法权益造成损害的。该行政机关为赔偿义务机关"。"法律、法规授权的组织在行使授予的行政权力时侵犯公民、法人和其他组织的合法权益造成损害的。被授权的组织为赔偿义务机关。受行政机关委托的组织或者个人在行使受委托的行政权力时侵犯公民、法人和其他组织的合法权益造成损害的，委托的行政机关为赔偿义务机关"。值得注意的是，如果受委托的组织或者个人所实施的致害行为与委托职权无关，则该致害行为只能被认定为个人行为，由致害人承担民事责任。

造成损害的行政行为经复议机关复议的，最初造成侵权行为的行政机关为赔偿义务机关，但复议机关的复议决定加重损害的，复议机关对加重的部分履行赔偿义务。这样规定，有利于复议机关对下级行政机关执法的监督，同时，对复议机关依法行使职权也起到促进作用。

财产损害的处理。《国家赔偿法》规定，侵犯公民、法人和其他组织的财产权造成损害的，按照下列规定处理：

（1）处罚款、罚金、追缴、没收财产或者违反国家规定征收财物、摊派费用的，返还财产；

（2）查封、扣押、冻结财产的，解除对财产的查封、扣押、冻结，造成财产损害或者灭失的，依照本条第（3）、（4）项的规定赔偿；

（3）应当返还的财产损坏的，能够恢复原状的恢复原状，不能恢复原状的，按照损害程度给付相应的赔偿金；

（4）财产已经拍卖的，给付拍卖所得的价款；

（5）吊销许可证和执照、责令停产停业的，赔偿停产停业期间必要的经常性费用开支；

（6）对财产权造成其他损害的，按照直接损失给予赔偿。

【思考与训练】

（1）如何界定环境行政复议的范围？

（2）环境行政复议的时限在法律上有什么规定？

（3）假设你是一名环境监察人员，谈谈在执法过程中应如何避免导致行政赔偿事件的发生？

（4）技能训练。

任务来源：按照情境案例 2 提出的要求，完成相应的工作任务。

训练要求：学会运用环境行政复议相关知识模块，分析以上案例，并按照环境行政复议和环境行政诉讼进行受理和作出决定。

【相关资料】

资料 1：国家赔偿与民事赔偿的区别

国家赔偿是从民事赔偿发展而来的，因此两者有许多共通之处。但是，国家赔偿是独立于民事赔偿的自成体系的法律制度，两者的区别可概括为：

（1）赔偿发生的原因不同。国家赔偿由国家侵权行为引起；而民事赔偿由民事侵权行为引起。（《民法通则》规定的公务侵权与国家公权力的行使有关，公务侵权的民事责任实际适用《国家赔偿法》的规定。）

（2）赔偿主体不同。国家赔偿的主体是抽象的国家，具体的赔偿义务由国家赔偿法规定的赔偿义务机关履行。赔偿主体与赔偿义务人相互分离。而民事赔偿的主体通常是具体的民事违法行为人，赔偿主体与赔偿义务人相一致。

（3）赔偿的归责原则不同。国家赔偿的归责原则是违法原则，而民事赔偿的归责原则体系由过错责任原则、无过错责任原则、公平责任原则构成。

（4）赔偿程序不同。国家赔偿的程序较民事赔偿更为复杂，其区别在于：首先，在提起国家赔偿诉讼之前，除在行政诉讼中一并提起赔偿外，请求人应先向赔偿义务机关提出赔偿请求，即实行赔偿义务机关决定前置原则，不经该决定程序，法院不予受理，而在民事赔偿程序中，受害人可以直接向法院提起赔偿请求，无须经过前置程序。其次,证据规则不同。国家赔偿一般实行"初步证明"规则,即赔偿请求人首先要证明损害已经发生,并且该损害是由国家机关及其工作人员的违法行为所引起,继而,证明责任转移到被告,而在民事赔偿诉讼程序中则实行"谁主张、谁举证"的证据规则。

资料2: 国家赔偿与国家补偿的区别

国家补偿是国家机关工作人员在行使职权过程中,因其合法行为给公民、法人或者其他组织造成的损失,国家对其给予弥补的制度。国家补偿责任在国家赔偿责任之前就已经存在。其与国家赔偿的区别为:

(1) 两者发生的基础不同。国家赔偿由国家机关及其工作人员的违法行为引起,以违法为前提;国家补偿由国家的合法行为引起,不以违法为前提。

(2) 两者性质不同。国家补偿的根本属性在于国家对特定受害的公民法人或者其他组织损失的填补,旨在求得因公共利益而遭受特别损失的公民、法人或者其他组织提供补救,以体现其与普通公众的利益平衡,并不意味着任何对国家的非难。这可以说是两者最主要的区别。

(3) 时间要求不同。国家赔偿责任的前提条件是损害的实际发生,即先有损害,后有赔偿;而国家补偿既可以在损害发生之前进行,也可以在损害发生之后进行。

(4) 两者承担责任的方式不同。国家赔偿责任以金钱赔偿为原则,以恢复原状,返还财产等方式为辅;国家补偿责任多为支付一定数额的金钱。

(5) 工作人员的责任不同。国家赔偿制度中有追偿制度。在国家赔偿了受害人的损失以后要向有故意或重大过失的作出违法行为的国家机关工作人员追偿,但是国家补偿制度中没有追偿制度。

项目五　排污申报与纳税管理

【任务导向】

　　工作任务 1　排污申报与环保税缴纳管理
　　工作任务 2　环保税计算

【活动设计】

　　在教学中，以排污申报与纳税管理项目工作任务确定教学内容，以模块化构建课程教学体系，开展"导、学、做、评"一体教学活动。以排污申报和应税核算作为任务驱动，采用案例教学法和启发式教学法等多种形式开展教学，通过课业训练和评价达到学生掌握专业知识、职业技能的教学目标。

【案例导入】

　　情境案例 1：Z 市 D 区某纺织厂生产亚麻纱、亚麻布、丝纱线等。该企业排污申报：2017 年第四季度生产亚麻纱 1 147 t，亚麻布（含亚麻≥55%）81 万 m，丝纱线 88 t；原辅材料绸废丝、废蚕 145 t，亚麻打成麻 1 910 t，亚麻纱 240 t；生产用自来水 196 990 t（重复用水量 36 000 t），生活用水量 49 240 t；用电量 840 万 kW·h。根据污染源在线监控仪器数据统计和区监测站监测报告，废水排放口（编号 WS-JY-01）废水排放量 43 049.52 t，排放污染物中：悬浮物浓度为 31 mg/L（排放标准 50 mg/L），化学需氧量排放量为 1 562.978 kg（排放标准 80 mg/L），总磷浓度为 1.25 mg/L（排放标准 0.5 mg/L），氨氮排放量为 11.975 kg（排放标准 10 mg/L）。苯胺类未检出（排放标准不得检出）；废气排放口（编号 FQ-JYGF-01）烟尘排放量为 317.122 kg（排放标准 80 mg/m³），二氧化硫 90.135 kg（排放标准 400 mg/m³），氮氧化物 144.16 kg（排放标准 400 mg/m³）。提交相关证明材料若干。

D 区环境监察机构对第四季度废水、废气排污量进行核定，下发了排污费缴纳通知书。

工作任务：

（1）根据以上案例，简述排污申报登记与排污费缴纳工作流程，并指出排污收费项目。

（2）分析案例，核算纺织厂第四季度应缴纳排污费多少元？按照新的《环境保护税法》规定，换算该厂应税多少元？

情境案例2：Z 市 D 区某船厂主要经营钢质非货运船舶（修理），该企业排污申报：2017 年第四季度营业额 180 万元，原辅材料消耗油漆 1.2 t，钢材 1.8 t；生产用自来水 1 800 t，生活用水 800 t（其中重复用水 500 t），废水经处理后就近排海，提交相关证明材料若干；废气排放口（编号 FQ-PZCB-01）排放废气二甲苯。

D 区环境监察机构对第四季度废水、废气排污量进行核定，下发了排污费缴纳通知书。已知：污水排放系数为 0.94（物料衡算特征值），污染当量值为 1.8 t/t 污水（Z 省统一规定）；废气二甲苯排放系数为 0.2 t/t 油漆（根据物料衡算）。

工作任务：

（1）根据以上案例，简述排污申报登记与排污纳税工作流程，并指出应税项目。

（2）结合案例，核算船厂第四季度应缴纳排污费多少元？按照新的《环境保护税法》规定，换算船厂应税多少元？

情境案例3：2017 年 10 月，监测站对 D 工业园区某加工厂进行常规监督性监测，厂界噪声监测报告显示：厂西边界昼间等效声级为 70.7 dB（A），夜间等效声级为 70.5 dB（A），厂西界长度为 130 m；厂南边界昼间噪声等效声级为 68 dB（A），夜间等效声级为 62 dB（A），厂南界边界长度为 110 m；厂北边界昼间噪声等效声级为 68 dB（A），夜间等效声级为 63 dB（A），厂北界长度为 100 m；厂东边界昼间噪声等效声级为 66 dB（A），夜间等效声级为 61 dB（A），厂东界为 123 m。

工作任务：

（1）根据以上案例，指出厂界噪声功能区执行标准。

（2）结合案例，核算该厂 10 月应缴纳排污费多少元？若换算环保税，10 月应税多少元？

模块一　排污申报与环保税管理

【能力目标】

- 能承担排污纳税申报工作；
- 能进行排污缴税管理流程操作。

【知识目标】

- 掌握排污纳税申报的工作任务和具体要求；
- 理解环保纳税流程的具体内容。

一、环境经济手段的类型

（一）排污收费

排污收费是指向环境排放污染物或超标排放污染物的排污单位和个人，必须依照国家法律和有关规定按标准缴纳费用的制度。排污收费按排放污染物的数量和对环境的影响程度确定收费额。排污收费强调的是环境责任。

（二）环境税

根据产品的性质和对环境的影响，确定单位产品的平均环境税率。环境税强调的是环境义务。发达国家的大气污染物收费项目多采用环境税形式，如碳税、硫税、NO_x税等。

我国环保税的征收从 2018 年 1 月 1 日开始施行。应税污染物为排污收费项目：大气污染物、水污染物、固体废物和噪声。

（三）财政补贴

财政补贴是对采用清洁生产工艺以减少污染或进行综合利用的单位提供财政支持、价格支持或税收优惠的一种激励政策。

（四）排污交易

按环境控制标准预先确定区域的污染物总排放量，再以排污许可证的形式将允许排污量在辖区内的排污者进行合理分配，形成"排污权"。一个排污者经过治理，增加了污染削减量，可以将剩余的排污权进行有偿转让（排污权交易）。

（五）押金、退款制度

对存在潜在环境污染影响的产品增加一项额外的费用，该产品使用后的残余物送回指定的收集系统，在避免残留物污染确认后将押金退回给产品使用者的一项制度。如世界上一些国家采用的对易拉罐、汽车轮胎、旧电池等采用的押金制度，都收到了良好的环境效果。

（六）使用收费

对规模较小或治理工艺复杂的排污单位，可以委托其他单位或集中处理公司代为处理，处理单位根据排污单位排放的污染物数量确定收费标准。

（七）产品收费

对超过一定限度危害环境的产品进行收费，促使生产单位在生产时严格控制某些化学要素的含量，以减少产品使用对环境的影响。

二、排污收费

(一) 排污收费的法律规定

《排污费征收使用管理条例》(以下简称《条例》)指出,排污收费的目的是促进企、事业单位加强经营管理,节约和综合利用资源,治理污染,改善环境。

《环保法》第四十三条规定:"排放污染物的企业事业单位和其他生产经营者,应当按照国家有关规定缴纳排污费。排污费应当全部专项用于环境污染防治,任何单位和个人不得截留、挤占或者挪作他用。""依照法律规定征收环境保护税的,不再征收排污费。"

《海洋环境保护法》第十二条规定:"直接向海洋排放污染物的单位和个人,必须按照国家规定缴纳排污费。依照法律规定缴纳环境保护税的,不再缴纳排污费。""向海洋倾倒废弃物,必须按照国家规定缴纳倾倒费。""根据本法规定征收的排污费、倾倒费,必须用于海洋环境污染的整治,不得挪作他用。具体办法由国务院规定。"

(二) 排污收费的对象

排污收费的对象为直接向环境排放污染物的单位和个体工商户。包括一切排污的生产、经营、管理和科研单位(即工业企业、商业机构、服务机构、政府机构、公用事业单位、军队下属的企业事业单位和行政机关等)。但不包括向环境排污的居民和家庭。对居民和家庭消费引起污染行为的排污收费,国家将另行制定收费办法,一般是采用征收环境税或使用收费的形式收费,如污水处理费和垃圾处理费的征收形式。

(三) 排污费征收管理的主体

排污量核定与排污费的收缴由市级和县级环保实行属地管理,装机容量30万kW以上的电力企业排放SO_2的排污费由省级环保部门负责排污量核定与排污费的收缴。排污申报登记的审核、核定具体工作由相应的环境监察机构负责实施。排污费征收工作由相应的环境监察机构和同级财政部门共同管理。排污费的使用由相应的环保部门和同级财政部门共同管理。

（四）收费项目和收费条件

排污费征收的项目为污水排污费、废气排污费、危险废物排污费、噪声超标排污费。

污水排污费、废气排污费征收规定向环境排放污染物就要征收排污费，但对进入城市污水集中处理设施集中处理的污水、蒸汽机车和其他流动污染源排放的废气暂不征收排污费。

（五）排污费的使用

排污费资金严格实行"收支两条线"。《条例》第十八条规定："排污费必须纳入财政预算，列入环境保护专项资金进行管理，主要用于下列相互的拨款补助或贷款贴息：重点污染源防治，区域性污染防治，污染防治新技术、新工艺的开发、示范和应用，国务院规定的其他污染防治项目。"

（六）未按规定缴纳排污费的罚则

未按规定缴纳排污费和未按规定使用环境保护专项资金应受到的相应处罚规定：排污者未按规定缴纳的，由县级以上环保部门依据职权责令限期缴纳；逾期拒不缴纳的，处以1倍以上3倍以下的罚款，并报政府批准责令停产停业整顿；弄虚作假的责令限期补缴应缴的，并处以骗取部分1倍以上3倍以下的罚款。

（七）排污收费管理流程

国家规定征收排污费必须经过以下程序：排污申报→排污申报审核→排污申报核定→确定排污者的排污费并予以公告→送达《排污费缴费通知单》→排污者到银行缴纳排污费→对不按规定缴纳者，责令限期缴纳→对拒不履行缴费义务的依法申请法院强制征收。

三、排污申报登记

《环保法》第四十五条规定："国家依照法律规定实行排污许可管理制度。实行排污许可管理的企业事业单位和其他生产经营者应当按照排污许可证的要求排放污染物；未取得排污许可证的，不得排放污染物。"

（一）排污申报登记制度的执行主体

县级以上环保部门按照国家环境保护总局发布的《关于排污费征收核定有关工作的通知》有关规定，负责排污申报登记工作，其所属的环境监察机构具体负责排污申报登记工作。排污申报登记的管理权限是排污费由谁征收，排污申报登记也由谁负责。

（二）排污申报的对象

排污收费的对象就是排污申报登记的对象，排污申报登记的具体对象应为在辖区内所有排放污水、废气、固体废物、环境噪声的企业事业单位、个体工商户、党政机关、部队、社会团体等一切排污者。

（三）排污申报登记的内容

（1）排污者的基本情况，包括排污者的详细地址、法人代表、产值与利税、正常生产天数、缴纳排污费情况、新扩改建设项目、产品产量、原辅材料等指标。

（2）生产工艺示意图。

（3）用水排水情况，包括新鲜用水量、循环用水量、污水排放量、污水中污染物排放浓度与排放量、污水排放去向及功能区、污水处理设施运行情况等各项指标。

（4）废气排污情况，包括：生产工艺废气排污情况，如生产工艺排污环节、生产工艺排污位置、生产工艺排放污染物的种类和数量、废气排放去向及功能区、污染治理设施的运行情况等；燃料燃烧排污情况，如锅炉、炉窑、茶炉及炉灶燃料的类型、燃料的耗量、污染物排放情况、废气排放去向及功能区、污染治理设施的运行情况等。

（5）固体废物的产生、处置与排放情况，包括各种固体废物的名称、产生量、处置量、综合利用量、排放量等。

（6）环境噪声排放情况，包括噪声源的名称，位置，所在功能区，昼间、夜间的等效声级等。

（四）排污申报登记流程

1. 排污申报

（1）排污申报对象及申报时间。所有排污单位和个体工商户必须遵守《环境保护法》等法律法规的规定，于每年 12 月 15 日前领取相关的申报表格。以本年度实际排污情况和下一年度生产计划所需产生的排污情况为依据，如实地填报下一年度正常作业条件下的排污情况；于下一年度 1 月 1—15 日内填写完毕及时交回环境监察机构，完成下一年度排污申报登记工作。

新、扩、改建和技术改造项目的排污申报登记，应在项目生产前 3 个月内办理。

当排放污染物的种类、数量、浓度、强度、排放去向、排放方式、污染处理设施、排污口监控装置做重大变更、调整的，在变更、调整前 15 日内向环境监察机构履行变更手续，填报申报表。

属突发性的重大改变，须在改变后 3 天内进行申报，并提交月排污变更申报登记表；第三产业、禽畜养殖业排污和建筑施工场所排污也需填写申报简表，噪声产生建筑施工单位须在开工前 15 日内办理申报。

（2）排污申报登记表格形式。负责排污费征收管理工作的县级及以上环保部门及其所属的环境监察机构应要求排污者按照其实际情况分类申报登记。

2. 排污申报登记审核

负责征收排污费的环境监察机构在受理排污者排污申报表格后，应对排污者

申报材料进行认真审核，并于下一年 2 月 10 日前完成辖区内全部排污单位的排污
审核工作。主要从以下几方面进行审核：

（1）对申报表本身内容的审核与核定；

（2）利用多年积累的数据进行审核与核定；

（3）利用有关部门的资料进行审核；

（4）监测复核、物料衡算数据等进行审核；

（5）现场监察复核。

排污申报审核的要点见表 5-1。如对所报数据持有异议，应到排污者的排污
现场进行现场勘察，见表 5-2。

表 5-1　排污申报审核的要点

查找问题	分析与判断
是否按时申报	排污者是否在规定时限内申报登记，未按时登记的，视为未按规定时限申报
申报内容是否齐全	检查申报内容是否有漏填的项目，内容是否齐全，尤其是与排污有关的生产数据、原辅材料消耗量，缺项不报，视为谎报
生产过程中物料投入产出是否平衡合理	如用水的循环（新鲜水量=排水量+蒸发、产品消耗水量）是否合理；所报耗煤量与生产实际是否相符（从生产规模、产品量，从锅炉、炉窑运行及消耗量）；物质在生产的投入和产出量是否平衡等。不符合视为谎报和瞒报行为
排污者实际生产能力、管理和治理水平与排污水平是否合理	通过对排污者生产工艺、设备、物料消耗、产品数量、产污系数、污染防治设施的运行进行分析，与排污者所报排污量进行比较，判断是否相匹配。不符合视为谎报和瞒报行为
产污量、排污量、污染物去除量是否平衡	检查污染治理设施的去除率是否稳定，产污量=排污量+去除量；检查污染治理设施的去除率是否真实，如燃煤锅炉的烟尘产生量=炉渣量+粉煤灰量+烟尘排放量等。不符合视为谎报和瞒报行为
对所用监测数据进行分析	排污浓度大多是不稳定的，利用日常监督检查和对排污者的了解，判断其使用的监测数据是否真实，如不真实，可突击抽样检测
利用相关部门的数据进行分析	主要是资源消耗量数据如新鲜水量、耗煤量等，从相关部门（如自来水公司、统计部门、行业管理部门等）获得数据；还可以用申报准确的同类企业的平均使用量进行对比、判断
利用排污者的历史数据进行动态分析	可以参考排污者环评、"三同时"的验收资料，前几年的排污水平、污染物浓度，结合近几年的生产发展，进行动态分析，以确认数据的合理性

查找问题	分析与判断
分析排污者近几年的环境守法记录	若排污者守法记录好，审核可从简，守法记录不好，则要仔细核对，对其各项数据要认真核对。因此对辖区内所有排污者的守法记录要列表分类，对生产数据不稳定的、排污数据不真实的、污染治理设施运行不稳定的、经常超标的、有偷排行为的要分类，在排污核定时要区别对待

表 5-2　现场勘察的内容

检查项目	分析与处理
对生产状况、生产产品进行检查	生产规模是否正常？扩大还是减小？使用的原料、生产产品是否改变
对生产工艺、环境管理进行检查	工艺是否有变化？是否采取清洁生产措施？是否有综合利用和循环使用措施
对原料消耗、资源的消耗（水量、煤量）情况进行核查	核查生产记录、核对物料消耗量
对污染治理设施的运行状况进行检查	是否运行正常？检查运行记录和资料
对排污口的排放情况进行检查	排污口是否都有申报登记，排放物的物理表观和化学特征是否有异常现象，一般应进行突击性检查，以防排污者有防备，应随车携带简易检测仪器，如发现异常应立即取证采样

　　经过审核对符合要求的，环境监察机构应于每年 2 月 10 日前向排污者发回一份经审核同意的《排污申报登记表》。经核查发现问题的，如问题属于对填报理解不清、技术方面或不符合规定等客观原因的，及时纠正或责令补报。通过审核时故意瞒报、谎报的排污者，要依法进行处罚并限期补报。排污申报不合格的排污者不按期补报的应视为拒报。

　　排污申报登记的审核应以排污者的排污事实为依据。由于我国实施的排污申报登记制度，在实施的过程中还缺少相应的配套手段，除少量的重点排污单位设置了污染物排放自动监测设施外，多数排污者主要依靠监测数据确定排放的介质流量和污染物浓度，这种方法确定的排污量是一种抽样推断，诸多因素会影响排污量的真实性，许多中小排污单位没有自动监控设施、缺乏必要的监测数据，主要依靠物料衡算和排放系数的测算来确定排污量。

排污申报虽然是排污者对下一年度排污量的一种预报，与下一年度每个收费时段的实际排污数据有一定差距，但可以作为下一年度排污者的基本排污水平的估计。如果在下一年度某一收费时段没有申报变更或环境监察机构没有发现异常变化，则申报的预期数据即可作为核定数据。

3. 排污核定

依据环境保护法律法规要求，环境监察机构应当对排污者申报的《全国排放污染物申报登记表》按年进行审核，按月（或按季）进行核定。各级环境监察机构应在每月或每季终了后的 10 日内，依据经审核的《全国排放污染物申报登记表》和《排污变更申报登记表》，并结合当月或当季的实际排污情况，核定排污者排放污染物的种类、数量，并向排污者送达《排污核定通知书》。

排污者依据排污申报登记的内容，每月结束后对其实际排污量应进行确认或做出变更。如没有确认或变更申请的，等于默认排污申报登记预报的排污量，环境监察机构应对排污者的确认（默认）或变更，根据掌握的实际监察情况进行认真核定。国家规定在排污申报核定污染物排放种类、数量的时候，如果排污者使用国家规定强制检定的污染物排放自动监控仪器对污染物排放进行监测的，其监测数据可以作为核定污染物排放种类、数量的依据；具备监测条件的，应按照国务院环保部门规定的监测方法进行核定；不具备监测条件的，可以按照环保部门规定的物料衡算方法进行核定；也可以由市（地）级以上环保部门跟据当地实际情况，采用抽样测算办法核算排污量（确定行业排放系数或企业排污系数），核算办法应当向社会公开。

排污者对核定结果有异议的，自接到《排污核定通知书》之日起 7 日内，可以向发出通知的环境监察机构申请复核；环境监察机构应当自接到复核申请之日起 10 日内，重新核定该排污者的排污量，并作出复核决定，并将《排污核定复核决定通知书》送达排污者。

排污量的核定一般应经过 3 人以上小组进行核议，并得出核定结果，再将核议确定结果提交环境监察机构负责人进行审核。经负责人审核认为核定符合规定的，环境监察机构负责人应签发《排污核定通知书》并送达排污者；经审核认为不符合规定的，环境监察机构负责人应责成负责审议的环境监察人员进行重新核定。

年排污申报登记审核与月排污申报核定本质上有很大区别，年排污申报登记审核是一种预测，不存在事实上的依据，只是排污申报登记主客体双方对明年排污量的一种共识，可以粗略一些；月排污申报核定是一种实测，应该有较明确的依据。

排污单位填报的排污申报登记是对自身排污情况的预报。如果排污情况发生变化，排污单位在每月（或每季）还要通过排污申报变更及时对自己的排污申报登记进行更改。

4. 排污费的征收

（1）排污费的确定和送达。

经过排污核定，排污者对环境监察机构核定的污染物排放种类和数量没有异议的，由环境监察机构根据排污费征收标准和排污者排放的污染物种类、数量，计算并确定排污者应当缴纳的排污费数额。排污者如对环境监察机构复核的污染物排放的种类、数量仍持有异议，也应当先按照复核的污染物种类、数量缴纳排污费，再依法申请行政复议或提起行政诉讼。

根据排污量核定计算出的各排污者的排污费应征收额，应经过环境监察机构审议小组的审议确定无误后，由环境监察机构负责人签发《排污费缴费通知单》。

《排污费缴费通知单》应载明以下内容：①应缴纳排污费所属的时间；②污水排污费、废气排污费、噪声超标排污费、危险废物排污费应征金额和排污费合计金额；③受纳排污费的银行名称、缴费专户名称、账号；④明确告知对缴费通知不服的，可以在接到通知之日起60日内向上级单位申请复议；也可以在3个月内直接向人民法院起诉。同时，明确告知逾期不申请行政复议，也不向人民法院起诉，又不按要求缴纳排污费的，环保部门将申请人民法院强制执行，并每日按排污费金额的2‰征收滞纳金。

《排污费缴费通知单》经环境监察负责人签发后，环境监察机构应及时将缴费通知单送达排污单位，作为缴纳排污费的依据。

《排污费缴费通知单》可以采用直接送达或挂号邮寄送达等方式进行。送达必须有送达回执，送达回执既是排污单位收到通知单的凭证，送达签收日期也是开始征收排污费的起始日期。排污单位在送达回执上注明签收日期，并签名或者盖章。

如受达人拒绝签收，送达的环境监察人员应邀请见证人到场，说明情况，并在送达回执上记明拒收的理由和日期。把收费通知书留在受达人处，即被认为送达。使用挂号邮寄送达方式，可以避免排污者拒绝收达的麻烦，但要和当地邮政局进行相应的协商，在邮局将挂号信送达排污单位处，应有签收日期的回执返回环境监察机构，以作凭证。

环境监察机构应同时建立排污收费统计台账记录，便于以后的排污收费征收的系统管理和查询，定期将其转为排污收费的环境监察管理档案。

（2）排污费的缴纳。

排污者在环境监察机构送达《排污费收缴通知单》之日起7日内，填写财政部门监制的《一般缴款书（五联）》，到财政部门指定的商业银行缴纳排污费。在银行缴纳排污费后，将第二联作为本单位记账凭证，第四联交给环境监察机构。

（3）排污费的收缴入库。

①环境监察机构对排污单位缴费情况的对账管理。环境监察对迟缴和拒缴的排污者应进行催缴直至法院强制执行。收缴排污费的环境监察机构应当根据"一般缴款书"回联，及时核对银行将排污费缴库的资金数额，并与国库对账。一并立卷归档。

②排污费的收缴入库。负责收纳排污费资金的商业银行，在收到排污费的当日，必须将排污费资金上缴国库。国库部门在收到商业银行缴入的排污费后，应将排污费的10%转入中央国库，90%转入地方国库。由于排污费的征收实行"属地收费"原则，转入地方国库的90%排污费，多大比例转入省级地方国库，多大比例留在征收排污费的市（地）或县级地方国库，国家没有明确规定，由各省自行规定。

（4）排污费的减免。

①排污费减免的一般条件。《条例》第十五条规定："排污者因不可抗力遭受重大经济损失的，可以申请减半缴纳排污费或者免缴排污费。"按照这条规定，排污费减免的一般条件应是排污者的污染排放是因主观不能避免的客观原因造成的。一般条件应具体可以分为下述三种情况：一是因不能预见且不能克服的自然灾害，如台风、地震、火山爆发等，造成重大损失的；二是因可以预见，但不可避免也不易克服的自然灾害，如洪水、干旱、气温过高或过低等造成重大损失的；三是因战争或重大突发事件，如战争、恐怖事件、来自外界的重大破坏事件或者他人事故灾祸造成排污单位的重大损失等。

由于排污单位自身原因引发的事故不应列入减免排污费范围。在上述不可抗力因素给排污单位造成重大经济损失的情况下，排污者应积极采取有效措施控制污染，在不可抗力造成排污单位损害时，如排污者未能及时采取措施，造成环境污染的，也不得申请减缴或免缴排污费。

②排污费减缴、免缴的特殊条件。在《条例》规定一切排污者应依法缴纳排污费的公平原则下，国家考虑养老院、福利机构、殡葬机构、孤儿院、特殊教育学校、幼儿园、中小学校（不含其校办企业）等非营利性的社会公益事业单位的困难，可以申请特殊政策免缴排污费。但是这些单位还应自觉遵守国家的环境保护法律法规履行各项环境保护的义务，履行环境保护责任，这些单位还须按年度申请，经征收排污费的环保部门核实后才可免缴排污费。如果违反环保法律法规，并不会免除相应的法律责任。如处罚或赔偿，属于国家淘汰的企业都应按相关法规办理。

排污费减免的程度和限额。《条例》规定排污费的减免程度只分为两种：减半缴纳和全额免缴。《条例》同时规定对某一排污单位申请减免排污费的最高限额不得超过1年的排污费应缴数额。

（5）排污费的缓缴。

①排污费的缓缴条件。排污费缓缴主要是考虑到排污者受市场经济的影响，生产经营不力，造成经济困难，在支付排污费上确实存在困难，以此作为缓缴排

污费的条件。同时，与减免排污费政策的配套衔接，对于正在办理减免手续的排污者也应给予缓缴处理。缓缴排污费的基本条件如下：由于经营困难处于破产、倒闭、停产、半停产状态的排污者；符合条件，正在申请减免排污费以及市（地、州）级以上财政、价格、环保部门正在批复减免排污费期间的排污者。

②排污费缓缴的时限。每次排污者申请缓缴排污费的缴费最长时限不应超过3个月，在每次批准缓缴排污费之后1年内不得再重复申请。

四、环境保护税（简称环保税）的收缴

2016年12月25日第十二届全国人民代表大会常务委员会第二十五次会议通过《环境保护税法》，2018年1月1日施行。

《环境保护税法》规定："在中华人民共和国领域和中华人民共和国管辖的其他海域，直接向环境排放应税污染物的企业事业单位和其他生产经营者为环境保护税的纳税人，应当依照本法规定缴纳环境保护税。"

（一）应税污染物

《环境保护税法》规定："本法所称应税污染物，是指本法所附《环境保护税税目税额表》《应税污染物和当量值表》规定的大气污染物、水污染物、固体废物和噪声。"具体见模块二。

有下列情形之一的，不属于直接向环境排放污染物，不缴纳相应污染物的环境保护税：

（1）企业事业单位和其他生产经营者向依法设立的污水集中处理、生活垃圾集中处理场所排放应税污染物的；

（2）企业事业单位和其他生产经营者在符合国家和地方环境保护标准的设施、场所贮存或者处置固体废物的。

另外，依法设立的城乡污水集中处理、生活垃圾集中处理场所超过国家和地方规定的排放标准向环境排放应税污染物的，应当缴纳环境保护税。

企业事业单位和其他生产经营者贮存或者处置固体废物不符合国家和地方环

境保护标准的，应当缴纳环境保护税。

（二）计税依据

应税污染物的计税依据，按照下列方法确定：应税大气污染物按照污染物排放量折合的污染当量数确定；应税水污染物按照污染物排放量折合的污染当量数确定；应税固体废物按照固体废物的排放量确定；应税噪声按照超过国家规定标准的分贝数确定。

（三）税收减免

以下情形暂予免征环境保护税：

（1）农业生产（不包括规模化养殖）排放应税污染物的；

（2）机动车、铁路机车、非道路移动机械、船舶和航空器等流动污染源排放应税污染物的；

（3）依法设立的城乡污水集中处理、生活垃圾集中处理场所排放相应应税污染物，不超过国家和地方规定的排放标准的；

（4）纳税人综合利用的固体废物，符合国家和地方环境保护标准的；

（5）国务院批准免税的其他情形。前款第五项免税规定，由国务院报全国人民代表大会常务委员会备案。

另外，《环境保护税法》规定："纳税人排放应税大气污染物或者水污染物的浓度值低于国家和地方规定的污染物排放标准30%的，减按75%征收环境保护税。纳税人排放应税大气污染物或者水污染物的浓度值低于国家和地方规定的污染物排放标准50%的，减按50%征收环境保护税。"

（四）征收管理

1. 管理机构

环保部门依照本法和有关环境保护法律法规的规定负责对污染物的监测管理。县级以上地方人民政府应当建立税务机关、环保部门和其他相关单位分工作工作机制，加强环境保护税征收管理，保障税款及时足额入库。

环保部门应当将排污单位的排污许可、污染物排放数据、环境违法和受行政处罚情况等环境保护相关信息，定期交送税务机关。

税务机关应当将纳税人的纳税申报、税款入库、减免税额、欠缴税款以及风险疑点等环境保护税涉税信息，定期交送环保部门。

2. 纳税时效

纳税义务发生时间为纳税人排放应税污染物的当日。

3. 纳税申报

纳税人应当向应税污染物排放地的税务机关申报缴纳环境保护税。环境保护税按月计算，按季申报缴纳。不能按固定期限计算缴纳的，可以按次申报缴纳。

申报内容：纳税人申报缴纳时，应当向税务机关报送所排放应税污染物的种类、数量，大气污染物、水污染物的浓度值，以及税务机关根据实际需要要求纳税人报送的其他纳税资料。

纳税人按季申报缴纳的，应当自季度终了之日起15日内，向税务机关办理纳税申报并缴纳税款。纳税人按次申报缴纳的，应当自纳税义务发生之日起15日内，向税务机关办理纳税申报并缴纳税款。

纳税人应当依法如实办理纳税申报，对申报的真实性和完整性承担责任。

4. 纳税复核

税务机关应当将纳税人的纳税申报数据资料与环保部门交送的相关数据资料进行比对。

税务机关发现纳税人的纳税申报数据资料异常或者纳税人未按照规定期限办理纳税申报的，可以提请环保部门进行复核，环保部门应当自收到税务机关的数据资料之日起15日内向税务机关出具复核意见。税务机关应当按照环保部门复核的数据资料调整纳税人的应纳税额。

5. 纳税核定

依照《环境保护税法》第十条第四项的规定核定计算污染物排放量的，由税务机关会同环保部门核定污染物排放种类、数量和应纳税额。

6. 应税违法行为的奖惩规定

《环境保护税法》第二十三条规定："纳税人和税务机关、环保部门及其工作人员违反本法规定的，依照《中华人民共和国税收征收管理法》《中华人民共和国环境保护法》和有关法律法规的规定追究法律责任。"

《环境保护税法》第二十四条规定："各级人民政府应当鼓励纳税人加大环境保护建设投入，对纳税人用于污染物自动监测设备的投资予以资金和政策支持。"

【思考与训练】

（1）排污收费与排污纳税有什么区别？

（2）未按规定缴纳排污费和环保税将如何处理？

（3）简述排污纳税工作流程。环保税法关于纳税人排放污染物浓度值低于排放标准如何征收环保税？

（4）技能训练。

任务来源：根据情境案例 1、情境案例 2 提出的任务，完成任务 1 中提出的要求。

训练要求：根据案例分析任务，4～5 人一组，分组讨论完成。

模块二　环境保护税的计算

【能力目标】

- 能识别不同污染项目的应税（原收费）标准；
- 能进行废水、废气、固体废物、超标噪声的环保税（原排污费）的计算。

【知识目标】

- 熟悉污染物排放标准的应用；
- 掌握废水、废气、固体废物、超标噪声的环保税（原排污费）的计征方法。

一、环保税应税标准和税目

《排污收费条例》第十二条按照环境要素并根据相关的污染防治法律分别确定了向大气和海洋排放污染物、向水体排放污染物、向环境排放固体废物和危险废物、向环境排放超标噪声的收费规定。

新的排污费征收标准是在国家环保局 1994—1997 年"中国排污收费制度设计及其实施研究"课题成果基础上,结合我国排污者的具体情况,按照《条例》相关要求制定的,该课题组以环境控制目标、污染治理投资和国内外专家估计的污染损失为确定排污费标准的前提,坚持国际通行的"污染者负担原则",以大量污染治理设施的测算数据为基础,提出污水和废气中的污染物总量以污染当量计算,污水、废气分别统一确定单价,排放污染物按多因子总量计征收费,固体废物按排污量计费,超标噪声按超标声级计费。排污费种类可分为四大类。

《环境保护税法》第二十七条规定:"自本法施行之日起,依照本法规定征收环境保护税,不再征收排污费。"

(一)排污收费标准及收费因子

1. 水污染收费标准及收费因子

污水中各种污染物的当量值以 COD 为主体,首先,确定排放 COD 的数量为 1 个当量,平均治理成本为 1.40 元。其次,确定其他污染物的费用当量(用平均治理成本 1.40 元去除污染物的治理费)、有害当量(10 m³ 污水执行一级排放标准所允许的排污数量)、毒性当量(67 m³ 污水执行Ⅲ类水体质量标准所允许的最大允许量),费用当量体现了各种污染物治理成本的相对关系,有害当量体现了各种污染物对环境有害影响的相对关系。污水排污费当量值共确定了 61 种一般污染物(包括 COD),4 种特殊污染物(pH、色度、大肠菌群、余氯量),以及畜禽养殖、现行企业、饮食娱乐服务业和医院 4 个特征值收费项目。

2. 废气污染收费标准及收费因子

废气中的烟尘依据林格曼黑度确定相应的收费标准,按我国平均燃烧 1 t 煤排放 12 500 m³ 的烟气量，不同林格曼黑度的 1 t 煤的烟尘排放量可以由物料衡算计算出来，再乘以烟尘标准（0.35 元/kg 烟尘），确定不同林格曼黑度的 1 t 燃料的收费标准。一般工艺废气（包括烟尘、二氧化硫、氮氧化物）以处理成本和排放标准为确定当量值的参考依据，确定了 44 种大气污染物的当量值，另外增加烟尘黑度收费项目，共 45 项。

3. 固废收费标准和收费因子

根据 2005 年 4 月 1 日起施行的《中华人民共和国固体废物污染环境防治法》对固体废物管理的规定，对于不符合国家规定转移、扬散、丢弃、遗散一般固体废物的，不再收取排污费，而是作为违法行为进行相应处罚，同时并不免除防治责任。《条例》和相关配套规定中对一般固体废物的收费规定与修订后的《固体废物污染环境防治法》规定不符的条款，停止实行。

只对以填埋方式处置危险废物不符合国务院环保部门规定的，要按规定要求缴纳危险废物排污费。为此，固废的收费项目只有危险废物 1 项。

4. 噪声超标收费标准及收费因子

对于固定噪声源的超标排放收费标准的确定，是按国际标准化组织（ISO）的规定，噪声声级每减少 3 dB，能量级减半，在确定收费标准时，体现超标准噪声值每增加 3 dB，排污费应增加 1 倍的原则。通过测算噪声，超标 1 dB 应收费 350 元。

噪声收费的项目：工业企业厂界与建筑施工厂（场）界昼夜等效噪声、工业企业厂界与建筑施工厂（场）界夜间频繁突发峰值噪声、工业企业厂界与建筑施工厂（场）界夜间偶然突发峰值噪声。

（二）环保税应税标准及税目税额计算方法

1. 排放量和分贝数计算方法

应税大气污染物、水污染物、固体废物的排放量和噪声的分贝数，按照下列方法和顺序计算：

（1）纳税人安装使用符合国家规定和监测规范的污染物自动监测设备的，按照污染物自动监测数据计算；

（2）纳税人未安装使用污染物自动监测设备的，按照监测机构出具的符合国家有关规定和监测规范的监测数据计算；

（3）因排放污染物种类多等原因不具备监测条件的，按照国务院环保部门规定的排污系数、物料衡算方法计算；

（4）不能按照（1）～（3）项规定的方法计算的，按照省、自治区、直辖市人民政府环保部门规定的抽样测算的方法核定计算。

2. 环保税应纳税额计算方法

环保税应纳税额按照下列方法计算：

（1）应税大气污染物的应纳税额为污染当量数乘以具体适用税额；

（2）应税水污染物的应纳税额为污染当量数乘以具体适用税额；

（3）应税固体废物的应纳税额为固体废物排放量乘以具体适用税额；

（4）应税噪声的应纳税额为超过国家规定标准的分贝数对应的具体适用税额。

二、税目税额计征方式

（一）污染当量和污染当量值（单位：kg）

污染当量，是指根据污染物或者污染排放活动对环境的有害程度以及处理的技术经济性，衡量不同污染物对环境污染的综合性指标或者计量单位。同一介质相同污染当量的不同污染物，其污染程度基本相当。

污染当量的概念只在水污染物的应纳税额和大气污染物的应纳税额中采用。

污水污染当量：以污水中 1 kg 最主要污染物 COD 为 1 个基准污染当量，按照其他污染物的有害程度、对生物体的毒性以及处理的费用等进行测算，与 COD 比较，分别得出其他污染物的污染当量值。如 4 kg 的 SS、0.1 kg 的石油类、0.05 kg 的氰化物与 1 kg 的 COD 在排放时的污染危害和污染治理费用的综合效果是相当的。

废气污染当量：以大气中主要污染物烟尘、二氧化硫为基准，按照水污染当量类似方法计算。

（二）污染当量数（量纲一）

污染当量数是污水（或废气）中各类污染物折合成污染当量的数量，可以是某一污染物排放量折算成当量的数量，也可以是多因子排污当量的总数量。

对于某种污染物，污染当量数=排放量÷污染当量值

（三）税额单价的具体制定

1. 污水和废气税额单价

污水和废气税额单价就是每一污染当量的具体税额标准。

污水税额单价：一般情况，1 污染当量税额单价为 1.4 元。部分城市税额单价 1 污染当量税额单价为 1.4～14 元。

废气税额单价：一般情况，1 污染当量税额单价为 1.2 元。部分城市税额单价 1 污染当量税额单价为 1.2～12 元。

2. 噪声税额单价

噪声只有超过一定的标准，才会造成污染，因此超标才收费或纳税。将每超标 1～3 dB 为一个税额档次，每月税额 350 元，超标 4～6 dB 每月税额加倍。以此类推。

3. 固体废物和危险废物税额单价

按照固体废物污染防治法的规定，一般固体废物不收取排污费，而是作为违法行为进行相应处罚，因此排污收费标准中收费的种类只包括危险废物。按照《环境保护税法》规定，从 2018 年 1 月 1 日起，排放一般工业固体废物也要缴纳环保税。应税固体废物的应纳税额为固体废物排放量乘以具体适用税额。一般工业固废每吨 5～25 元，危险废物每吨应纳税额 1 000 元。

三、污水环保税额（排污费）计算

（一）计征原则

（1）排污即纳税（收费）和超标处罚的原则。

按照《水污染防治法》第八十三条规定："超过水污染物排放标准或者超过重点水污染物排放总量控制指标排放水污染物，由县级以上人民政府环境保护部门责令改正或者责令限制生产、停产整治，并处 10 万元以上 100 万元以下的罚款；情节严重的，报经有批准权的人民政府批准，责令停业、关闭。"

按照《海洋环境保护法》第七十三条规定："不按照本法规定向海洋排放污染物，或者超过标准、总量控制指标排放污染物，由依照本法规定行使海洋环境监督管理权的部门责令停止违法行为、限期改正或者责令采取限制生产、停产整治等措施，并处以 2 万元以上 10 万元以下的罚款；拒不改正的，依法作出处罚决定的部门可以自责令改正之日的次日起，按照原罚款数额按日连续处罚；情节严重的，报经有批准权的人民政府批准，责令停业、关闭。"

（2）3 因子叠加纳税（收费）的原则。

对同一排污口排放多种污染物的，按各种污染物的污染当量数从大到小的顺序排列，将排污当量数最大的前 3 种污染物分别计算，叠加收费。

《环境保护税法》第九条规定："每一排放口的应税水污染物，按照本法所附《应税污染物和当量值表》，区分第一类水污染物和其他类水污染物，按照污染当量数从大到小排序，对第一类水污染物按照前 5 项征收环境保护税，对其他类水污染物按照前 3 项征收环境保护税。"

（3）城市集中污水处理设施实行不重复征收污水排污费和超标处罚的原则。

按照《水污染防治法》规定，排污单位向城镇污水集中处理设施排放污水、缴纳污水处理费用的，不再缴纳排污费。向城镇污水集中处理设施排放水污染物，应当符合国家或者地方规定的水污染物排放标准。而城镇污水集中处理设施的出水水质达到国家或者地方规定的水污染物排放标准的，可以按照国家有关规定免缴排污费。

对排放水污染物超过国家或者地方规定的水污染物排放标准，或者超过重点水污染物排放总量控制指标的，按照《水污染防治法》规定处罚。

《环境保护税法》规定，企业事业单位和其他生产经营者向依法设立的污水集中处理、生活垃圾集中处理场所排放应税污染物的，不缴纳相应污染物的环境保护税。但是，依法设立的城乡污水集中处理、生活垃圾集中处理场所超过国家和地方规定的排放标准向环境排放应税污染物的，应当缴纳环境保护税。"

（4）对同一排放口中的同类污染物或相关污染物的不同指标不应重复纳税（征收排污费）的原则。

对同一排污口中的 COD、BOD 和 TOC，只能征收其中一项污染因子的污水税额（排污费）；对同一排污口的大肠菌群数和总余氯，只得征收其中一项污染因子的污水税额（排污费）。

（5）对征收冷却排水和矿井排水污水税额（排污费）应扣除进水本底值的原则。

一般冷却排水和矿井排水主要是由地表或地下有一定污染物的水经生产使用而排放的，在计算排污量时应扣除原有进水污染物本底值。

（6）对禽畜养殖场征收污水税额（排污费）。

（7）对医院能监测的按监测值纳税（收费），不能监测的依据特征值换算污染当量计算税额（排污费）。

（8）对无法进行实际监测或物料衡算的禽畜养殖业、小型企业、第三产业和医院等小型排污者排放的污水，可实行抽样测算、依据特征值换算污染当量计算税额（排污费）。

（9）一个排污者有多个排污口应分别计算合并征收的原则。

（10）低浓度排放减少征税。

《环境保护税法》第十三条规定："纳税人排放应税大气污染物或者水污染物的浓度值低于国家和地方规定的污染物排放标准 30%的，减按 75%征收环境保护税。纳税人排放应税大气污染物或者水污染物的浓度值低于国家和地方规定的污染物排放标准 50%的，减按 50%征收环境保护税。"

对于同一排污口的某污染物排放量所用的数据，采用以下顺序：经验收合格的正常所有的自动监控统计数据＞监测机构的监测报告＞物料衡算＞特征值进行计算。

（二）污水税额（排污费）的计算方法和步骤

1. 计算污染物排放量

$$M（kg/月）=Q（t/月）×C（mg/L）÷1\,000$$

式中，M 为某排放口某种污染物的排放量；Q 为污水排放量；C 为污染物排放浓度。

2. 计算污染物污染当量数

（1）一般污染物的污染当量数计算：

$$N=M（kg/月）÷D（kg）$$

式中，N 为某污染物的污染当量数；M 为某污染物的排放量；D 为某污染物的污染当量值。

（2）pH 值、大肠菌群数、余氯量的污染当量数计算：

$$N=Q（t/月）÷D（t）$$

式中，N 为某污染物的污染当量数；Q 为污水排放量；D 为该污染物的污染当量值。

（3）色度的污染当量数计算：

$$N=Q（t/月）×n÷D（t·倍）$$

式中，N 为色度的污染当量数；Q 为污水排放量；n 为色度超标倍数；D 为色度的污染当量值。

$$n=（色度实测值-色度排放标准）÷色度排放标准$$

（4）禽畜养殖、小型企业和第三产业的污染当量数计算：

$$N（月或季）=Q÷D$$

式中，N 为污染当量数；Q 为污染排放特征值；D 为污染当量值。

3. 确定税目（收费）因子，计算污染因子当量总数

确定每一排污口各类污染物的污染当量数，对第一类水污染物按照前 5 项征收环境保护税（排污费收前 3 项），对其他类水污染物按照前 3 项征收环境保护税。

4. 计算污水税额（排污费）

$$污水税额（排污费）（元/月）=污水税额单价（排污费）征收标准（元/污染当量）\times（N_1+N_2+N_3）$$

式中，N_1 为第 1 位最大污染物的污染当量数；N_2 为第 2 位最大污染物的污染当量数；N_3 为第 3 位最大污染物的污染当量数。

对于第一类水污染物按照前 5 项征收环境保护税。

一般情况，1 污染当量税额单价为 1.4 元。

水污染物污染当量值见表 5-3、表 5-4 和表 5-5。

表 5-3　水污染物污染当量值

污染物分类		污染物名称	污染当量值 D/kg		污染物名称	污染当量值 D/kg
第一类污染物	1	总汞	0.000 5	6	总铅	0.025
	2	总镉	0.005	7	总镍	0.025
	3	总铬	0.04	8	苯并[a]芘	0.000 000 3
	4	六价铬	0.02	9	总铍	0.01
	5	总砷	0.02	10	总银	0.02
第二类污染物	11	悬浮物（SS）	4	37	五氯酚及五氯酚钠（以五氯酚计）	0.25
	12	五日生化需氧量（BOD₅）	0.5	38	三氯甲烷	0.04
	13	化学需氧量（COD）	1	39	可吸附有机卤化物（AOX）（以 Cl⁻ 计）	0.25
	14	总有机碳（TOC）	0.49	40	四氯化碳	0.04
	15	石油类	0.1	41	三氯乙烯	0.04
	16	动植物油类	0.16	42	四氯乙烯	0.04
	17	挥发酚	0.08	43	苯	0.02
	18	氰化物	0.05	44	甲苯	0.02
	19	硫化物	0.125	45	乙苯	0.02
	20	氨氮	0.8	46	邻-二甲苯	0.02

污染物分类		污染物名称	污染当量值 D/kg		污染物名称	污染当量值 D/kg
第二类污染物	21	氟化物	0.5	47	对-二甲苯	0.02
	22	甲醛	0.125	48	间-二甲苯	0.02
	23	苯胺类	0.2	49	氯苯	0.02
	24	硝基苯类	0.2	50	邻二氯苯	0.02
	25	阴离子表面活性剂（LAS）	0.2	51	对二氯苯	0.02
	26	总铜	0.1	52	对硝基氯苯	0.02
	27	总锌	0.2	53	2,4-二硝基氯苯	0.02
	28	总锰	0.2	54	苯酚	0.02
	29	彩色显影剂（CD-2）	0.2	55	间-甲酚	0.02
	30	总磷	0.25	56	2,4-二氯酚	0.02
	31	元素磷（以 P_4 计）	0.05	57	2,4,6-三氯酚	0.02
	32	有机磷农药（以 P 计）	0.05	58	邻苯二甲酸二丁酯	0.02
	33	乐果	0.05	59	邻苯二甲酸二辛酯	0.02
	34	甲基对硫磷	0.05	60	丙烯腈	0.125
	35	马拉硫磷	0.05	61	总硒	0.02
	36	对硫磷	0.05			

表 5-4　pH 值、色度、大肠菌群、余氯量当量值

非污染物形式表述污染当量值 D	pH 值	0～1，13～14	0.06 t 污水
		1～2，12～13	0.125 t 污水
		2～3，11～12	0.25 t 污水
		3～4，10～11	0.5 t 污水
		4～5，9～10	1 t 污水
		5～6	5 t 污水
	色度		5 t 水·倍
	大肠菌群数（超标）		3.3 t 污水
	余氯量（用氯化消毒的医院废水）		3.3 t 污水

注：①对同一排污口中的 COD、BOD 和 TOC，只得征收其中一项污染因子的污水税额（排污费）。

②大肠菌群数和余氯量只征收一项。

③pH 值 5～6（5≤pH＜6），pH 值 9～10（9≤pH＜10），以此类推。

表 5-5 禽畜养殖业、小型企业和第三产业污染当量值 *D* 换算表

禽畜养殖业	牛	0.1 头·月
	猪	1 头·月
	鸡、鸭等家禽	30 羽·月
小型企业		1.8 t 污水
饮食娱乐服务业		0.5 t 污水
医院	消毒	0.14 床·月
		2.8 t 污水
	不消毒	0.07 床·月
		1.4 t 污水

(三) 废水税额（排污费）核定训练

【例1】某有机化工染料厂 2017 年第一季度监测结果：外排污口 COD 排放浓度为 165 mg/L，BOD 排放浓度为 98 mg/L，挥发酚排放浓度为 1.5 mg/L，石油类排放浓度为 8.5 mg/L，SS 排放浓度为 110 mg/L，pH 值 6.2，污水排放量为 110 000 t。该厂污水通过下水管网排入河道（功能为一般工业用水）。计算该厂第一季度应缴纳排污费多少元？若核算成环保税，应缴纳环保税多少元？

解：（1）计算污染物排放量。

M_{COD}=（110 000×165）/1 000=18 150（kg/季）

M_{BOD}=（110 000×98）/1 000=10 780（kg/季）

$M_{挥发酚}$=（110 000×1.5）/1 000=165（kg/季）

$M_{石油类}$=（110 000×8.5）/1 000=935（kg/季）

M_{SS}=（110 000×110）/1 000=12 100（kg/季）

（2）计算污染当量数。

N_{COD}=18 150/1 =18 150

N_{BOD}=10 780/0.5=21 560

$N_{挥发酚}$=165/0.08=2 062.5

$N_{石油类}$=935/0.1=9 350

$N_{SS} = 12\ 100/4 = 3\ 025$

（3）确定税目（收费因子）。

一个排放口污染当量数最大的前 3 项污染物，其中 BOD 与 COD 只能征收其中最大一项为 BOD，确定税目（收费因子）税目（收费因子）从大到小依次为 BOD、石油类、SS。

（4）计算税目（排污费）。

污水税目（排污费）=1.4×（21 560+9 350+3 025）=47 509（元/季）

【例2】某化工厂监测报告显示，2017 年 4 月总排污口污水排放量为 9 000 t，COD 排放浓度为 390 mg/L，BOD 排放浓度为 200 mg/L，SS 排放浓度为 85 mg/L，石油类排放浓度为 23 mg/L，pH 值为 5.5；车间排污口排放水量为 1 000 t，六价铬排放浓度为 0.6 mg/L，铅排放浓度为 0.8 mg/L，该厂污水排入Ⅳ水域，计算该厂 4 月应缴纳排污费多少元？若核算成环保税，应缴纳环保税多少元？

解：（1）计算各排污口各种污染物的排放量。

总排污口中各种污染的排放量：

M_{COD}=（9 000×390）/1 000=3 510（kg/月）

M_{BOD}=（9 000×200）/1 000=1 800（kg/月）

M_{SS}=（9 000×85）/1 000=765（kg/月）

$M_{石油类}$=（9 000×23）/1 000=207（kg/月）

电镀车间排污口一类污染物的排放量：

$M_{六价铬}$=（1 000×0.6）/1 000=0.6（kg/月）

$M_{铅}$=（1 000×0.8）/1 000=0.8（kg/月）

（2）计算各排污口各种污染物的污染当量数。

总排污口中各种污染物的污染当量数：

N_{COD}=3 510÷1 =3 510

N_{BOD}=1 800÷0.5 =3 600

N_{SS}=765÷4 =191.25

$N_{石油类}$=207÷0.1 =2 070

$N_{\text{pH值}}=9\,000\div5=1\,800$

电镀车间排污口一类污染物的污染当量数：

$N_{\text{六价铬}}=0.6\div0.02=30$

$N_{\text{铅}}=0.8\div0.025=32$

（3）确定税目（收费因子）。

同一排污口第二类污染物只征收污染当量数最大的前 3 项污染物和 BOD 与 COD 只能征其中一项的规定，经排序总排污口和车间排污口的税目（收费因子）分别为：

排污总口的排污税目（收费因子）从大到小依次为 BOD > 石油类 > pH 值 3 项。

车间排污口的排污税目（收费因子）为六价铬、铅两项污染物。

（4）计算排污费。

总排放口排污费（环保税）$=1.4\times(3\,600+2\,070+1\,800)=10\,458$（元/月）

车间排污口污水排污费（环保税）$=1.4\times(30+32)=86.8$（元/月）

企业污水环保税（排污费）征收总额 $=10\,458+86.8=10\,544.8$（元/月）

四、废气环保税额（排污费）计算

（一）计征原则

（1）实行排污即计征税额（排污费）及 3 因子总量纳税（收费）的原则。

《排污收费条例》规定，应该按照排放污染物的种类、数量向排污者征收废气排污费；废气排污费的多因子收费按排污量最多的 3 个污染因子叠加收费。

《环境保护税法》第九条规定："每一排放口或者没有排放口的应税大气污染物，按照污染当量数从大到小排序，对前 3 项污染物征收环境保护税。"

（2）同种污染物不同污染因子不得重复纳税（收费）的原则。

烟尘和林格曼都是反映燃料燃烧产生的烟尘污染的监测指标，只能按收费额最高的一项纳税（收费）。

（3）一个排污者有多个排污口，应分别计算、合并征收。

由于排污者废气污染源的排污口都是孤立的，即一个污染源就有一个排污口，同一排污者的废气排污口一般都有多个，必须对每个排污口的废气排污口分别计算，再合并征收。

（4）低浓度排放减少征税。

纳税人排放应税大气污染物低于国家和地方规定的污染物排放标准30%的，减按75%征收环境保护税。纳税人排放应税大气污染物的浓度值低于国家和地方规定的污染物排放标准50%的，减按50%征收环境保护税。

对于同一排污口的某污染物排放量所用的数据，采用以下顺序：经验收合格的正常所有的自动监控统计数据＞监测机构的监测报告＞物料衡算＞特征值进行计算。

（二）一般污染物污染当量数计算

$$M（kg/月或季）= \left[Q（m^3/月或季）\times C（mg/m^3）\right] \div 1\ 000\ 000$$

式中，M 为某污染物排放量；Q 为某排放口废气排放量；C 为某污染物的排放浓度。

$$N = M（kg/月或季）\div D（kg）$$

式中，N 为某污染物的污染当量数；M 为污染物的排放量；D 为该污染物的污染当量值。

（三）废气税额（排污费）计算步骤

1. 计算污染物排放量

采用实测法或物料衡算法。

（1）实测法。

$M（kg/月）= Q（m^3/月）\times C（mg/m^3）\times 10^{-6}$，或：

$M（kg/月）= m（kg/h）\times 生产天数（天/月）\times 生产时间（h/天）$

式中，m 为某污染物排放量。

（2）物料衡算法。

物料衡算，是指根据物质质量守恒原理对生产过程中使用的原料、生产的产品和产生的废物等进行测算的一种方法。

①利用单位产品污染物排放量系数，计算污染物排放量。

M（kg/月）=产生某污染物的产品总量（产品总量/月）×某污染物的单位产品排放系数（kg/单位产品）

排污系数，是指在正常技术经济和管理条件下，生产单位产品所应排放的污染物量的统计平均值。

②利用单位产品废气排放量与污染物排放浓度，计算污染物排放量。

M（kg/月）=产生某污染物的产品总量（产品总量/月）×单位产品废气排放量系数（m³/单位产品）×单位产品某污染物的排放浓度系数（kg/ m³）

③利用单位产品废气排放量与污染物百分比浓度，计算污染物排放量。

M（kg/月）=产生某污染物的产品总量（产品总量/月）×单位产品废气排放量系数（m³/单位产品）×废气中某污染物的百分比浓度（%）×某污染物的气体密度（kg/m³）

（3）燃料（固、液、气体）燃烧过程污染物排放量计算。先将燃料折算成标准煤耗后计算。

$M_{燃煤烟尘}$（kg/月）=｛1 000（kg/t）耗煤量（t/月）×煤中的灰分（%）×灰分中的烟尘（%）×［1−除尘效率（%）］｝/［1−烟尘中的可燃物（%）］

$M_{燃煤SO_2}$（kg/月）=1 600×耗煤量（t/月）×煤中的含硫量（%）

$M_{燃煤NO_x}$（kg/月）=1 630×耗煤量（t/月）×［0.015×煤中氮的NO_x转化率（%）+0.000 938］

$M_{燃煤CO}$（kg/月）=2 330×耗煤量（t/月）×煤中的含碳量（%）×煤的不完全燃烧值（%）

注：上式中的1 000、1 600、1 630、2 330为公式中单位间的换算系数值，80%为可燃硫占全硫分的百分比含量，0.015为燃煤的含氮量。0.000 938为1 kg燃料煤所生成温度型NO_x的毫克数。

$M_{燃油SO_2}$（kg/月）=2 000×耗油量（kg/月）×燃油含硫量（%）

M 燃油NO$_x$（kg/月）= 1 630×耗油量（kg/月）×［燃油中 NO$_x$ 转化率（%）×燃油中氮含量（%）+0.000 938］

M 燃油CO（kg/月）=2 330×耗油量（kg/月）×燃油含碳量（%）×燃油的不完全燃烧值（%）

注：上式中 2 000、1 630、2 330 为公式中的单位间换算系数值。

M 燃气SO$_2$（kg/月）=气体耗量（kg/月）×燃气 SO$_2$ 含量（%）×2.857

M 燃气CO（kg/月）=1.25（kg/m^3）×气体燃料耗量（m^3/月）×2%×［1×C$_1$（碳 1 化合物含量，%）+2×C$_2$（碳 2 化合物含量，%）+…+n×C$_n$（碳 n 化合物含量，%）］

注：上式中 1.25 为 CO 气体密度，2%为气体燃料不完全燃烧值。

2. 计算污染当量数

$N=M$（kg/月或季）/D（kg）

3. 确定税目（收费因子）

烟尘和林格曼只能选择收费额较高一项为税目（收费因子）。

燃料排污税目（收费因子）选其中税目（收费）额较高的前 3 项作为该排污单位的税目（收费因子）。

（1）一般污染物的税额（排污费）计算方法。

某污染物的排污费（元/月）=废气污染当量征收排污费标准（元/污染当量）×N

（2）林格曼黑度排污费计算方法。

林格曼黑度税额（排污费）（元/月）=林格曼黑度（级）的纳税（收费）标准（元）×某林格曼黑度（级）条件下的燃料耗用量（t/月）

对锅炉排放的烟尘，可按林格曼黑度征收税额（排污费），单价为：黑度 1 级：1 元/t 燃煤；2 级：3 元/t 燃煤；3 级：5 元/t 燃煤；4 级：10 元/t 燃煤；5 级：20 元/t 燃煤。

上式中当燃料为非煤时（如木材、柴草、原油、柴油、汽油、天然气、有机可燃废气等），应将非煤燃料折算成标准煤后再计算税额（排污费）。

各种燃料的折算表见表 5-6。

表 5-6 各种燃料折算表

燃料名称	折算成标准煤/t	燃料名称	折算成标准煤/t
1 t 原煤	0.714	1 t 汽油	1.471
1 t 原油或者重油	1.429	1 000 m³ 天然气	1.33
1 t 渣油	1.286	1 t 焦炭	0.971
1 t 柴油	1.457		

4. 计算排污口的税额（排污费）

选择税额（收费额）最大的前 3 项总和。一般情况按 1 污染当量税额（收费）单价为 1.2 元。

废气污染因子当量值见表 5-7。

表 5-7 废气污染物的污染当量值（*D*）　　　　　　　单位：kg

序号	污染物名称	污染当量值	序号	污染物名称	污染当量值	序号	污染物名称	污染当量值
1	二氧化硫	0.95	16	镉及其化合物	0.03	31	苯胺类	0.21
2	氮氧化物	0.95	17	铍及其化合物	0.000 4	32	氯苯类	0.72
3	一氧化碳	16.7	18	镍及其化合物	0.13	33	硝基苯	0.17
4	氯气	0.34	19	锡及其化合物	0.27	34	丙烯腈	0.22
5	氯化氢	10.75	20	烟尘	2.18	35	氯乙烯	0.55
6	氟化物	0.87	21	苯	0.05	36	光气	0.04
7	氰化氢	0.005	22	甲苯	0.18	37	硫化氢	0.29
8	硫酸雾	0.6	23	二甲苯	0.27	38	氨	9.09
9	铬酸雾	0.000 7	24	苯并[*a*]芘	0.000 002	39	三甲胺	0.32
10	汞及其化合物	0.000 1	25	甲醛	0.09	40	甲硫醇	0.04
11	一般性粉尘	4	26	乙醛	0.45	41	甲硫醚	0.28
12	石棉尘	0.53	27	丙烯醛	0.06	42	二甲二硫	0.28
13	玻璃棉尘	2.13	28	甲醇	0.67	43	苯乙烯	25
14	炭黑尘	0.59	29	酚类	0.35	44	二硫化碳	20
15	铅及其化合物	0.02	30	沥青烟	0.19			

（四）废气税额（排污费）核定训练

【例1】某工厂以生产 PVC 树脂、盐酸、烧碱为主，每月生产天数为 30 天，每天生产时间为 16 h，2017 年 10 月监测报告显示，生产过程中排放的氯化氢为 4.2 kg/h，氯气为 1.9 kg/h，氯乙烯为 5.4 kg/h，求该工厂 10 月应缴多少元的废气排污费？换算成环保税，应纳税额多少元？

解：（1）计算污染物排放量。

$M_{氯化氢}$=4.2 ×16 ×30 =2 016（kg/月）

$M_{氯气}$=1.9 ×16 ×30 =912（kg/月）

$M_{氯乙烯}$=5.4 ×16×30 =2 592（kg/月）

（2）计算污染当量数。

$N_{氯化氢}$=2 016/10.75 =188

$N_{氯气}$=912 /0.34　=2 682

$N_{氯乙烯}$=2 592 /0.55 =4 713

（3）确定税目（收费因子）。

只有 3 项，全部为征收税目（收费因子）。

（4）计算税额（排污费）。

税额（排污费）=1.2×（188+2 682+4 713）=9 099.6（元/月）

【例2】某炼铁厂月生产铁 8 000 t，月生产天数为 720 h，高炉煤气回收率为 95%，经查物料衡算排放系数每吨铁产生高炉煤气 4 500 m³，其中含 CO 30%，CO 的气体密度为 1.25 kg/m³，含尘量为 0.1 kg/m³，该厂安装了除尘设备，除尘效率 90%。计算每月应缴纳多少元的废气排污费？换算成环保税，应纳税额多少元？

解：（1）计算排放量。

M_{CO}=8 000×4 500×30%×1.25 ×（1−95%）=675 000（kg/月）

$M_{粉尘}$=8 000×4 500×0.1 ×（1−95%）×（1−90%）=18 000（kg/月）

（2）计算污染当量数。

$N_{CO}=675\ 000/16.7=40\ 419.16$

$N_{粉尘}=18\ 000/4\ =4\ 500$

（3）确定税目（收费因子）。

只有两种污染物，均为征收税目（收费因子）。

（4）计算税额（排污费）。

税额（排污费）=1.2×（40 419.16+4 500）=53 902.99（元/月）

五、固体废物税额（排污费）征收计算

（一）计征原则

对以填埋方式处置不符合国家有关规定危险废物（危险废物指列入《国家危险废物名录》或根据国家规定的危险废物鉴别标准和鉴别法认定的具有危险废物特征的废物），实行计征危险废物排污费的原则。

从 2018 年 1 月 1 日起，按照《环境保护税法》排放一般工业固体废物也要缴纳环保税。一般工业固废煤矸石每吨税额 5 元，尾矿每吨 15 元，其他一般工业固废（含半固态、液态固废）每吨 25 元，危险废物每吨 1 000 元。

（二）固体废物税额（排污费）的计算

首先确定固体废物类型，查《国家危险废物名录》确认是否为危险废物，对不符合填埋或处置的规定的征收税额（排污费）。

固体废物排放量（t/月）=固体废物产生量（t/月）-符合国家有关规定的固体废物填埋量（t/月）-符合国家有关规定的处置量（t/月）

固体废物税额（排污费）（元/月）=固体废物排放量（t/月）×固体废物税额（收费）标准（元/t）

（三）固废税额（排污费）核定训练

【例 1】某电镀厂废水站月产生电镀污泥 7.3 t，产生一般工业固废 6 t，送往

生活垃圾简易填埋场填埋，该厂月应缴纳多少元排污费？换算成环保税，应纳税额多少元？

解：（1）电镀污泥含重金属，属危险废物。

（2）处置方式不符合国家有关规定。

（3）查税额（收费）标准为：危险废物每次每吨 1 000 元，一般工业固废每吨税额 25 元。

（4）固体废物排放量：危险废物 7.3 t/月，一般工业固废 6 t/月。

（5）应缴纳排污费=1 000×7.3=7 300（元/月）

换算成税额，征收税额=1 000×7.3+25×6=7 450（元/月）

六、噪声税额（排污费）计算

工业企业、企事业单位、餐饮娱乐服务业场所噪声适用《工业企业厂界环境噪声排放标准》（GB 12348—2008），建筑施工场所作业噪声适用《建筑施工厂界噪声限值》（GB 12523—90）。

（一）计征原则

（1）超标纳税（收费）的原则。

（2）一个单位边界上有多处噪声超标，按征收噪声超标排污费最高一处计征。如一个单位昼间厂界噪声多个监测点环境噪声分别超标，则昼间超标噪声按超标值最高的监测点进行计算。

（3）一个单位边界长度超过 100 m 有两处以上（含两处）噪声超标的，按噪声超标排污费最高一处加一倍征收超标噪声排污费。当沿厂（场）界监测，发现多处超标，沿边界长度超过 100 m 有两处以上噪声超标，应加一倍征收。对超标噪声加一倍征收的排污者的厂（场）界周长必然超过 200 m。

《环境保护税法》规定，一个单位边界长度超过 100 m 有两处以上（含两处）噪声超标的，按两个单位征收应纳税额。

（4）一个单位有不同地点（不同厂区）作业场所，应分别计算合并计征。

（5）昼夜应分别计算，叠加计征。

（6）超标噪声税额（排污费）按月核定，一个月内不足15天的，减半计征。

（7）夜间频繁突发和夜间偶然突发厂界超标噪声，应按等效声级和峰值噪声两种指标中税额"收费额"最高一项计征排污费。频繁噪声属于非稳态噪声，是指夜间多次发生的频繁间断性噪声（如排气管的噪声、短时间的撞击和振动噪声），昼间影响小只控制等效噪声；偶然突发噪声是指偶然突发的一次性短促噪声（如短促的汽笛声等），偶发噪声一夜发生1次和多次都规定为夜间偶发噪声。昼间影响小只控制等效噪声。

（8）建筑施工场地同一施工单位多个建筑施工阶段同时施工时，按噪声限值最高的施工阶段计征超标噪声税额（排污费）。

（9）农民自建住宅不得征收超标噪声税额（排污费）。

（10）机动车、飞机、船舶等流动污染源暂不征收噪声税额（排污费）。

（二）工业企业厂界超标噪声税额（排污费）计算

1. 确定所在功能区

确定昼间与夜间允许排放标准值。

2. 计算超标噪声值

超标噪声值=实际噪声值−噪声标准值

昼间超标噪声值［dB（A）］=昼间实测噪声值−昼间噪声排放标准值

夜间超标噪声值［dB（A）］=夜间实测噪声值−夜间噪声排放标准值

查收费标准，确定超标噪声收费处。分别选择昼间与夜间超标最高点为计征昼间与夜间的超标噪声收费处。

3. 计算税额（排污费）

超标噪声税额（排污费）（元/月）=昼间超标噪声税额（收费）标准×A×B+夜间超标噪声税额（收费）标准×C×D

上式中当排放1月不足15昼或夜时，A 和 C 取值为 0.5；当排放时间超过15昼或夜时，A 和 C 取值为1。

上式中当昼或夜以最高超标噪声处沿厂界查找，当发现昼间或夜间 100 m 以上还有超标噪声排放时，B 和 D 取值为 2；当昼间或夜间 100 m 以上无超标噪声排放时，B 和 D 取值为 1。

噪声超标应征税额（排污费）的征收标准见表 5-8 和表 5-9。

表 5-8　噪声超标排污费的征收标准

超标分贝值	1	2	3	4	5	6	7	8
收费标准/（元/月）	350	440	550	700	880	1 100	1 400	1 760
超标分贝值	9	10	11	12	13	14	15	16 及以上
收费标准/（元/月）	2 200	2 800	3 520	4 400	5 600	7 040	8 800	11 200

注：本标准以每分贝为计征单位，噪声超标不足 1 dB 的，按四舍五入原则计算。

表 5-9　噪声超标税额的征收标准

超标分贝值	1～3	4～6	7～9	10～12	13～15	16 及以上
收费标准/（元/月）	350	700	1 400	2 800	5 600	11 200

（三）超标噪声税额（排污费）核定训练

【例1】某机械厂地处工业区，厂界北侧为交通干道，经监测：厂北边界铸造车间产生的昼间噪声等效声级为 74 dB（A），夜间等效声级为 65 dB（A），厂北界长度为 120 m；厂南边界修理车间的昼间噪声等效声级为 71 dB（A），夜间等效声级为 62 dB（A）；厂南界边界长度为 80 m；厂西边界机加工车间产生的昼间噪声等效声级为 83 dB（A），夜间等效声级为 63 dB（A）（该车间每月实际生产天数为 14 天），厂西界长度为 90 m；厂东边界热处理车间产生的昼间噪声等效声级为 68 dB（A），夜间等效声级为 61 dB（A），厂东界为 110 m。该厂每月应缴纳多少元排污费？换算成环保税，应纳税额多少元？

解：（1）确定不同超标噪声处的环境功能区标准。

查《工业企业厂界噪声标准》（GB 12348—2008），确定不同超标噪声处的环境功能区及噪声允许排放标准：厂北界执行 4a 类标准；其他三界执行 3 类标准。

（2）计算各排放点的噪声超标值。

厂北界昼间噪声超标值=74-70 =4 [dB（A）]；夜间噪声超标值=65-55=10 [dB（A）]

厂南界昼间噪声超标值=71-65=6 [dB（A）]；夜间噪声超标值=62-55=7 [dB（A）]

厂西界昼间噪声超标值=83-65=18 [dB（A）]；夜间噪声超标值=63-55=8 [dB（A）]

厂东界昼间噪声超标值=68-65=3 [dB（A）]；夜间噪声超标值=61-55=6 [dB（A）]

（3）选择确定超标噪声税额（收费）处。

经比较，昼间厂西界超标噪声值 18 dB（A）为最高处；夜间厂北界超标 10 dB（A）为最高处。

（4）计算税额（排污费）。

厂西界 1 月生产 14 日，$A=0.5$，收费减半；厂北界生产满 1 月，$C=1$

经分析，昼间厂西界 100 m 以上有南、东、北 3 处噪声超标，夜间厂北界 100 m 以上有东、南、西 3 处噪声超标，因此，$B=2$，$D=2$。

查表 5-8，超标噪声排污费=11 200×0.5×2+2 800×1×2=16 800（元/月）

换算环保税额，查表 5-9。

超标噪声税额=11 200×0.5×2+2 800×1×2=16 800（元/月）

【例2】某发电厂，地处工业园区。某月监测报告显示，厂北界发生锅炉属频繁突发噪声。每天夜间分别排放 2~5 次，昼间等效声级为 68 dB（A），夜间等效声级为 64 dB（A），峰值噪声为 76 dB（A）；厂南界机修车间属稳定噪声，经测昼间等效声级为 66 dB（A），夜间等效声级为 64 dB（A）。求该厂月应缴纳多少元排污费？换算成环保税，应纳税额多少元？

解：（1）确定不同超标噪声处的环境功能区标准。

查《工业企业厂界噪声标准》（GB 12348—2008）分别找出测点昼间或夜间的允许噪声值。南北界均执行 3 类标准，其中北界夜间峰值执行标准夜间等效声级+10 dB（A）。

（2）计算超标噪声值。

北界：昼间超标等效声级 68-65=3［dB（A）］；夜间超标等效声级=64-55=9［dB（A）］；峰值超标声级=76-65=11［dB（A）］

南界：昼间超标等效声级=66-65=1［dB（A）］；夜间超标等效声级=64-55=9［dB（A）］

（3）确定税额（收费）处。

昼间按北界计征；

夜间同一测点夜间频繁突发噪声税额（收费）按最高一项计征的原则，北界按峰值声级。夜间按北界峰值计征。

（4）计算税额（排污费）。

查表 5-8。

该厂昼间和夜间的超标噪声排污费基本应征额=550+3 520=4 070（元/月）

换算环保税额，查表 5-9。

该厂昼间和夜间的超标噪声税额=350+2 800=3 150（元/月）

【例3】某住宅小区建设工地有六栋楼房在同时施工，该工地周边都为住宅区或者工商区，其工地厂界超过 300 m。某月经监测该工地东、西、南、北侧厂界昼/夜等效噪声值分别为 74/58 dB（A）、72/59 dB（A）、80/63 dB（A）、75/62 dB（A）。该月工地有结构和装修阶段在同时施工，昼间整月都在施工，夜间因突击施工 7 天。求：该施工工地月应缴纳多少元排污费？换算成环保税，应纳税额多少元？

解：（1）确定建筑工地各侧场界所处功能区执行标准。

查建筑施工场界噪声排放标准。由于施工阶段和装修阶段同时施工，噪声排放标标准应以结构阶段的排放标准为准，查表 1-12《建筑施工场界噪声限值》（GB 12523—90）表得结构阶段昼、夜排放标准分别为 70 dB（A）和 55 dB（A）。

（2）计算各侧厂界环境噪声的超标值。

东侧昼超标值=74-70=4［dB（A）］；夜超标值=58-55=3［dB（A）］

西侧昼超标值=72-70=2［dB（A）］；　夜超标值=59-55=4［dB（A）］

南侧昼超标值=80-70=10［dB（A）］；　夜超标值=63-55=8［dB（A）］

北侧昼超标值=75-70 =5［dB（A）］；　夜超标值=62-55=7［dB（A）］

（3）确定厂界噪声超标税额（排污费）计征点。经比较，昼、夜间噪声超标税额（排污费）计征点均为南侧，最高超标值为 10 dB（A）和 8 dB（A）。

每月昼间税额（排污费）按一个月征收；又由于四侧均超标，且厂界超过 300 m，应加倍收税额（排污费）。因此，$A=1$，$B=2$。

该月夜间工作 7 天，不足 15 天，减半征收税额（排污费）；又由于四侧均超标，且厂界超过 300 m，应加倍收税额（排污费）。因此，$C=0.5$，$D=2$。

（4）查表 5-8。

该排污单位应缴噪声超标排污费=2 800×1×2+1 760×0.5×2=7 360（元/月）

换算环保税额，查表 5-9。

该排污单位应缴噪声超标税额=2 800×1×2+1 400×0.5×2=7 000（元/月）

【思考与训练】

（1）哪些污染项目环保税是按污染当量计征？

（2）污水与废气污染物排放超标应如何处理？

（3）技能训练。

任务来源：按照情境案例 1、情境案例 2 和情境案例 3 提出的要求完成相关任务。

训练要求：根据案例分析任务，4～5 人一组，分组讨论完成。根据废水、废气及噪声的排污费和环保税计算原则和方法，分别核定排污者应缴纳的排污费和环保税。

【相关资料】

资料 1：目前大部分省份已确定具体税额。其中，辽宁、吉林、安徽、福建、江西、陕西、甘肃、青海、宁夏和新疆等省份明确应税大气污染物和水污染物适用税额根据环保税法确定的最低限额征收，即每污染当量分别为 1.2 元和 1.4 元。

浙江、湖北、湖南、广东、广西和西南地区的贵州、云南等省（自治区）制定的税额均略高于环保税法规定的最低税额。其中，云南规定，2018 年 1—12 月，环保税税额为大气污染物每污染当量 1.2 元，水污染物每污染当量 1.4 元；从 2019 年 1 月起，大气污染物每污染当量 2.8 元，水污染物每污染当量 3.5 元。

江苏、海南和四川确定的税额适中。其中，江苏规定大气污染物和水污染物征收税额分别是每污染当量 4.8 元和 5.6 元，四川为 3.9 元和 2.8 元。

京津冀和周边省份则普遍对大气污染物和水污染物确定了较高的具体适用税额。日前召开的北京市人大常委会决定，北京市应税大气污染物适用税额为每污染当量 12 元，应税水污染物适用税额为每污染当量 14 元，均按环保税法规定的税额幅度上限执行。河北省将环保税大气主要污染物和水主要污染物税额分为 3 档，分别按照环保税法规定的最低标准的 8 倍、5 倍和 4 倍执行。最高一档税额为：应税大气污染物每污染当量 9.6 元，应税水污染物每污染当量 11.2 元。其他污染物实行全省统一标准，按《环境保护税法》规定的最低税额的 4 倍执行。

项目六　环境污染事故与纠纷的调查处理

【任务导向】

工作任务 1　突发环境事件的调查与处理

工作任务 2　环境污染纠纷的调查与调解

【活动设计】

在教学中,以突发环境污染事件和纠纷的调处项目化工作任务确定教学内容,以模块化构建课程教学体系,开展"导、学、做、评"一体教学活动。以突发环境事件和环境污染纠纷的调查处理为任务驱动,采用案例教学法、启发式教学法等多种形式开展教学,通过课业训练和评价达到学生掌握专业知识和职业技能的教学目标。

【案例导入】

情境案例 1:2014 年 8 月 13 日上午,C 市千丈岩水库水色出现异常,相关的 W 县停止对相关乡镇供水。W 县环保局经初步排查,立即向毗邻的 H 省 J 县环保局发出协查请求,经联合排查认定,肇事企业为 J 县 H 矿业有限责任公司。该企业 60 万 t/a 硫铁矿选矿项目未经验收擅自投入生产,产生的废浆水未经处理、直接排放至厂房下方的自然洼地。由于当地属喀斯特地貌,废浆水沿洼地底部裂隙渗漏至地下,经地下水水系进入 W 县千丈岩水库,造成 W 县和 F 县 4 个乡镇约

5万人饮用水受到影响。

事发后，环境保护部、H省环保厅、C市环保局分别派出工作组赶赴现场，联合指导处置工作。J县政府于8月17日切断污染源，8月18日，千丈岩水库水体各项指标基本达标。W县于18日通过备用水源，对前期主要依靠运水车临时供水的乡镇居民实施供水。8月19日，W县政府宣布终止应急状态。9月26日，W县全面恢复了从千丈岩水库供水。

工作任务：

（1）突发污染事件分几级，上述案例定为哪级？请说明理由。

（2）上述案例中的污染事故如何执行报告制度？

（3）结合案例，请编写水污染突发事件环境监察应急处理流程报告。

情境案例 2：某年年初，Z省L市某乡村农民史某向当地环保局反映，自从几年前同村农民卞某开办铸造厂以来，其种植的两亩葡萄园受工厂排放的废气污染，连续两年造成葡萄果实减产，要求环保局处理，妥善解决污染损害赔偿问题。L市环保局先后两次派环保人员现场调查，认为葡萄园受废气中氟化物污染症状明显。另据了解的情况，卞某因其铸造厂排放的污染物质对该村的水稻和竹园造成污染也曾作过经济赔偿，环保局认定史某的葡萄园严重减产系卞某的铸造厂在生产过程中排放含氟废气所致。为此，先后3次召集当事人协商解决污染赔偿问题，终因卞某或拒绝到场或中途退场而调解失败。

最终，L市环保局根据案件的实际情况作出处理决定：由卞某一次性赔偿史某当年葡萄园减产损失人民币13 920元。卞某不服此处理决定，遂向L市人民法院提起行政诉讼，请求法院撤销市环保局的处理决定。

工作任务：

（1）环境污染纠纷依法如何调解？

（2）分析上述案例中环保部门的处理情况，是否符合法律规定？请说出理由。

（3）案例中，卞某提起行政诉讼要求是否符合法律规定？污染纠纷应如何解决？

模块一 突发环境事件的调查与处理

【能力目标】

- 能分析污染造成的后果判断事件危害等级；
- 能操作环境污染事件的现场调查和处理流程；
- 基本能制定污染突发事件应急预案。

【知识目标】

- 掌握突发环境污染事件的等级及报告制度；
- 理解突发环境污染事件调查工作内容和处理程序；
- 了解环境突发事件应急预案要素和主要内容。

一、突发环境事件与分类

（一）突发环境事件

突发环境事件是指由于污染物排放或自然灾害、生产安全事故等因素，导致污染物或放射性物质等有毒有害物质进入大气、水体、土壤等环境介质，突然造成或可能造成环境质量下降，危及公众身体健康和财产安全，或造成生态环境破坏，或造成重大社会影响，需要采取紧急措施予以应对的事件，主要包括大气污染、水体污染、土壤污染等突发性环境污染事件和辐射污染事件。

（二）环境污染事件

环境污染事件指单位或个人由于违反环境保护法律法规排放污染物，以及意外因素的影响或不可抗拒的自然灾害等原因导致环境污染、生态环境破坏、危害人体健康、财产损失，造成不良社会影响的事件。

环境污染事件主要有两大类:

(1) 不定期偷排未经处理的污染物 (如偷排污水、倾倒固废等),不按规定保存、运输、使用危险化学品等,属于违法。

(2) 意外事件。由于自然灾害引起,生产或交通事故引起,正常排污引起的非正常影响。如某厂达标排放的污水流入河道后被用来灌溉,由于当时上游来水减少,从而造成该段河水中污水所占比例剧增,使污染物浓度达到了有害程度,造成灌溉农田作物的大量死亡,需要承担一定的污染赔偿责任。

(三) 突发环境事件分级标准

2006 年 1 月,国务院发布了《国家突发环境事件应急预案》,按照突发事件严重性和紧急程度,突发环境事件分为特别重大环境事件 (Ⅰ级)、重大环境事件 (Ⅱ级)、较大环境事件 (Ⅲ级) 和一般环境事件 (Ⅳ级) 四级。为了规范突发环境事件信息报告工作,提高环保部门应对突发环境事件的能力,环保部 2011 年 3 月 24 日发布了《突发环境事件信息报告办法 (试行)》,重新制定突发环境事件等级标准,自 2011 年 5 月 1 日起施行。依据《中华人民共和国环境保护法》《中华人民共和国突发事件应对法》《中华人民共和国放射性污染防治法》《国家突发公共事件总体应急预案》及相关法律法规等,2014 年 12 月 29 日国务院再次发布了《国务院办公厅关于印发〈国家突发环境事件应急预案〉的通知》(国办函〔2014〕119 号),并对突发环境事件一般级标准作了补充,突发环境事件等级标准如下。

1. 特别重大 (Ⅰ级) 突发环境事件

凡符合下列情形之一的,为特别重大突发环境事件:

(1) 因环境污染直接导致 30 人以上死亡或 100 人以上中毒或重伤的。

(2) 因环境污染疏散、转移人员 5 万人以上的。

(3) 因环境污染造成直接经济损失 1 亿元以上的。

(4) 因环境污染造成区域生态功能丧失或该区域国家重点保护物种灭绝的。

(5) 因环境污染造成设区的市级以上城市集中式饮用水水源地取水中断的。

(6) Ⅰ、Ⅱ类放射源丢失、被盗、失控并造成大范围严重辐射污染后果的;

放射性同位素和射线装置失控导致 3 人以上急性死亡的；放射性物质泄漏，造成大范围辐射污染后果的。

（7）造成重大跨国境影响的境内突发环境事件。

2. 重大（Ⅱ级）突发环境事件

凡符合下列情形之一的，为重大突发环境事件：

（1）因环境污染直接导致 10 人以上 30 人以下死亡或 50 人以上 100 人以下中毒或重伤的。

（2）因环境污染疏散、转移人员 1 万人以上 5 万人以下的。

（3）因环境污染造成直接经济损失 2 000 万元以上 1 亿元以下的。

（4）因环境污染造成区域生态功能部分丧失或该区域国家重点保护野生动植物种群大批死亡的。

（5）因环境污染造成县级城市集中式饮用水水源地取水中断的。

（6）Ⅱ类放射源丢失、被盗的；放射性同位素和射线装置失控导致 3 人以下急性死亡或者 10 人以上急性重度放射病、局部器官残疾的；放射性物质泄漏，造成较大范围辐射污染后果的。

（7）跨省级行政区域影响的突发环境事件。

（8）跨省（区、市）界突发环境事件。

3. 较大（Ⅲ级）突发环境事件

凡符合下列情形之一的，为较大突发环境事件：

（1）因环境污染直接导致 3 人以下死亡或 10 人以上 50 人以下中毒的。

（2）因环境污染需疏散、转移群众 5 000 人以上 1 万人以下的。

（3）因环境污染造成直接经济损失 500 万元以上 2 000 万元以下的。

（4）因环境污染造成国家重点保护的动植物物种受到破坏的。

（5）因环境污染造成乡镇集中式饮用水水源地取水中断的。

（6）3 类放射源丢失、被盗或失控，造成环境影响的。

（7）跨地市界突发环境事件。

4. 一般（Ⅳ级）突发环境事件

凡符合下列情形之一的，为一般突发环境事件：

（1）因环境污染直接导致 3 人以下死亡或 10 人以下中毒或重伤的。

（2）因环境污染疏散、转移人员 5 000 人以下的。

（3）因环境污染造成直接经济损失 500 万元以下的。

（4）因环境污染造成跨县级行政区域纠纷，引起一般性群体影响的。

（5）Ⅳ、Ⅴ类放射源丢失、被盗的；放射性同位素和射线装置失控导致人员受到超过年剂量限值的照射的；放射性物质泄漏，造成厂区内或设施内局部辐射污染后果的；铀矿冶、伴生矿超标排放，造成环境辐射污染后果的。

（6）对环境造成一定影响，尚未达到较大突发环境事件级别的。

上述分级标准有关数量的表述中，"以上"含本数，"以下"不含本数。

二、环境污染与破坏事件（故）的确认与报告

《环境保护法》第四十七条规定："各级人民政府及其有关部门和企业事业单位，应当依照《中华人民共和国突发事件应对法》的规定，做好突发环境事件的风险控制、应急准备、应急处置和事后恢复等工作。""县级以上人民政府应当建立环境污染公共监测预警机制，组织制定预警方案；环境受到污染，可能影响公众健康和环境安全时，依法及时公布预警信息，启动应急措施。""企业事业单位应当按照国家有关规定制定突发环境事件应急预案，报环境保护部门和有关部门备案。在发生或者可能发生突发环境事件时，企业事业单位应当立即采取措施处理，及时通报可能受到危害的单位和居民，并向环境保护部门和有关部门报告。""突发环境事件应急处置工作结束后，有关人民政府应当立即组织评估事件造成的环境影响和损失，并及时将评估结果向社会公布。"

（一）环境污染与破坏事件（故）报告制度

涉事企业、事业单位或其他生产经营者要立即采取关闭、停产、封堵、围挡、喷淋、转移等措施，切断和控制污染源，防止污染蔓延扩散。做好有毒有害物质

和消防废水、废液等的收集、清理和安全处置工作。及时通报可能受到污染危害的单位和居民。当涉事企业事业单位或其他生产经营者不明时，由当地环境保护部门组织对污染来源开展调查，查明涉事单位，确定污染物种类和污染范围，切断污染源。对突发环境事件的性质和类别做出初步认定。

对初步认定为一般（Ⅳ级）或者较大（Ⅲ级）突发环境事件的，事件发生地设区的市级或者县级人民政府环保部门应当在 4 小时内向本级人民政府和上一级人民政府环保部门报告。

对初步认定为重大（Ⅱ级）或者特别重大（Ⅰ级）突发环境事件的，事件发生地设区的市级或者县级人民政府环保部门应当在 2 小时内向本级人民政府和省级人民政府环保部门报告，同时上报环境保护部。省级人民政府环保部门接到报告后，应当进行核实并在 1 小时内报告环境保护部。

突发环境事件处置过程中事件级别发生变化的，应当按照变化后的级别报告信息。

发生下列一时无法判明等级的突发环境事件，事件发生地设区的市级或者县级人民政府环保部门应当按照重大（Ⅱ级）或者特别重大（Ⅰ级）突发环境事件的报告程序上报：

（1）对饮用水水源保护区造成或者可能造成影响的；

（2）涉及居民聚居区、学校、医院等敏感区域和敏感人群的；

（3）涉及重金属或者类金属污染的；

（4）有可能产生跨省或者跨国影响的；

（5）因环境污染引发群体性事件，或者社会影响较大的；

（6）地方人民政府环保部门认为有必要报告的其他突发环境事件。

（二）突发环境事件报告形式

突发环境事件的报告分为初报、续报和处理结果报告 3 类。

初报在发现或者得知突发环境事件后首次上报；续报在查清有关基本情况、事件发展情况后随时上报；处理结果报告在突发环境事件处理完毕后上报。

初报应当报告突发环境事件的发生时间、地点、信息来源、事件起因和性质、基本过程、主要污染物和数量、监测数据、人员受害情况、饮用水水源地等环境敏感点受影响情况、事件发展趋势、处置情况、拟采取的措施以及下一步工作建议等初步情况，并提供可能受到突发环境事件影响的环境敏感点的分布示意图。突发环境事件信息应当采用传真、网络、邮寄和面呈等方式书面报告；情况紧急时，初报可通过电话报告，但应当及时补充书面报告。

续报应当在初报的基础上，报告有关处置进展情况。

处理结果报告应当在初报和续报的基础上，报告处理突发环境事件的措施、过程和结果，突发环境事件潜在或者间接危害以及损失、社会影响、处理后的遗留问题、责任追究等详细情况。

核与辐射事件的信息报告在按照本办法规定报告的同时，还需按照有关核安全法律法规的规定报告。

（三）违反突发环境事件信息报告制度的处理

在突发环境事件信息报告工作中迟报、谎报、瞒报、漏报有关突发环境事件信息的，给予通报批评；造成后果的，对直接负责的主管人员和其他直接责任人员依法依纪给予处分；构成犯罪的，移送司法机关依法追究刑事责任。

三、突发环境事件的环境监察应急预案与处理

面对严峻的环境安全问题，各级环境监察队伍是处理环境污染事故的主力和先锋。

（一）登记、审查与报告

环境监察机构接到环境污染事件的报告，应及时登记，经初步审查，对已经发生或有可能发生危害后果并属本环保部门管辖的，应立即向本级环保部门汇报，组成事故调查组及时赶赴现场；对明显不属于本部门管辖的，应及时通知有关部门。

预案要确定环境监察应急组织体系。建立应急领导组、调查取证组、现场处理组等应急组织。确定具体人选、联络方式方法，安排好应急所需的一切装备（车辆、仪器、服装、面具工具等），保证随时可以出动。

（二）控制、调查与初报

按预案组成调查组进入事故现场，在出示有关证件后，应立即责成并协助事故发生单位采取应急措施，减轻或消除污染危害；提请环境监测机构对有关污染物进行跟踪监测。必要时配合有关部门组织当地群众疏散，同时向上级环保部门报告简单情况。

预案中要针对本辖区可能发生的环境事件和环境污染事故，分类型、分状况给出应对方案。在初步确定状况后立即按原定方案执行，以求尽快控制局面，尽量减少损失。

（三）收集证据

调查组进行全面、客观、公正的调查，收集有关证据。证据应包括书证、物证、视听材料、证人证言、当事人陈述、鉴定结论、勘验笔录和现场记录。

（四）认定与续报

调查组在初步查清污染事故发生的时间、地点、污染源及主要污染物、经济损失数额、人员损害情况后，对事故的类型和等级按有关规定作出认定，并向有关上级和环保部门进行续报。

（五）处理与报告

调查组在查清事故发生的原因、过程、危害及采取的措施和有关方面责任的基础上，向主管部门提交调查报告，并提出处理意见的建议。经主管上级部门批准，环境监察机构应就事故的善后进行工作。

（六）处理结果报告

环保部门根据事故性质依法进行处理，并将事故详情向上级报告。在续报的基础上，报告处理事故的具体措施、过程和结果，事故潜在或间接的危害、社会影响、遗留问题，参与处理的有关部门和工作内容，出具有关危害和损失的证明文件等。

（七）总结归档

将有关文件和资料整理归档。

四、企业单位突发环境污染事故应急预案大纲

（一）组织机构和职责

（略）

（二）预防与预警

1. 危险源监控

明确对区域内容易引发重大突发环境事件的危险源、危险区域进行调查、登记、风险评估，组织进行检查、监控，并采取安全防范措施。

2. 预防与应急准备

明确应急组织机构成员根据自己的职责需开展的预防和应急准备工作，如完善应急预案、应急培训、演练、相关知识培训、应急平台建设、新技术研发等。

3. 监测与预警

应按照"早发现、早报告、早处置"的原则，对重点排污口进行例行监测。

（三）应急响应

1. 响应流程

明确应急响应的流程和步骤，并以流程图表示。

2. 信息报告与处置

明确 24 小时应急值守电话、内部信息报告的形式和要求，以及事件信息的通报流程；明确事件信息上报的部门、方式、内容和时限等内容；明确事件发生后向可能遭受事件影响的单位以及请求援助的单位发出有关信息的方式、方法。

3. 应急监测

明确应急监测方案，包括污染现场、实验室应急监测方法、仪器、药剂。突发环境事件发生时企业环境监测机构要立即开展应急监测，在政府部门到达后则配合政府部门相关机构进行监测。

4. 现场处置

（1）水环境污染事件现场处置。根据污染物的性质及事件类型、可控性、严重程度、影响范围等，需确定可能受影响水体情况；开展应急监测；事件发生后，切断污染源的有效方法及泄漏至外环境的污染物控制、削减技术方法说明；制订水中毒事件预防措施，中毒人员救治措施；需要其他措施的说明（如其他企业污染物限排、停排，调水，污染水体疏导，自来水厂的应急措施等）；跨界污染事件应急处置措施说明。

（2）有毒气体扩散事件现场处置。根据污染物的性质及事件类型，事件可控性、严重程度和影响范围，需确定切断污染源的有效措施，制定气体泄漏事件所采取的现场洗消措施或其他处置措施，明确可能受影响区域，开展应急监测，可能受影响区域企业、单位、社区人员疏散的方式和路线、基本保护措施和个人防护方法，临时安置场所，周边道路隔离或交通疏导方案。

（3）危险化学品及危险废物污染事件现场处置。根据危险化学品和危险废物的性质、污染严重程度和影响范围，需确定切断污染源的有效措施，制订防止发生次生环境污染事件的处置措施，明确可能受影响区域，开展应急监测，可能受影响区域人员疏散的方式和路线、基本保护措施和个人防护方法，临时安置场所，周边道路隔离或交通疏导方案。

（4）辐射事件现场处置。对于放射源丢失、被盗或被抢的事件，需确定制定放射源搜寻措施和步骤，并制定在指定区域内宣传放射性危害特性的方法。对于放射性物质泄漏事件，制定措施切断辐射范围扩大的途径，制订实时监测方案，制定现场专业技术人员个人防护措施，制定周边群众保护措施和预防、治疗方案。

（5）受伤人员现场救护、救治与医院救治。依据事件分类、分级，附近疾病控制与医疗救治机构的设置和处理能力，制订具有可操作性的处置方案：可用的急救资源列表，如急救中心、医院、疾控中心、救护车和急救人员；应急抢救中心、毒物控制中心的列表；国家中毒急救网络；伤员的现场急救常识。

（四）安全防护

（1）应急人员的安全防护。明确事件现场的保护措施。

（2）受灾群众的安全防护。制订群众安全防护措施、疏散措施及患者医疗救护方案等。

（五）次生灾害防范

制定次生灾害防范措施，现场监测方案，现场人员撤离方案。

（六）应急保障

制订应急保障计划，落实应急资源，落实应急物资和装备保障，提供应急通信。

企业依据重特大事件应急处置的需求，建立健全以应急物资储备为主，社会救援物资为辅的物资保障体系，建立应急物资动态管理制度。建立健全应急通信系统与配套设施，确保应急状态下信息通畅。

（七）附件

（1）环境风险评价文件；

（2）危险废物登记文件或企业危险废物名录；

（3）企业应急通信录；

（4）应急专家通信录；

（5）企业环境监测应急网络分布；

（6）企业环境监测机构联系人通信录；

（7）外部（政府有关部门、救援单位、专家、环境保护目标等）联系单位通信录；

（8）单位所处位置图、区域位置及周围环境保护目标分布、位置关系图、本单位及周边区域人员撤离路线；

（9）单位重大危险源（生产及储存装置等）分布位置图；

（10）应急设施（备）布置图；

（11）危险物质运输（输送）路线及环境保护目标位置图；

（12）企业雨水、清净下水和污水收集、排放管网图；

（13）企业所在区域地下水流向图、饮用水水源保护区规划图。

五、查处环境污染事故（含事件）的工作制度

（一）处理原则

先控制后处理。避免环境和经济损害增大；随时间的推移，污染物扩散使污染破坏的地域、空间和损害范围、程度迅速扩大，要尽快防止污染蔓延。

（1）立即采取措施控制污染源，消除并减少污染隐患，并划定严重污染区域，通知有关消防、卫生、自来水、公安等部门，联合采取措施，及时救护、隔离、疏散群众，防止污染加重。视情况轻重可立即关闭自来水供应或发布空气危险通告让群众不要外出等。

（2）在处理环境污染事故时，对确认有违法行为的排污者，在实施行政处罚时，要依法确定责任，严肃公正处理。

（二）环境污染事故的调查处理责任部门及处罚机关

见表6-1。

表 6-1 环境污染事故类型及受理机关

序号	事件类型		上报及处理机关	辅助机关
1	大气污染事故		当地环保部门	
2	水污染事故		当地环保部门	航政、水利等有关部门
3	饮用水污染事故		当地环保部门组织	当地供水、卫生防疫、环保、水利、地矿和污染单位主管部门
4	渔业水域污染事故		渔政渔港监督管理部门	环保部门
5	船舶海洋污染重大事故		国家港务监督部门	环保部门
6	拆船污染损害事故	在港区水域外的岸边拆船发生的污染事故	县级以上环保部门	环保部门
		在水上拆船和综合渔港区水域拆船发生的污染事故	港务监督部门	环保部门
		在渔港水域拆船发生的污染事故	渔政渔港监督管理部门	环保部门
		在军港水域拆船发生的污染事故	军队环保部门	
7	放射性环境污染事故		所在地环保部门	县级以上卫生、公安部门
8	陆源污染损害海洋环境事故		当地环保部门	有关部门
9	海洋石油勘探作业发生溢油、井喷、漏油的重大污染事故		国家海洋管理部门	环保部门
10	入海口陆源污染损害海洋环境事故		当地环保部门	入海口处省级环保和水利部门会同有关省级环保和水利部门处理
11	尾矿污染事故		当地环保部门	

六、环境污染事故（事件）调查与处理流程

环境污染事故调查与处理程序分为现场污染控制、现场调查和报告、依法处理、结案归档四个步骤。

（一）现场污染控制

根据《环保法》规定，发生环境污染事故或突然事件造成或可能造成污染事故的单位，必须立即采取处理措施，步骤如下：

（1）立即采取措施：已发生污染的，立即采取减轻和消除污染的措施，防止污染危害的进一步扩大；尚未发生污染但有污染可能的，立即采取防止措施，杜绝污染事故的发生。

（2）及时通报或疏散可能受到污染危害的单位和居民，使他们能及时撤出危险地带，以保证即使发生污染事故，也可以避免人员伤亡。

（3）向当地环保及其他行政执法部门报告，接受调查处理。报告必须及时准确，不得拒报、谎报，事故查清后，应作事故发生的原因、过程、危害、采取的措施、处理结果以及遗留问题和防范措施等情况的详细书面报告，并附有关证明文件。

（二）现场调查与报告

1. 现场调查

参照《突发环境事件应急监测技术规范》执行。

（1）污染事故现场勘察。

实地踏勘并记录环境污染与破坏事故现场状况。包括事故对土地、水体、大气的危害；动、植物及人身伤害；设备、物体的损害等。详细记录污染破坏范围、周围环境状况、污染物排放情况、污染途径、危害程度等，提取有关物证。

（2）技术调查。

①采样监测。利用各种监测手段测定事故地点及扩散地带有毒有害物质的种类、浓度、数量；各污染物在环境各要素（如土壤、水体、大气）区域、地带和部位存在浓度等。

②声像取证。录制了解污染事故当事人员的陈述及被害人介绍事故发生情况的陈述等。

③技术鉴定。对重大或情况比较复杂的环境污染与事故，环境执法部门应聘请其他有关法定部门的专业技术人员对事故所造成的危害程度和损失作出有关技术鉴定。

④经济损失核算。根据污染事故的危害程度、损失范围，按照国家、地方或当地市场价格核算危害承受物的经济损失金额。对无可靠依据计算损失标准的或不能准确计算损失金额的，如农作物小苗死亡、鱼虾幼苗受害等，要根据具体情况作具体分析，可以提出若干计算方案，反复比较，多方倾听意见，推出比较接近实际双方基本能够接受的方案，避免明显偏差。

2. 报告

按前面讲述的有关规定进行报告。

（三）依法处理

环境污染事故的证据收集工作完成后，即进入审查、决定、处理阶段。审查是环境执法人员对所调查的证据、调查过程和调查意见、处罚建议进行认真地审理。审查结束后，对环境污染事故依法进行处理，做出决定。

1. 组成审查人员

一般情况下，受理、调查阶段与审查、决定阶段截然分开，由不同的环境执法人员进行。接收、受理、调查主要由环境监察人员负责，而审查、决定、处理多由环保部门的法制管理人员和环境监察机构负责人负责，实行"查处分开"的原则。审查小组由各级环保部门组成，以 3 人或 3 人以上单数为宜。

2. 审查内容

审查内容主要是对调查材料、调查处理、调查意见、处罚建议进行书面审理。

重点审查：违法事实是否清楚；证据是否充分确凿；查处程序是否合法；处理意见是否适当。必要时由调查人员进行补充调查，然后提出处理意见。

3. 确定赔偿金额，提出处理决定

环保执法部门根据《环保法》规定："造成环境污染危害的，有责任排除危害，并对直接受到损害的单位或个人赔偿损失"。依据调查分析结果合理确定环境污染与破坏事故给受害单位和个人所造成的经济损失，并下达处理决定，提出具体赔偿金额。

4. 追究环境法律责任，进行行政处罚

根据环境污染与破坏事故发生的情节，危害后果（刑事责任除外），应依有关环境法律法规追究造成环境污染与破坏事故的单位或个人的法律责任，进行行政处罚，并提出杜绝和避免类似事故再次发生的措施和要求。

5. 送达与执行

环保执法部门依法对环境污染事故作出的环境决定或行政处罚决定应由环境执法人员及时将决定书的正本送达当事人或被处罚人。送达时间必须在 7 日内完成。环境执法人员在送达决定书时，应要求当事人和被处罚人在副本上签收。按规范要求，环保执行部门应制作送达回执，由送达人员填写送达回执，送达回执的主要内容包括：决定书制作的环保执法部门，回执字号，被送达人，案由，送达地点，送达人，收件人签名，收件人拒收事由，不能送达的理由以及有关时间。

送达决定书有直接面交、留置送达、邮寄送达或委托送达、公告送达等送达方式。送达人视具体情况采取其中一种，但不管采用哪一种，送达人员都应将有关回执和证明依据妥善归档。决定书送达当事人或被处罚人后，依法产生法律效力，进入执行阶段。环境污染事故处理决定书依法执行完毕后，整个处理程序到此便告结束。

（四）结案归档

将全部材料及时整理，装订成卷，按一事一卷要求，填写《查处环境污染事故终结报告书》，存档备查。

例如，某地发生水污染事故，出现数厂污水污染同一个水域、造成鱼虾事故。发生水污染事故后，在污染最严重的现场取不到污染发生时的证据，就必须到被污染的上游或下游追踪取证。在取证时监测分析与查阅资料档案并进。

如何鉴别责任的主次大小，关键是取证。一般应从两个方面取证：第一，现场取若干水样，分析一下污染物来自哪个企业的废水；第二，查一查档案，哪个企业排污量最大，算一算哪个企业的排污量在哪个时间对被污染的水域起决定作用，从而取得符合污染事故发生时的实际证据。

又如，大气污染事故难以取证。有些工厂在建厂数十年间未发生过污染事故，而在一个特定气象条件下发生了较大污染事故，肇事企业很难接受。要以生产记录、气象资料和化学分析逻辑结合。在这种情况下，唯一的办法是以证据为准，一般可从 3 个方面取证，取被污染作物叶片分析，查阅气象资料，查排污生产记录。将 3 方面证据放在一起进行分析判断。

七、突发环境事件（含污染事故）应承担的法律责任

相应的环境污染事故的行为及法律责任条款见表 6-2。

表 6-2　环境污染事故的行为及法律责任条款

序号	责任事故及肇事者	法律法规依据	应承担的法律责任
1	造成大气污染事故	《大气污染防治法》第一百二十二条	依照本条第二款的规定处以罚款；对直接负责的主管人员和其他直接责任人员可以处上一年度从本企业事业单位取得收入50%以下的罚款
2	造成一般或者较大大气污染事故		按照污染事故造成直接损失的 1 倍以上 3 倍以下计算罚款
3	造成重大或者特大大气污染事故		按照污染事故造成的直接损失的 3 倍以上 5 倍以下计算罚款
4	排放大气污染物造成损害	《大气污染防治法》第一百二十五条	应当依法承担侵权责任
5	造成水污染事故	《水污染防治法》第九十四条	除依法承担赔偿责任外，依照本条第二款的规定处以罚款，责令限期采取治理措施，消除污染；未按照要求采取治理措施或者不具备治理能力的，由环境保护部门指定有治理能力的单位代为治理，所需费用由违法者承担

序号	责任事故及肇事者	法律法规依据	应承担的法律责任
6	造成重大或者特大水污染事故	《水污染防治法》第九十四条	还可以报经有批准权的人民政府批准，责令关闭；对直接负责的主管人员和其他直接责任人员可以处上一年度从本单位取得的收入 50%以下的罚款；有《中华人民共和国环境保护法》第六十三条规定的违法排放水污染物等行为之一，尚不构成犯罪的，由公安机关对直接负责的主管人员和其他直接责任人员处 10 日以上 15 日以下的拘留；情节较轻的，处 5 日以上 10 日以下的拘留
7	造成一般或者较大水污染事故		按照水污染事故造成的直接损失的 20%计算罚款
8	造成重大或者特大水污染事故		按照水污染事故造成的直接损失的 30%计算罚款
9	造成渔业污染事故或者渔业船舶造成水污染事故		由渔业主管部门进行处罚
10	其他船舶造成水污染事故		由海事管理机构进行处罚
11	造成固体废物严重污染环境	《固体废物污染环境防治法》第八十一条	限期治理 逾期未完成治理任务的，停业或者关闭
12	造成固体废物污染环境事故		处 2 万元以上 20 万元以下的罚款
13	固体废物污染环境事故造成重大损失	《固体废物污染环境防治法》第八十二条	按照直接损失的 30%计算罚款，但是最高不超过 100 万元，对负有责任的主管人员和其他直接责任人员，依法给予行政处分
14	收集、贮存、利用、处置危险废物，造成重大环境污染事故，构成犯罪	《固体废物污染环境防治法》第八十三条	追究刑事责任
15	造成固体废物污染环境的	《固体废物污染环境防治法》第八十五条	应当排除危害，依法赔偿损失，并采取措施恢复环境原状
16	造成海洋环境污染损害的责任者	《海洋环境保护法》第八十九条	应当排除危害，并赔偿损失
17	完全由于第三者的故意或者过失，造成海洋环境污染损害		由第三者排除危害，并承担赔偿责任

序号	责任事故及肇事者	法律法规依据	应承担的法律责任
18	对破坏海洋生态、海洋水产资源、海洋保护区，给国家造成重大损失		对责任者提出损害赔偿要求
19	造成海洋环境污染事故	《海洋环境保护法》第八十九条	除依法承担赔偿责任外，由依照本法规定行使海洋环境监督管理权的部门依照本条第二款的规定处以罚款；对直接负责的主管人员和其他直接责任人员可以处上一年度从本单位取得收入50%以下的罚款；直接负责的主管人员和其他直接责任人员属于国家工作人员的，依法给予处分
20	造成一般或者较大海洋环境污染事故		按照直接损失的20%计算罚款
21	造成重大或者特大海洋环境污染事故		按照直接损失的30%计算罚款
22	严重污染海洋环境、破坏海洋生态，构成犯罪		依法追究刑事责任
23	完全属于下列情形之一，经过及时采取合理措施，仍然不能避免对海洋环境造成污染损害：（1）战争；（2）不可抗拒的自然灾害；（3）负责灯塔或者其他助航设备的主管部门，在执行职责时的疏忽，或者其他过失行为	《海洋环境保护法》第九十条	造成污染损害的有关责任者免予承担责任
24	海洋环境监督管理人员滥用职权、玩忽职守、徇私舞弊，造成海洋环境污染损害	《海洋环境保护法》第九十二条	依法给予行政处分；构成犯罪的，依法追究刑事责任

【思考与训练】

（1）突发环境事件环境监察应急方案如何实施？

（2）突发环境事件的处理原则是什么？

（3）技能训练。

任务来源：按照情境案例 1 提出的要求完成任务。

训练要求：根据案例分析任务，4～5 人一组，分组讨论完成。

【相关资料】

资料 1：常见污染事故污染源控制

1. 氰化物泄漏

诸如氢氰酸、氰化钠、氰化钾、氰化锌（难溶于水）、乙腈、丙烯腈、丁腈（丁腈以上难溶于水）等。

（1）水上泄漏的应急处理。在运输过程中，如氰化钠或丙烯腈在水体中泄漏或掉入水中，现场人员应在保护好自身安全情况下，开展报警和伤员救护，及时采取以下措施：

①现场控制与警戒。在消防或环保部门到达现场之前，操作人员在保证自身安全前提下，利用堵漏工具或措施进行堵漏控制。大量氰化钠（大于 200 kg）在水中泄漏时，紧急隔离半径不小于 95 m。现场人员应根据泄漏量、扩散情况及所涉及的区域建立 500～10 000 m 的警戒区。组织人员对沿河两岸或湖泊进行警戒，严禁取水、用水、捕捞等活动。

②环境清理。现场可沿河筑建拦河坝，防止受污染的河水下泄。然后向受污染的水体中投放大量生石灰或次氯酸钙等消毒品，中和氰根离子。如果污染严重的话，可在上游新开一条河道，让上游来的清洁水改走新河道。

微溶或不溶的腈类液体泄漏水中时（如密度大于水的苯乙腈），应在河底或湖底位于泄漏地点的下游开挖收容沟或坑，并在下游筑堤防止向下游流动。对于密度小于水的腈类液体（如戊腈、苯乙腈），应尽快在泄漏水体下游建堤、坝，拉过滤网或围漂浮栅栏，减小受污染的水体面积。

③水质监测。监测人员及现场处理人员应佩戴橡胶耐油防护手套。

（2）陆上泄漏的应急处理。

①现场控制与警戒。在消防或环保部门到达现场之前，操作人员在保证自身安全前提下，利用堵漏工具或措施进行堵漏控制。人员进入现场可使用自吸过滤式防毒面具。一定要禁止泄漏物流入水体、地下水管道或排洪沟等限制性空间。禁止无关人员、车辆进入。

②现场处理。小量泄漏时，应急人员可使用活性炭或其他惰性材料吸收，也可用大量水冲洗，冲洗水稀释后放入废水处理系统。

大量泄漏时，可借助现场环境，通过挖坑、挖沟、围堵或引流等方式使泄漏物汇聚到低洼处并收容起来。建议使用泥土、沙子作收容材料。可以使用抗溶性泡沫、泥土、沙子或塑料布、帆布覆盖，降低氰化物蒸汽危害。喷雾状水或泡沫冷却和稀释蒸汽，以保护现场人员。

2. 硫化氢泄漏处置

将泄漏污染区人员迅速撤离至上风处，并立即进行隔离。通常情况下，小量泄漏时隔离半径 150 m，大量泄漏时隔离半径 300 m。消除所有点火源，禁止无关人员出入。

建议应急处理人员戴自给正压式呼吸器，穿防静电工作服，从上风处进入现场，确保自身安全才能现场处理。

合理通风，加速扩散，并用喷雾状水稀释、溶解，禁止用水直接冲击泄漏物或泄漏源。

构筑围堤或挖坑，收容产生的大量废水，利用三氯化铁处理。

3. 氯气泄漏处置

将泄漏污染区人员迅速撤离至上风处，并立即进行隔离。通常情况下，小量泄漏时隔离半径 150 m，大量泄漏时初始隔离半径 450 m。建议应急处理人员戴自给正压式呼吸器，穿防毒工作服，尽可能切断泄漏源。

泄漏现场应去除或消除所有可燃和易燃物质，所使用的工具严禁沾有油污，防止发生爆炸事故。防止泄漏的液氯进入下水道。合理通风，加速扩散。

喷雾状碱液吸收已经挥发的氯气，防止其大面积扩散。严禁在泄漏的液氯钢瓶上喷水。构筑围堤或挖坑收容所产生的大量废水。

4. 液氨泄漏处置

(1) 少量泄漏。防止吸入、接触液体或蒸汽。处置人员应使用呼吸器，加强通风，在保证安全情况下堵泄。

泄漏的容器应转移到安全地带，在确保安全情况下才能打开阀门泄压。

可用沙土、蛭石等惰性吸附材料收集和吸附泄漏物。

(2) 大量泄漏。撤离区域内所有未防护人员到上风向。处置人员应穿全身防护服，使用呼吸器，消除附近火源。

禁止接触或跨越泄漏的液氨，防止泄漏物进入阴沟和排水道，增强通风。场内禁止吸烟和明火。喷雾状水，以抑制蒸汽或改变蒸汽云的流向，但禁止用水直接冲击泄漏的液氨或泄漏源。

资料2：水上油泄漏处置

1. 水上油泄漏事故特点

(1) 随水流漂移，扩散速度快。

(2) 涉及面广，污染面大，遇明火极易形成大面积火灾，造成灾难。

(3) 受船舶的影响，造成泄漏物向两岸扩散。

(4) 危险源较多，并难以控制。

2. 水上油泄漏处置的措施

(1) 通知水上航政部门实行水域管制，命令难船向安全水域转移。

(2) 通知沿岸单位严密监视险情，加强防范。

(3) 组织水陆消防力量，采取止漏、圈围、拦截等措施，控制扩散蔓延。

(4) 对水面泄漏物用油泵进行吸附、输转，用油脂分解剂降解，难以实施吸附、降解且严重污染环境时可采取点燃措施。

(5) 船上泄漏或爆炸燃烧的具体处置方法与陆地相同。

资料 3：河流水污染应急处理方案及相关技术

（1）污染物限产限排、停产停排应急方案。根据河流干流及支流的流量，以及断面水质的监测指标超过一定的阈值，在污染源调查的基础上，确定该区域污染物限产限排、停产停排的单位，关停搬迁，或采用河岸截污。

（2）调水应急方案。根据断面"水环境临界流量"，加大水库放水流量，合理调度输水量实施水利调控措施，增加下游河道流量补给。

（3）取水点保护措施。根据取水点污染的程度，采取停水、减压供水、改路供水，通知沿途居民停止取水、用水，启用备用水源，交通管制，疏散人群，保护高危人群等措施。

（4）污染水体疏导措施。实行分流或导流，开关相关的闸口，将受污染水体疏导排放至安全区域，降低污染物浓度和影响程度。

（5）限量用水方案。实施应急期间用水大户限产或限量用水方案，压缩工业用水和农业水，采取拦污、导污、截污措施，减少污水排放量。

（6）备用水源的准备。根据水污染预警信息，提前做好水源备用和防止重大供水污染事故的应急工作，保证水厂水质。

（7）相关技术。沿河筑建堤坝收集（主要针对堤坝发生的污染事故，沿河防止液体化学品扩散到水中）。

①拦截。如油类、漂浮物。

②改道。将受污染的水体与干净的水体分开。

③桥梁防泄漏收集系统。这主要是针对在桥梁及跨河高速公路上发生的翻车事故所采取的工程技术措施。

④围堤、稀释、中和。如酸类或碱类污染物。

⑤氧化还原。如氰化物、氨氮、有机物等。

⑥沉淀。如重金属离子等。

⑦吸附和吸收。如有机液体、油类等。

⑧消毒。如微生物和寄生虫等。

模块二　环境污染纠纷的调查与处理

【能力目标】

- 能按法律规定调解处理环境污染纠纷；
- 能正确选择调解方式和程序。

【知识目标】

- 理解环境污染纠纷产生的原因、解决途径和处理原则；
- 熟悉处理环境污染纠纷的操作程序和注意事项。

一、环境污染纠纷

（一）概念

环境污染纠纷是指因环境污染引起的单位与单位、单位与个人或个人与个人之间的矛盾和冲突。这种纠纷通常都是由于单位或个人在利用环境和资源的过程中违反环保法律规定，污染和破坏环境，侵犯他人的合法权益而产生的。

（二）性质

环境污染纠纷主要性质是一种民事侵权纠纷，在一般污染事件和污染事故中，只要污染存在民事侵权行为，都可能产生环境污染纠纷。环境污染纠纷一般可以通过协商的方式予以疏导，化解矛盾，妥善解决。

企事业单位内部引起的环境污染纠纷和因公伤害问题不能称为环境污染纠纷，那是属于工厂内部劳动保护关系，应由劳动法调整。要构成污染纠纷，还应有污染物、污染源、防治管理标准、影响、危害等一些定量的条件。

（三）产生的原因

环境污染纠纷产生的原因错综复杂，大致有以下原因：

（1）经济建设布局不合理，规划失控，环境保护欠债太多。许多老的污染企业和经济欠发达的小城市产生污染纠纷多属于这种情况。部分新建排污单位没有留足卫生防护距离，也是形成环境污染纠纷的原因之一。

（2）违反建设项目环境影响评价制度和"三同时"规定，产生新的污染源。许多乡镇、街道、个体企业和"三产"企业，产生污染纠纷多属于这种情况。

（3）许多排污者因管理不善或设备陈旧，生产过程中跑、冒、滴、漏现象严重，经常对周围单位和群众产生污染危害。

（4）排污者法制观念淡薄，无视环境保护法律、法规的规定。不仅不积极治理污染，还经常偷排偷放各种污染物，产生环境污染纠纷。

（5）数量众多的饮食、娱乐、服务企业与居民和单位相邻很近或者就在同一座楼内、楼上和楼下，产生的油烟、噪声、异味扰民影响很大，是大部分污染纠纷产生的原因。

（6）人民群众生活水平改善，环境法制观念和环境意识迅速提高，对不良环境状况的危害有了更深刻的认识，而另一方面也会因缺乏环境科学知识而侵犯他人权益造成环境污染纠纷。

二、环境监察机构的责任

在环境污染事件的行政处罚和污染纠纷的调查处理中，环境监察机构应依法办事，按相关环境污染防治法律法规进行严格的处罚。但是，在许多污染事件和污染事故中都不同程度地存在环境污染损害和赔偿问题，即环境污染纠纷问题。

环境监察的工作职责之一是调解环境污染纠纷。对于产生的环境污染纠纷事件和群众在来信来访中涉及的污染事件，有责任进行调查、处理和调解。

在环境污染纠纷中如存在违反环境法律法规的行为，环境监察机构必须对环境违法行为进行行政处罚，这是追究违法行为的行政法律责任问题，不属于调解污染纠纷的问题。在环境污染纠纷事件中，对造成污染影响和损害的责任方，环境监察人员应观点鲜明地确定其民事责任，制止其污染行为，责令其消除影响，并对污染造成损害的赔偿进行行政调解。

三、处理环境纠纷的法律规定

（1）适用行政调解程序。

环境监察机构在处理环境污染纠纷时执行行政调解程序。以法律法规为依据，以当事人双方自愿为原则，促使双方当事人友好协商，达成协议，化解矛盾。

行政调解的主要特征是：

①以双方当事人自愿为原则。包括：自愿决定是否采取调解方式来解决争议，自愿决定是否达成协议，自愿决定是否接受协议。环境监察机构不能强制当事人接受调解，也不能强制当事人接受某种决定。

②以当事人提出申请为前提。

③行政调解性质属于行政机关对当事人之间的民事侵权争议的调解处理。

④行政调解不成不发生效力。如果对环境监察机构做出的调解协议，某一方当事人不接受，则调解协议不发生效力。

⑤对行政调解不服，当事人不能告调解机构。当事人对环境监察机构就污染纠纷所作的行政调解不服的，可以就加害方向人民法院提起民事诉讼。但是不能对行政调解协议提出行政复议，也不能以环保部门作为被告提起行政诉讼。

（2）造成环境污染危害，应当排除危害，赔偿损失。

《民法通则》第一百二十四条规定："违反国家保护环境防治污染的规定，污染环境造成他人损害的，应当依法承担民事责任。"《环境保护法》《环境影响评价法》《大气污染防治法》《水污染防治法》《海洋环境保护法》《固体废物污染环境防治法》《环境噪声污染防治法》等法律，也作出了污染损害赔偿的规定。这些规定和其他有关规定明确了污染加害人的赔偿义务，同时也给予了受害人要求赔偿的法律依据。

（3）实行"无过错责任"原则。

为了保证对污染受害人的赔偿，法律规定了对污染损害赔偿实行"无过错责任"原则。

《民法通则》第一百零六条规定了由于过错而造成他人损害应承担民事责任后，明确规定"没有过错，但法律规定应承担民事责任的，应当承担民事责任"。其目的就是保证受害人可以切实得到救济。

（4）为了保证对污染受害人的赔偿，实行连带责任。

《民法通则》第一百三十条规定："二人以上共同侵权造成他人损害的，应当承担连带责任。"

（5）为了保证对污染受害人的赔偿，实行全部赔偿原则。

以使加害人占不到便宜，使受害人得到充分补偿，所谓全部赔偿，即应当赔偿因污染环境给他人造成的一切损失，包括直接损失和间接损失。主要包括：

①公私财产遭受污染或破坏的损失；

②受害者在正常清况下可以获得因环境污染破坏而未获得的利益；

③以往在被污染破坏的自然环境而花费的物质和劳动消耗；

④为消除污染后果，恢复污染破坏的自然环境而需要付出的费用。根据《民法通则》第一百一十九条的规定，因污染环境造成他人身体伤害的，应当赔偿医药费、因误工减少的收入、伤残者生活补助费等费用；造成死亡的，还应当支付丧葬费、生者死前抚养的人必要的生活费用。

（6）为保护受害人的合法权益，实行被告举证原则。

《最高人民法院关于适用〈中华人民共和国民事诉讼法〉若干问题的意见》指出：在因环境污染引起的损害赔偿诉讼中，对原告提出的侵权事实，被告否认的，由被告负责举证。环保部门和其他行使环境监督管理权的行政机关在调解处理民事纠纷时，也实行这种被告举证原则。

四、环境污染纠纷的解决途径

跟据我国现行法律规定，环境污染纠纷的解决主要有以下四个阶段：

（一）双方当事人自行协商解决

在实际生活中，常有当事人自行协商解决环境纠纷的事例。注意，当事人协商解决纠纷也必须遵守法律，必须遵守诚实信用的原则，而且一旦一方当事人发现对方不遵守法律，没有诚意，应当及时地依照法定程序去解决，可以申请环境执法机关调解处理，也可以直接诉诸法院，以便及时合理合法地解决纠纷。

（二）环境执法行政机关调解处理

双方协商，长期不能缓解矛盾，污染纠纷通过来信来访反映到环保部门和其他有关部门，由环保部门邀请有关单位和矛盾双方进行座谈予以调处。

调解处理要注意如下 3 点：

（1）这里的"处理"是环境执法机关对民事权益争议进行调解，没有处罚的意思。如果当事人不服，即意味着调处不成。在这种情况下，如果当事人向法院起诉，即构成民事诉讼案件，而不是行政诉讼案件。诉讼当事人（原告和被告）仍是环境纠纷的双方当事人，不能把进行调解处理的环境执法机关当作被告。

（2）对环境纠纷进行行政调处，以当事人的请求为前提，即进行行政调处必须根据当事人的请求；调处过程中，一方当事人提出的请求，应征得另一方当事人的同意，否则调处无效。

（3）上述规定中虽然只明确了民事责任中"赔偿责任和赔偿金额的纠纷"，实际上民事责任也包括排除危害的纠纷。

（三）司法处理

当事人不服行政调处和仲裁处理，或矛盾已经发展到公私财产与人身权益受到危害，就要按司法程序解决矛盾，由人民法院按民事诉讼程序处理污染纠纷案件。可以是当事人向人民法院起诉，也可以由环保部门提请人民法院进行处理。

另外，《环保法》第五十八条规定了对污染环境、破坏生态，损害社会公共利益的行为，符合下列条件的社会组织可以向人民法院提起诉讼：

（1）依法在设区的市级以上人民政府民政部门登记；

（2）专门从事环境保护公益活动连续五年以上且无违法记录。

符合前款规定的社会组织向人民法院提起诉讼，人民法院应当依法受理。

提起诉讼的社会组织不得通过诉讼谋取经济利益。

（四）通过仲裁程序解决

仲裁程序只适用于涉外性的海洋环境污染损害赔偿案件，不适用于一般污染损害赔偿案件。有时有些地方也尝试采用仲裁形式解决污染纠纷，目前还有待发展完善。

以上 4 种环境污染损害赔偿纠纷的方式，是相互联系、相互补充的，各有优劣，都发挥了很好的作用。

五、环境污染纠纷调查处理流程

（一）登记审查

环境监察机构调处环境污染纠纷以当事人的请求为前提。环境监察人员接到当事人书面或口头申请，应先接受登记。环境监察机构对人大、政协有关环境污染和生态破坏的提案、群众的污染举报、环保部门承接的来信来访也要先进行登记。环境监察人员在现场检查和行政执法过程中，对于当事人书面或口头申请，不管是否有权管辖、反映的情况是否属实、是否符合立案条件，都应认真登记备案，然后对是否立案进行审查。审查的内容包括：

1. 管辖权审查

首先，审查是否属本部门管辖，其次，查级别管辖和地域管理问题。①县级环境执法机关负责调处本行政区内的环境污染纠纷；市级环境执法机关管辖本行政区域内重大环境污染纠纷的调处。②上级环境执法机关对所属下级环境执法机关管辖的环境纠纷有权处理；也可以把自己管辖的环境污染纠纷交下级环境执法机关处理。③跨行政区域的环境污染纠纷，涉案各方面都有权管辖，但由被污染所在地（发生地）环境行政执法机关管辖，双方管辖发生争议的，由双方协商解决。不成的，由其共同的上级环境执法机关管辖。

2. 时效审查

《环保法》第六十六条规定："提起环境损害赔偿诉讼的时效期间为三年，从当事人知道或者应当知道其受到损害时起计算。"调处环境污染纠纷也适用此时效期间的规定。

3. 审查有无具体的请求事项和事实依据

环境监察机构受理的污染纠纷调解申请，申请方必须申明引起纠纷的具体事项，还需提供相应的污染损害或污染影响的相应证据，以防止望风捕影。

（二）立案受理

是否立案受理最迟应在接到申请之日起 7 日内作出决定。对不符合受理条件的，告知当事人其解决问题的途径。对符合立案受理条件的，正式立案受理。环境监察机构发出受理通知书，同时将受理通知书副本送达被申请人，要求其提出答辩，不答辩的，不影响调处。在以下情况下，即使环保部门有管辖权，也不能受理：

（1）人民法院已经受理的环境污染纠纷；

（2）其他有权管辖的部门已经受理的重大环境污染纠纷；

（3）下级环境执法机关已经受理辖区内的环境污染纠纷；

（4）上级环境执法机关或人民政府已经受理的重大环境污染纠纷；

（5）行为主体无法确定的环境污染纠纷；

（6）因时过境迁，证据无法收集，也不可能收集到的环境污染纠纷；

（7）超过法定期限的环境污染纠纷。

（三）调查取证和鉴定

环境监察机构在案件受理后，除了对当事人双方提供的证据进行审核外，还要依法客观、公正、全面地收集与案件有关的证据，调查核实污染事实，需要专业技术鉴定的，还要请相关部门（如环境监测站）作出鉴定，这里特别要注意证据的合法性和有效性问题。

（四）审理

（1）对调查取得的证据、信息及双方当事人提供的证据进行汇总分析，理顺案情，辨明是非，分清责任。

（2）调解。如果双方当事人都愿意接受调解，应召集双方当事人进行调解；当事人双方自愿达成协议的，应签订《环境污染纠纷调解协议书》，一式三份，在协议书上签字盖单位公章后送双方当事人。如果有一方当事人不愿意接受调解，对双方又无违法行为须查处的，告知当事人可以通过民事诉讼途径解决环境污染纠纷，调处结束。

（五）结案

（1）调解成功。双方当事人通过调解达成协议的，并写出纠纷处理过程的结案报告。环境保护部门作为见证人，留一份协议存查。

（2）调解不成。在告知双方当事人可采取民事诉讼途径解决之后．写出结案报告。

（六）立卷归档

将全部材料及时整理，装订成卷，按一案一卷要求存档备查。

六、解决赔偿问题的几个注意事项

（1）构成环境污染损害赔偿的要件。

根据法律、法规规定，构成环境污染损害赔偿的要件有 3 条：

①意识行为实施了排污行为，即把污染物排入环境的事实。

②引起环境污染并产生了污染危害后果，危害后果主要表现为两种形式，第一种形式是造成财产损失，例如，因向水体排放污染物引起养殖水域污染并导致

鱼虾死亡，或因向环境排放大气污染物使周围农作物枯萎而减产；第二种形式是造成人身伤害或死亡，如因污染了饮用水水源的水质使饮水人中毒或者死亡，因排放高浓度有毒有害气体造成周围居民中毒伤亡等。

③排污行为与危害后果之间有因果关系。

具备了以上3条，排污单位就必须赔偿受害者由于污染危害造成的一切损失。

排污单位达标排放造成的污染损失符合以上3条，同样应负赔偿责任。

（2）在排污行为与危害后果之间的因果关系变化后的以下3种情况，排污单位不负赔偿责任。

第一种情况是由于不可抗拒的灾害，如地震、海啸、台风、山洪、泥石流等，尽管已经及时采取了力所能及的合理措施，仍然无法避免发生环境污染，并造成损失，免除污染者承担污染责任和赔偿责任。

第二种情况是由于第三者的过错引起污染损失的，应由第三者承担责任。如某人挖升某工厂贮存污水的水池，便污水灌入他人农田造成农作物损害，挖池人承担责任，而工厂不承担责任。

第三种情况是由于受害者自身责任引起污染损害的，由受害者自己承担责任。如农民不听企业的劝阻和制止，擅自或强行将企业排放的废水引入农田灌溉或引入鱼塘、养殖水域而造成损害，则企业不承担污染损失的责任。

（3）环境污染纠纷赔偿金额的确定方法。

环境污染损害的赔偿责任是因环境污染而产生的。从这个意义上说，造成污染的单位应该全部赔偿受害单位或个人的经济损失，损害多少赔多少。只有这样，才能有效地制裁违法行为，使受害人的损害得到全部补偿。

损害赔偿金额一般应包括受害者遭受的全部损失；受害者为消除污染和破坏实际支付或必须支付的费用；受害者因污染损害而丧失的正常效益。但在实行全部赔偿原则的同时还必须兼顾加害人无力全部赔偿和涉外应按国际条例规定的两种情况。环境污染赔偿金额的确定经常采用以下几种方法和原则：

①考虑当事人经济能力的原则。实行完全赔偿与考虑当事人经济能力相结合的原则，酌情确定赔偿金额。

②直接计算法。首先，确定受污染损害的范围和项目；其次，确定污染程度与受害时的效应关系；最后，用货币进行经济评估。

③环境效益代替法。某一环境单位受污染后，完全丧失了功能，其损失费用可以借助能提供相同环境效益的工程来代替，这个方法也可以称为"影子工程法"。

④防治费用法。防治费用即为防治污染采取防护和消除污染设施而支付的费用。由于环境污染造成损害而进行赔偿，经常遇到的是厂矿企业排放污染物造成农、林、牧、副的损失及人体健康危害。此类情况在具体确定金额时，首先，实地勘察污染受害面积、受害物的种类、数量，受害禽畜、鱼类的数量和病情，以及它们在正常年景的平均产量。其次，按当年的合理价格计算应赔偿的基本金额。同时还应考虑受污染危害者根治污染．减轻污染危害等所需人工、材料等金额，即治理污染的补偿金额。

厂矿企业因污染环境而使群众身体健康受到严重损害时，应尽赔偿责任，其赔偿金额应包括受害人的医院检查、确诊费用，恢复健康而耗费的医疗费用、因检查和治疗所误工费用、转院治疗的路费和住宿费、护理误工费，因环境污染而致残、残疾或丧失劳动力，则应承担生活费用；如受害人丧失生活能力，经医院证明长期需有人照料，则不仅需要承担受害人的生活费用，还要按国家有关规定承担陪护人的生活费用，同时还应考虑受害人提出的其他合理的赔偿要求。

【思考与训练】

（1）环境污染纠纷的行政调解要遵循什么原则？

（2）环境污染纠纷有哪些解决途径？

（3）环境污染纠纷的金额赔偿如何确定？

（4）技能训练。

任务来源：按照情境案例 2 提出的要求完成相关任务。

训练要求：根据案例分析任务，4～5 人一组，分组讨论完成。

项目七　环境监察信息化管理

【任务导向】

工作任务 1　污染源在线监控运行与管理

工作任务 2　环境监察信息化管理

【活动设计】

在教学中，以信息化项目工作任务确定教学内容，以模块化知识构建课程教学体系，开展"导、学、做、评"一体教学活动。以环境监察信息化管理为任务驱动，采用现场教学法、启发式教学法等形式开展教学，通过课业训练和评价达到学生掌握专业知识和职业技能的教学目标。

【案例导入】

情境案例 1："十一五"期间，环境保护任务不断加重，给环境执法工作提出了更高的要求。全国 5 万多环境监察人员要对数十万家工业企业、70 多万家"三产"企业、几万个建筑工地进行日常监督管理，生态监察和农村监察工作量更大。如果环境监察手段仍然停留在人盯人的水平上，是无法真正做到监管到位的。实施污染源自动监控，可以大大减少现场检查次数，提高执法效能。污染源自动监控系统使环境监察部门能够以最快的速度及时处理企业的违规行为，从而保证了环境监察工作的时效性和权威性。

整个监控系统将基于 GIS 平台。监控系统能利用先进的通信方法，将排污现场的超标报警信息及时地传输到环保局相应的应用软件系统，系统在接到报警信息后，直接在应用系统的 GIS 地图上显示排污超标发生的地点、排污数据、相关企业信息、污染类型，并将相关信息通过手机短信方式发送到指定检查人员手中，及时通知检查人员，防止污染事故的扩大。

系统数据传输可以兼容多种通信方式，采用电话网络、ADSL、CDMA/GPRS 或光纤等将现场监测仪器采集的排污数据上传到环保局中心的计算机，通过监控中心系统软件实现对污染源的实时监控。

工作任务：

（1）说明污染源自动监控系统有哪些部分组成？

（2）在当地环境监察机构学习操作污染源自动监控系统的运行与管理。

情境案例 2：随着我国社会经济的高速发展，我国也已进入环境污染事故的高发期，防控突发环境事件的形势十分严峻，松花江水污染事件、广东北江严重镉污染事件、贵（阳）新（寨）高速公路液态氨泄漏事件……在很短的时向内，全国各类事故引发的环境事件就多达数十起，频频发生的环境事件成为媒体和公众关注的焦点，政府开始重视环保部门监管体系的效率和对突发事故的应急能力建设。

国家环境保护总局为了加强社会监督，防止污染事故的发生，鼓励公众举报并及时查处各类环境违法行为，决定在全国开通统一的环保举报热线，并委托北京长能科技公司研制开发了"环保举推信息自动管理系统"。该系统能够实现群众举报的自动受理、自动记录、自动转办、交办、自动查询、统计、应急处理等功能，并将在全国联网运行。同时，国家信息产业部为国家环境保护总局核配"12369"作为全国统一的环保投诉举报电话号码。

工作任务：

（1）作为接线的环境监察员，接听"12369"举报电话后，应该如何处理？

（2）生活中发现环境违法行为，试着拨打"12369"举报电话，体验环境监察机构如何受理？

模块一　污染源在线监控系统运行管理

【能力目标】

- 认知污染源自动化监控系统；
- 基本能承担企业污染源排放自动监控设施的操作和维护。

【知识目标】

- 了解污染源自动化监控系统的构成和操作功能；
- 了解污染源自动化监控系统的数据传输和异常情况处理。

一、污染源自动监控系统管理

污染源自动监控系统是利用自动监控仪器技术、计算机技术和网络通信技术，对排污单位的废水、废气排放口的排放量和主要排污因子的浓度等指标实现连续自动监测，自动采集监测数据，自动远程传输至各级环保管理部门并自动分析处理的系统。

污染源自动监控系统的开发和建设是为适应污染物总量控制工作的需要，满足工业污染源排放的定量化和自动化监督管理工作的需要，强化现场执法、污染源监控和环境监察办公自动化信息化手段，由原国家环保总局主持开发。该系统通过对污染源实施分级监控和基本数据的采集，为环境现场执法、"排污收费"和污染源治理提供数据支持，为实施总量控制、"节能减排"、改善环境打下基础，同时强化对污染源的现场监督反应能力，实现环境执法的科学化、规范化和信息化。

污染源自动监控系统的建设是环境管理引入现代化手段的必然结果。

（一）污染源自动监控系统特点

（1）主要完成重点污染源在线监控中心的基本功能，全天候在线监控重点污染源污染物排放情况及污染处理设施运行情况，包括污染源自动监控及污染源报警。

（2）污染源在线监测与报警系统与地理子系统结合。将污染源信息展现在电子地图中，实现实时、直观、动态、可视化的环境监控。可以快速检索出相关污染源。

（3）在数据通信传输方式上采用无线（GSM/GPRS）方式，通过 GPRS 实现污染源数据 24 小时在线，同时减容有限（PSTN/ADSL）提供给 GPRS 通信信号不能覆盖的地区使用，将现场在线监测仪器采集的排污数据上传到环保局数据服务器，实现各重点污染源的联网。

（4）具有监控报警和反向控制功能。当发生排污超标、流量超标、治理设施运行异常等事件，现场适配器能自动识别事件类型，自动报警告知监察机构。监测数据 24 小时全天候，大大减少人工，提高工作效率。

（二）污染源自动监控组成

污染源自动监控系统，由自动监控设备和监控中心组成。

在线监控设备是指在污染源现场安装的用于监控、监测污染物排放的仪器、流量（速）计、污染治理设施运行记录仪和数据采集传输仪等仪器、仪表。在线监测仪器能够监测污染源污染物数据浓度，流量（速）计能够连续不断地记录污染物流量，污染治理设施运行记录仪则能够实时监控排污企业污染治理设施的开关情况。

监控中心是指环保部门通过通信传输线终端与自动监控设备连接，用于对重点污染源实施自动监控的软件和硬件，硬件主要包括服务器、污染源端数据接收专用设备、显示与交互系统、监控网络基础环境、网络安全系统等，软件由服务器操作系统与数据库软件（市售）、污染源基础数据库、监控操作应用系统、数据传输与备份系统，网络安全等。

（三）污染源自动监控职责与分工

（1）环保部负责指导全国重点污染源自动监控工作，制定有关工作制度和技术规范。

地方环境保护部门确定需要自动监控的重点污染源，制订工作计划。

（2）环境监察机构负责：

①参与制订工作计划，并组织实施；

②核实自动监控设备的选用、安装、使用是否符合要求；

③对自动监控系统的建设、运行和维护等进行监督检查；

④本行政区域内重点污染源自动监控系统联网监控管理；

⑤核定自动监控数据，并向同级环保部门和上级环境监察机构等联网报送；

⑥对不按照规定建立或者擅自拆除、闲置、关闭及不正常使用自动监控系统的排污单位提出依法处罚的意见。

（3）环境监测机构负责：

①指导自动监控设备的选用、安装和使用；

②对自动监控设备进行定期比对监测，提出自动监控数据有效性的意见。

（4）环境信息机构负责：

①指导自动监控系统的软件开发；

②指导自动监控系统的联网，核实自动监控系统的联网是否符合环保部制定的技术规范；

③协助环境监察机构对自动监控系统的联网运行进行维护管理。

（四）自动监控系统的建设

（1）列入污染源自动监控计划的排污单位，应当按照规定的时限建设、安装自动监控设备及其配套设施，配合自动监控系统的联网。

（2）新建、改建、扩建和技术改造项目应当根据经批准的环境影响评价文件的要求建设、安装自动监控设备及其配套设施，作为环境保护设备的组成部分，与主体工程同时设计、同时施工、同时投入使用。

（3）自动监控设备的建设、运行和维护经费由排污单位自筹，环保部门可以给予补助；监控中心的建设和运行、维护经费由环保部门编报预算申请经费。

（五）建设自动监控系统必须符合的要求

（1）自动监控设备中的相关仪器应当选用经环保部指定的环境监测仪器检测机构适用性监测合格的产品；

（2）数据采集和传输符合国家有关污染源在线自动监控（监测）系统数据传输和接口标准的技术规范；

（3）自动监控设备应安装在符合环境保护规范要求的排污口；

（4）按照国家有关环境监测技术规范，环境监测仪器的比对监测应当合格；

（5）自动监控设备与监控中心能够稳定联网；

（6）建立自动监控系统运行、使用、管理制度。

（六）自动监控系统的运行和维护应当遵守的规定

（1）自动监控设备操作人员应当按国家相关规定，经培训考核合格持证上岗；

（2）自动监控设备的使用、运行、维护符合有关技术规范；

（3）定期进行比对监测；

（4）建立自动监控系统运行记录；

（5）自动监控设备因故障不能正常采集、传输数据时，应当及时检修并向环境监察机构报告，必要时应当采用人工监测方法报送数据。

自动监控系统由第三方运行和维护的，接受委托的第三方应当依据《环境污染治理设施运行资质许可管理办法》的规定，申请取得环境污染治理设施运营资质证书。

（七）自动监控设备的维修、停用、拆除或者更换手续

自动监控设备需要维修、停用、拆线或者更换的，应当事先报经环境监察机构批准同意。

环境监察机构应当自收到排污单位的报告之日起 7 日内予以批复；逾期不批复的，视为同意。

二、污染源自动监控系统运行

（一）系统作用

污染源自动监控系统能及时掌控各重点污染源污染物排放及污染治理设施运行情况。管理人员可即时调整信息采集、传送频率与其他参数，在前端监控设备支持的前提下，实现对其进行远程控制和操作，发送远程采样等指令。

系统主要用于对企业排污、污染治理设备及监测、监控设备进行实时监控。当发生排污超标、治理设施停运等异常事件时，现场数采仪自动识别事件类型，报送环境监察机构，并告知事件内容。

污染源自动监控系统包括：

①污染源实时监控报警系统可监测事件：

②数采仪关闭、掉电事件；

③污染治理设施关闭事件；

④污染治理设施掉线事件；

⑤流量计关闭事件；

⑥污染因子监测设备关闭事件；

⑦实时排污浓度超标事件。

(二) 污染源自动监控系统结构图

污染源自动监控系统主要包括污染源监控中心、传输网络以及企业现场端监控设备三部分，自动监控设备是在污染源现场安装的用于监控、监测污染物排放的仪器、流量（速）计、污染治理设施运行记录仪和数据采集传输仪等仪器、仪表。危险废物转移通过扫二维码进行全过程跟踪监管。污染源监控中心通过传输网络与现场端设备交换数据、发起和应答指令。具体见图 7-1～图 7-4。

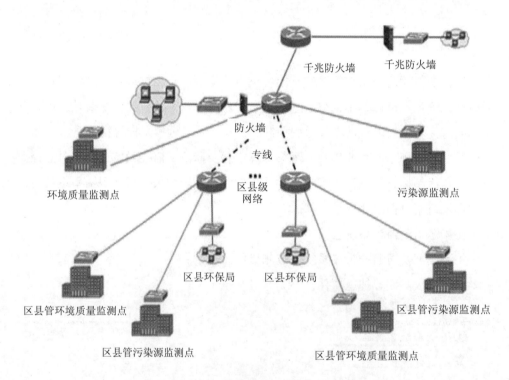

图 7-1　某市市、区环境监测专网拓扑图

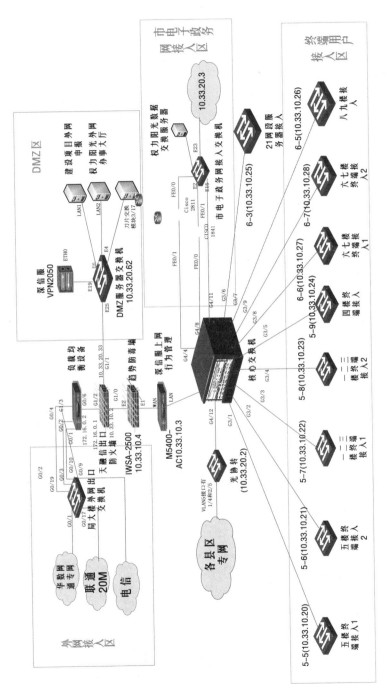

图 7-2 某市数字环保主干网络拓扑图

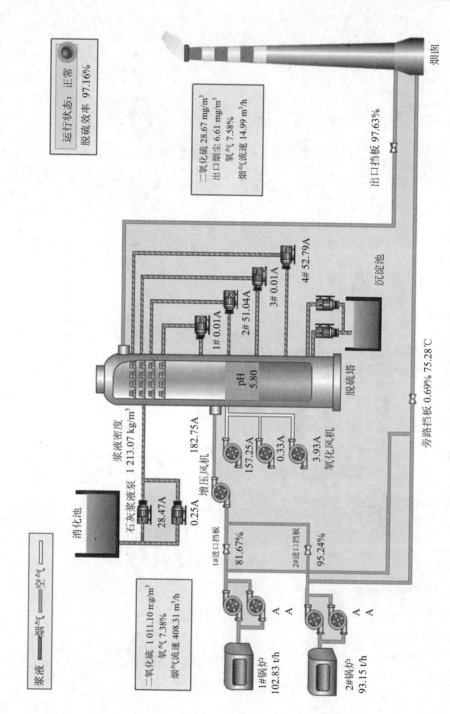

图 7-3 某电厂废气治理设施全过程在线监管示意图

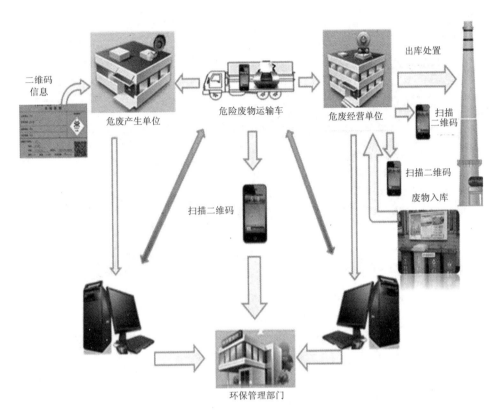

图 7-4　某市危险废物转移全过程监管网络示意图

（三）数据传输网络结构

　　环境监察机构负责污染源监控系统的日常业务运行，对污染源现场和环境污染事故现场进行执法或调查。环境监察监控中心端污染源在线监控大厅见图 7-5。

图 7-5　某环境监察监控中心端污染源在线监控大厅效果图

（四）系统功能操作

重点污染源自动监控系统应能实现以下功能：

（1）GIS 基本操作。基本功能：窗口放大、缩小、移动、复位、更新、消除等；点位查询、信息查询；图形/数据库编辑。

（2）企业基本信息。显示选择企业保持数据的同步性。

（3）企业点定位。在 GIS 界面上定位一个企业的坐标，可以很直观地在 GIS 界面上看到一个企业的位置。从 GIS 界面获得地理坐标，作出企业坐标并保存在企业信息表中。

（4）在线监测数据。根据用户选择不同的企业，在界面上连动显示该企业对应的在线监测数据。在线监测数据包括：监测日期、排放口流量、污染物浓度。

图 7-6　某污染源废水治理设施在线监控视频画面

（5）设备运行时间。根据用户选择不同的企业，在界面上通过图形和数据结合的方式显示出该企业在一天之中设备的运行时间。

（6）在线强制采样。根据用户选择不同企业，该企业的污染源数据的采集可以直接在截面上强制采样，通过 GPRS 联网测点定时发送实时数据即采集排放口流量数据和污染物浓度。

（7）数据主动上报和中心站轮巡采集功能。提供手动操作和定时轮巡采集数据的功能。

（8）设备状态显示。在 GIS 界面提供直观显示每台设备的通信状态。如红色表示超标，绿色表示正常，黄色表示设备不在线，方便用户对设备状态的快速、直观查询。

（9）远程控制和设置功能。系统应能适应已有的仪器的通信规约，根据已有通信规约进行远程控制与设置。远程控制与设置不应低于通信规约内所包含的功能集。

（10）反控功能。对于前端设备（如等比例分瓶水采样器或 COD 等）实现反控命令功能。即远程控制现场在线分析设备的采样、校时、开启、立即检测、采样时间设置、标定等。

（11）远程控制——参数设置。可以远程设置现场设备的上报周期、报警门限参数等，实现对自动监测设备进行远程控制和操作。

（12）远程控制——数据补采。可以远程控制现场仪器进行遗漏数据的人工、自动采集。

（13）远程控制——设备校准。可以远程对现场仪器设备进行量程校准、时钟校准。

（14）远程控制——及时采样。可以远程控制现场仪器进行采样分析。

（15）通信流量统计。按月统计每一个数采仪通信卡的月通信传输流量，为用户及时了解各个通信卡的通信费用提供帮助。

（16）数据审核处理功能。对原始数据进行必要的逻辑性审核，剔除无效数据或修订存在问题的数据，然后存储到数据中心的核定库中。

（17）污染源数据过滤。提供按行政区划、监测状态、河流过滤、行业过滤的条件由用户来进行选择过滤。

（18）企业检索。由于企业比较多，需要提供按照关键字的匹配进行模糊查询。

（19）污染源信息管理。对企业基本信息、污染治理设施、黑匣子、适配器、排放口等进行常规管理。

（20）污染源分布。主要用于对锅炉、排污口等污染源分布信息进行显示、查询和统计。例如，可按吨位、高度、用途等信息对锅炉分布进行不同的分层显示，每种类别使用不用的符号标志；可按吨位、高度、用途、地区分布等信息进行统计；可按不同的条件要求制作专题图。

（21）污染源在线数据监测。有线的数据采集需要通过电话线路通过 MODEM 拨号的方式，能够采集以前部分企业保存的有线适配器的数据。

（22）数据汇总。数据进行汇总，并把汇总数据存入汇总数据库中备上级采集调用和报表的输出。

（23）污染源数据分析。对于企业排放汇总数据（各种污染物排放量、污水排放量和治理设施运行时间），按指定的时段（年度、月度、周度、日）进行列表和图形方式分析，列表分析将以表格方式给出上述数据，而图形方式通过使用 3 种图形（直方柱状图、曲线图、饼图）直观地给出上述数据。

（24）连续一段时间内的数据分析。连续采集完一段数据后，可以在此模块中查看采集到的一段时间内的数据，显示的方式可以通过图形方式显示和列表方式显示。

（25）数据查询。可以将企业某时段内的污染数据用列表方式显示出来，是按照时间段进行查询的。

（26）掉电记录。在企业列表中选择要查询掉电记录的企业，然后选择起始和截止时间，系统就会从数据库中得到该时间段中掉电记录。根据用户的选择从数据中提取掉电记录，并且设置设施状态是开还是关。

（27）污染源无线监测。在监测点安装实时自动监控设备，负责监测污染。分析污染情况和传输监测数据。通过 GPRS 联网测点定时发送实时数据采集排放口流量数据和污染物浓度数据。比较监测数据与监测标准，判断是否超标。

（28）报表输出。该模块提供特定企业、区在特定时间段内（年度、季度、月度）的各种常用报表，并可查询各种常用的环境监察历史档案以及污染源监控报表。

（29）系统管理。管理人员能够分配系统用户功能模块的操作权限，能够查看系统的操作日志、恢复被删除企业，设置编码表信息。

以下是浙江省三级（省、市、县三级）重点污染源在线监控和建设装置局部现场图。

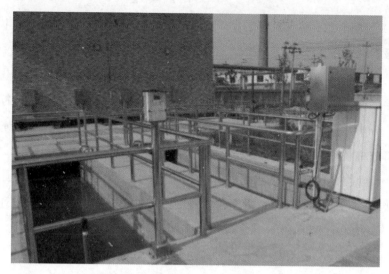

图 7-7　杭州富阳市某城市污水综合处理有限公司排污口自动检测仪

图 7-8　杭州建德市某香料厂排污口自动检测仪

图 7-9　嘉兴海盐县企业污水处理在线自动检测仪

图 7-10　湖州某纸业有限公司排污口在线监控

三、污染源自动监控设施监督检查

2011 年 12 月环境保护部发布了《污染源自动监控设施现场监督检查办法》，自 2012 年 4 月 1 日起施行。

（一）监督管理

（1）污染源自动监控设施建成后，组织建设的单位应当及时组织验收。经验收合格后，污染源自动监控设施方可投入使用。

排污单位或者其他污染源自动监控设施所有权单位，应当在污染源自动监控设施验收后 5 个工作日内，将污染源自动监控设施有关情况交有管辖权的监督检查机构登记备案。

污染源自动监控设施的主要设备或者核心部件更换、采样位置或者主要设备安装位置等发生重大变化的，应当重新组织验收。排污单位或者其他污染源自动监控设施所有权单位应当在重新验收合格后 5 个工作日内，向有管辖权的监督检查机构变更登记备案。

有管辖权的监督检查机构应当对污染源自动监控设施登记事项及时予以登记，作为现场监督检查的依据。

（2）污染源自动监控设施确需拆除或者停运的，排污单位或者运营单位应当事先向有管辖权的监督检查机构报告，经有管辖权的监督检查机构同意后方可实施。有管辖权的监督检查机构接到报告后，可以组织现场核实，并在接到报告后 5 个工作日内作出决定；逾期不作出决定的，视为同意。

污染源自动监控设施发生故障不能正常使用的，排污单位或者运营单位应当在发生故障后 12 小时内向有管辖权的监督检查机构报告，并及时检修，保证在 5 个工作日内恢复正常运行。停运期间，排污单位或者运营单位应当按照有关规定和技术规范，采用手工监测等方式，对污染物排放状况进行监测，并报送监测数据。

（3）下级环保部门应当每季度向上一级环保部门报告污染源自动监控设施现

场监督检查工作情况。省级环保部门应当于每年的 1 月 30 日前向环境保护部报送上一年度本行政区域污染源自动监控设施现场监督检查工作报告。

（4）污染源自动监控设施现场监督检查工作报告应当包括以下内容：

①辖区内污染源自动监控设施总体运行情况、存在的问题和建议；

②辖区内有关污染源自动监控设施违法行为及其查处情况和典型案例；

③污染源自动监控设施生产者、销售者和运营单位在辖区内服务质量评估。

（5）上级环境保护部门应当定期组织对本辖区内下级环境保护部门污染源自动监控设施现场监督检查的工作情况进行督查，并实行专项考核。

（6）污染源自动监控设施现场监督检查的有关情况，应当依法公开。

（二）现场监督检查

（1）对污染源自动监控设施进行现场监督检查，应当重点检查以下内容：

①排放口规范化情况；

②污染源自动监控设施现场端建设规范化情况；

③污染源自动监控设施变更情况；

④污染源自动监控设施运行状况；

⑤污染源自动监控设施运行、维护、检修、校准校验记录；

⑥相关资质、证书、标志的有效性；

⑦企业生产工况、污染治理设施运行与自动监控数据的相关性。

（2）污染源自动监控设施现场监督检查分为例行检查和重点检查。

监督检查机构应当对污染源自动监控设施定期进行例行检查。对国家重点监控企业污染源自动监控设施的例行检查每月至少 1 次；对其他企业污染源自动监控设施的例行检查每季度至少 1 次。

对涉嫌不正常运行、使用污染源自动监控设施或者有弄虚作假等违法情况的企业，监督检查机构应当进行重点检查。重点检查可以邀请有关部门和专家参加。

实施污染源自动监控设施例行检查或者重点检查的，可以根据情况，事先通知被检查单位，也可以不事先通知。

（3）污染源自动监控设施的现场监督检查，按照下列程序进行：

①检查前准备工作，包括污染源自动监控设施登记备案情况、污染物排放及污染防治的有关情况，现场检查装备配备等；

②进行现场监督检查；

③认定运行正常的，结束现场监督检查；

④对涉嫌不正常运行、使用或者有弄虚作假等违法行为的，进行重点检查；

⑤经重点检查，认定有违法行为的，依法予以处罚。

污染源自动监控设施现场监督检查结果，应当及时反馈被检查单位。

（4）现场监督检查人员应当按照有关技术规范要求填写现场监督检查表，制作现场监督检查笔录。

现场监督检查人员进行污染源自动监控设施现场监督检查时，可以采取以下措施：

①以拍照、录音、录像、仪器标定或者拷贝文件、数据等方式保存现场检查资料；

②使用快速监测仪器采样监测。必要时，由环境监测机构进行监督性监测或者比对监测并出具监测结果；

③要求排污单位或者运营单位对污染源自动监控设施的硬件、软件进行技术测试；

④封存有关样品、试剂等物质，并送交有关部门或者机构检测。

（三）法律责任追究

（1）排污单位或者其他污染源自动监控设施所有权单位，未按照本办法第七条的规定向有管辖权的监督检查机构登记其污染源自动监控设施有关情况，或者登记情况不属实的，依照项目三的模块二《水污染防治法》或者《大气污染防治法》的规定处罚。

（2）排污单位或者运营单位有下列行为之一的，依照《水污染防治法》或者

《大气污染防治法》的规定处罚：

①采取禁止进入、拖延时间等方式阻挠现场监督检查人员进入现场检查污染源自动监控设施的；

②不配合进行仪器标定等现场测试的；

③不按照要求提供相关技术资料和运行记录的；

④不如实回答现场监督检查人员询问的。

（3）排污单位或者运营单位擅自拆除、闲置污染源自动监控设施，或者有下列行为之一的，依照项目三的模块二《水污染防治法》或者《大气污染防治法》的规定处罚：

①未经环保部门同意，部分或者全部停运污染源自动监控设施的；

②污染源自动监控设施发生故障不能正常运行，不按照规定报告又不及时检修恢复正常运行的；

③不按照技术规范操作，导致污染源自动监控数据明显失真的；

④不按照技术规范操作，导致传输的污染源自动监控数据明显不一致的；

⑤不按照技术规范操作，导致排污单位生产工况、污染治理设施运行与自动监控数据相关性异常的；

⑥擅自改动污染源自动监控系统相关参数和数据的；

⑦污染源自动监控数据未通过有效性审核或者有效性审核失效的；

⑧其他人为原因造成的污染源自动监控设施不正常运行的情况。

（4）排污单位或者运营单位有下列行为之一的，依照项目三的模块二《水污染防治法》或者《大气污染防治法》的规定处罚：

①将部分或者全部污染物不经规范的排放口排放，规避污染源自动监控设施监控的；

②违反技术规范，通过稀释、吸附、吸收、过滤等方式处理监控样品的；

③不按照技本规范的要求，对仪器、试剂进行变动操作；

④违反技术规范的要求，对污染源自动监控系统功能进行删除、修改、增加、干扰，造成污染源自动监控系统不能正常运行，或者对污染源自动监控系统中存

储、处理或者传输的数据和应用程序进行删除、修改、增加的操作的；

⑤其他欺骗现场监督检查人员，掩盖真实排污状况行为。

（5）排污单位排放污染物超过国家或者地方规定的污染物排放标准，或者超过重点污染物排放总量控制指标的，依照项目三的模块二《水污染防治法》或者《大气污染防治法》的规定处罚。

（6）污染源自动监控设施生产者、销售者参与排污单位污染源自动监控设施运行弄虚作假的，由环保部门予以通报，公开该生产者、销售者名称及其产品型号；情节严重的，收回其环境保护适用性检测报告和环境保护产品认证证书。对已经安装使用该生产者、销售者生产、销售的同类产品的企业，环保部门应当加强重点检查。

（7）运营单位参与排污单位污染源自动监控设施运行弄虚作假的，依照《环境污染治理设施运营资质许可管理办法》的有关规定处罚。

（8）环保部门的工作人员有下列行为之一的，依法给予处分；构成犯罪的，依法追究刑事责任。

①不履行或者不按照规定履行对污染源自动监控设施现场监督检查职责的；

②对接到举报或者所发现的违法行为不依法予以查处的；

③包庇、纵容、参与排污单位或者运营单位弄虚作假的；

④其他玩忽职守、滥用职权或者徇私舞弊行为的。

（9）排污单位通过污染源自动监控设施数据弄虚作假获取主要污染物年度削减量、有关环境保护荣誉称号或者评级的，由原核定削减量或者授予荣誉称号的环境保护部门予以撤销。

排污单位通过污染源自动监控设施数据弄虚作假，骗取国家优惠脱硫脱硝电价的，环保部门应当及时通报优惠电价核定部门，取消电价优惠。

（10）违反技术规范的要求，对污染源自动监控系统功能进行删除、修改、增加、干扰，造成污染源自动监控系统不能正常运行，或者对污染源自动监控系统中存储、处理或者传输的数据和应用程序进行删除、修改、增加的操作，构成违反治安管理行为的，由环保部门移送公安部门依据《中华人民共和国治安管理处罚法》第二十九条规定处理；涉嫌构成犯罪的，移送司法机关依法处理。

注：（1）《治安管理处罚法》第二十九条 有下列行为之一的，处五日以下拘留；情节较重的，处五日以上十日以下拘留：

①违反国家规定，侵入计算机信息系统，造成危害的；

②违反国家规定，对计算机信息系统功能进行删除、修改、增加、干扰，造成计算机信息系统不能正常运行的；

③违反国家规定，对计算机信息系统中存储、处理、传输的数据和应用程序进行删除、修改、增加的；

④故意制作、传播计算机病毒等破坏性程序，影响计算机信息系统正常运行的。

（2）《刑法》第二百八十六条 违反国家规定，对计算机信息系统功能进行删除、修改、增加、干扰，造成计算机信息系统不能正常运行，后果严重的，处五年以下有期徒刑或者拘役；后果特别严重的，处五年以上有期徒刑。

违反国家规定，对计算机信息系统中存储、处理或者传输的数据和应用程序进行删除、修改、增加的操作，后果严重的，依照前款的规定处罚。

故意制作、传播计算机病毒等破坏性程序，影响计算机系统正常运行，后果严重的，依照第一款的规定处罚。

【思考与训练】

（1）简述污染源自动监控系统有什么作用。

（2）简述污染源自动监控环境监察的职责。

（3）技能训练。

任务来源：按照情境案例 1 提出的要求完成相关任务。

训练要求：根据案例分析任务，8～10 人一组，分组完成。

模块二　环境监察信息化建设与管理

【能力目标】

- 能使用环境保护举报热线举报违法行为；
- 基本能受理环境保护举报和环境信访工作；
- 能操作环境监察办公自动化系统。

【知识目标】

- 掌握环境保护举报热线的建设和管理内容；
- 熟悉环境信访制度和受理要求；
- 了解环境监察办公自动化系统功能。

一、环境保护举报工作信息化建设与管理

环保部门为加强社会监督，防止污染事故的发生，鼓励公众举报各类环境违法行为，在全国开通统一的环保举报热线。原国家环保总局组织开发了"全国举报信息自动管理系统"。该系统能够实现群众举报的自动受理、自动记录、自动转办、交办、自动查询、统计、应急处理等功能，并在全国联网运行。国家信息产业部位原国家环保总局核配"12369"作为全国统一的环保投诉举报电话号码。

《环保法》第五十七条规定："公民、法人和其他组织发现任何单位和个人有污染环境和破坏生态行为的，有权向环保部门或者其他负有环境保护监督管理职责的部门举报。""公民、法人和其他组织发现地方各级人民政府、县级以上人民政府环保部门和其他负有环境保护监督管理职责的部门不依法履行职责的，有权向其上级机关或者监察机关举报。""接受举报的机关应当对举报人的相关信息予以保密，保护举报人的合法权益。"

（一）环境保护举报热线

"12369 环保热线"自 2001 年开通以来，全国平均每年接到群众举报的环境事件 60 万～70 万件。这些环境事件均依靠全国 61 531 名环境监察执法人员到现场进行核实情况的真伪，并回复举报人和社会公众。

近年来的环境保护专项行动，平均每年立案查处的事件均在 2.5 万～3 万件。这些案件中有 56%～60%是广大人民群众通过"12369"热线举报投诉后立案侦查并进行查处的。2017 年，全国环保举报管理平台共接到环保举报 618 856 件，其中"12369"环保举报热线电话 409 548 件，约占 66.2%，微信举报 129 423 件，约占 20.9%，网上举报 79 885 件，约占 12.9%。

（二）热线举报整体建设平台

1. 非本地网（一个区号定义为一个本地网）的主叫举报电话

只要拨通该市所在地的区号和"12369"，即可接通该市环保局举报中心。本地网中的举报电话直接拨"12369"，即可接通本市环保局举报中心，县级市和县城也可单独开通"12369"特服电话号码。

2. 24 小时人/机值守

即时接听、同步录音、呼叫转移、应急指挥、及时处理、分项统计、即时汇总、全国联网、资源共享、取信于民。

3. 虚拟交换机方案

首先向本地电信公司申请在本地网内设立一个语音信箱（虚拟交换机），把呼叫本地"12369"的电话全部指向该语音信箱。当举报投诉者拨通"12369"后，语音信箱即提示："你好，这里是××市环保举报投诉热线……"举报投诉人按动哪一键，该次呼叫即通过本地电话网的内部循环，接入对应的市局或区县环保局原有的举报电话。各级环保局安装国家环保局开发的"环保举报信息自动管理系统"后，即可以人工值守或自动值守的方式提供 24 小时不间断的人工或自动语音服务。

指挥中心系统是一个开放式的体系结构,业务流程可以由使用部门自行设定。中心城市可根据本地区的经济条件,在该指挥中心系统中选择增加各种辅助指挥系统,例如,广播系统、对讲系统、无线寻呼系统、微波传输系统、GIS 地理信息系统、DDN 连接系统、GPS 定位系统、光纤传输系统、城市扫描系统、污染源在线监测系统、排污收费等。

(三)"12369"环保热线的管理

《国务院办公厅关于加强环境监管执法的通知》(国办发〔2014〕56 号)提出,环境保护人人有责,要充分发挥"12369"环保举报热线和网络平台作用,畅通公众表达渠道,限期办理群众举报投诉的环境问题。健全重大工程项目社会稳定风险评估机制,探索实施第三方评估。邀请公民、法人和其他组织参与监督环境执法,实现执法全过程公开。

1. 管理职责

(1)环境保护部环境监察局代表环境保护部对"12369 中国环保热线"实施全面综合管理,制定有关方针政策和标准,表彰先进,惩处违规行为;面向社会公布一部普通电话,以及听取公众对环境安全方面的意见和建议,受理全国重大环境污染事故、环境监察机构和环境执法人员违法、违纪行为的举报。

(2)"12369 中国环保热线"的建设、管理和运行工作,由各级环境保护机关的监察机构承担,以保证标准化建设工作的统一性和科学性。

(3)各省、自治区、直辖市环保局的监察机构负责本辖区"12369 中国环保热线"的建设、管理和运行工作,受理本辖区各类污染事件的举报和投诉、公众对环境安全问题的意见和建议,环境监察机构和环境执法人员违法、违纪行为的举报,以及听取环境安全方面的建议和意见。

(4)各地级市环保局的监察机构,均须开通"12369 中国环保热线",负责本辖区"12369 中国环保热线"的建设、管理和运行工作;受理本辖区各类污染事件的举报和投诉、公众对环境安全问题的意见和建议,环境监察机构和环境执法人员违法、违纪行为的举报。

（5）市县级环保局的监察机构，应独立于中心城市或地区环保局开通"12369中国环保热线"，负责本辖区"12369中国环保热线"的建设、管理和运行工作，受理本辖区各类污染事故的举报和投诉、公众对环境安全问题的意见和建议，环境监察机构和环境执法人员违法、违纪行为的举报。

（6）非独立行政区划建制的经济技术开发区、国家级自然保护区、林区、垦区，可根据本地区的实际情况，报经市（地）环保局同意后建设"12369中国环保热线"。

2. 应急处置

（1）如遇突发环境安全事件，"12369中国环保热线"管理员必须立即启动应急指挥程序，同时向值班班长报告，不得延误。

（2）环境监察机构需在接报后以最快的速度到达现场，立即采取紧急处置措施，阻止事态发展，并做好封锁现场、保护现场、现场取证和现场勘察工作。

（3）环境监察机构经现场认定确属环境安全事故后，应立即与公安、消防、卫生防疫等相关部门取得联系，必要时请求军队支援。

（4）"12369中国环保热线"受理的重大环境安全事故实行紧急报告制度。即在第一时间内向辖区政府和上一级环境保护机关如实报告，必要时可以越级直接向更高一级政府和环境保护部门报告，直至向环保部报告。

（5）"12369中国环保热线"受理的重大环境安全事件结案后，应存储一份完整的档案，同时上报给环境保护部备案，以便为本地区建立"环境安全管理系统"和"应急事故处置预案系统"积累素材。

（6）有条件的中心城市应逐步建立"12369环境安全应急指挥中心"。指挥中心应按照全国统一标准建设，实行全国联网运行，以实现对突发性的、重大环境安全事故的联动处置。

3. 信息管理

（1）"12369中国环保热线"的管理实行一次电话解决问题的原则。即不论是人工值班还是机器值班，均应明确无误地告知举报投诉人，他所举报投诉的问题能否被受理，由哪一级受理，如何找到受理机关等。坚决杜绝推诿扯皮等不负责任等不作为现象发生。

（2）通过"12369 中国环保热线"以及通过信件、传真、网络、面谈等方式受理的环境安全的有关内容（包括语音、文本、图像等），均应保留原始数据，以备处理环境安全事件时调用。

（3）"12369 中国环保热线"管理员应将受理的环境安全信息，及时交给环境监察人员处理，不得延误，环境监察人员必须及时处置该事件，并通过"12369 中国环保热线"信息反馈系统，及时向举报人反馈处理结果。

（4）"12369 中国环保热线"管理员每天应及时通过"环保举报信息管理系统"全国联网平台软件和"12369.gov.cn"数据传输系统，从中央数据库下载指向本辖区的工作指令，网上举报、网上建议以及相关工作软件等信息，以便使上级的工作指令得到及时地贯彻执行，使相关信息得到及时处理。

4. 环境举报的调查处理操作步骤

（1）接报登记。有几种情况：①电话举报；②信访举报；③其他举报或上级转来。无论哪种情况都要对举报进行逐一详细记录，包括举报的时间、事发地点、举报内容、受理人、举报人的姓名、联系电话和方式等。

（2）审报分办。接报后受理人要及时审报和处置：①填写环境举报登记表。②呈报有关负责人分批。上班时间交环境监察机构，下班时间交值班负责人。③分配办理并限时完成。遇紧急情况要立即处理，派人去现场和向上级报告；非紧急情况可待下一个工作日处理。

（3）现场监察。①组成现场环境监察小组赴现场监察。②取证。现场检查要针对举报的事实进行取证。③建议。现场监察小组在调查取证的基础上提出判断意见和处理处罚建议，报环保部门。

（4）复查核实。①环保部门要组织另外的人员复查事实和证据。②将案卷交法制机构审核。

（5）反馈催办。①对现场检查中的疑点要向举报人反馈。②对环境监察行动迟缓者催办。

（6）处理处罚。监察结果：①查实，经环保部门法制机构审核和经局办公会议定，进行处理处罚。②否定，填写环境举报结案表。③对不属环保处理范围的案件，向有关部门移交。

（7）结案公告。①向举报人反馈。②必要时向公众公告。③如属重大案件应向上级或有关部门报告。

（8）总结归档。年终或按规定向上级机关汇总报告。

（四）环境信访

环境保护是一项关乎公众的事，离不开公众参与。

1997年4月29日，国家环保局颁布实施了《环境信访办法》，确立了环境信访制度。

1. 环境信访遵循的原则

环境信访工作应遵循以下原则：

（1）依照环境保护法律、法规和政策办事；

（2）在各级人民政府的领导下，坚持分级负责、属地管理、就地解决；

（3）深入调查研究，坚持实事求是，妥善、及时处理问题；

（4）能够解决的问题应及时解决，一时解决不了的应能够耐心做好解释工作。

2. 环境信访工作机构与职责

多数大中城市的环保局考虑到信访的调查处理工作的统一，在环境监察机构内设置信访科；多数县级环保部门环境信访工作主要由办公室负责。

国家规定各级环境信访机构应承担以下职责：

（1）对本行政区环境信访工作进行业务指导，总结交流环境信访工作经验，负责环境信访工作人员的培训；

（2）承办上级机关及领导交办的环境信访事项、跨行政区或在本辖区范围内有重大影响的环境信访案件，并负责上报处理结果；

（3）向下级环保部门环境信访机构交办环境信访事项，并负责督促、检查、协调解决下级环保部门之间的环境信访问题；

（4）综合研究信访情况，及时向本机关负责人、上级环保部门和有关部门反映环境信访信息；

（5）向环境信访人宣传有关环保法律、法规，维护信访者的合法权益。

3．环境信访的受理

（1）环境信访人在发现可能造成社会影响的重大、紧急环境污染信访事项和信息时，可就近向环保部门报告，当地环保部门应在职权范围内依法采取措施、果断处理，防止不良影响的发生和扩大，并立即报告当地人民政府和上一级环保部门。

（2）当环境信访事项涉及两个以上环保部门时，环境信访可以选择其中一个环保部门提出环境信访事项。如环境信访人向两个以上环保部门提出环境信访事项的，由最先接收来信来访的环保部门受理；受理有争议时，由争议各方协商解决；协商不成的，报其共同上一级环保部门指定受理机关。

（3）当环保部门发现受理的信访事项不属于环保部门处理时，信访工作人员应耐心告知信访人依法向有关行政机关提出。对应当通过诉讼、行政复议、仲裁解决的环境信访事项，应告知信访人依有关法规办理。

（4）原则上环境信访人的环境信访事项应向当地或上一级环保部门提出，环境信访人越级上访提出环境信访事项的，一般应告知信访人按规定程序提出环境信访事项，但上级环保部门认为有必要直接受理的，可以直接受理。

4．环境信访的形式

环境信访的形式有书信、电话或当面来访等多种形式。

（1）通过书信形式反映问题，应签署真实姓名，写明通信地址或编码。申述信、控告信或检举信应当写明环境信访者的姓名、单位、住址及所申述、控告或检举的基本事实。通过电话反映问题的，应在问题说完之后，记录下环境信访者姓名、单位、住址。要求对方留下真实姓名，一方面是为了使反映的问题实事求是；另一方面为了便于在处理过程中与来信来访者保持联系，便于调查取证，也利于在问题处理结束后的回复。

（2）采用走访形式反映问题的，应到环保部门设立或指定的接待场所，向环境信访工作人员提出。来访者应如实反映问题，由接待人员在来信来访登记册上记录后，留下真实姓名、地址、联系电话后，就应离开，不得以反映问题为由，纠缠接待者，影响正常工作。一般对来访者，环保部门接待人员只负责记录所反映的问题，没有经过现场调查、弄清事实、确定处理结果之前，接待人员是不可以当面给予答复的。

（3）多数人反映共同意见、建议和要求的，一般应采用书信、电话形式提出，需要当面反映问题的，应当推选代表提出，代表人数不得超过 5 人。多数人的来访在人数上应有限制，在反映问题的时间上，应事先推选主要负责人，负责把各方面意见简明扼要地进行陈述，不能影响环保部门的正常行政工作。

5. 环境信访的办理

（1）各级环保部门应按《环境信访办法》的有关规定，对受理的来信、来电、来访事项建立严格的制度，明确登记、受理、处理、回复过程的有关规定，规定信访工作人员必须恪守职守、秉公办事、查清事实、分清责任、正确疏导、妥善处理。

（2）各级环保部门对受理的来信、来电、来访要进行认真登记，对登记的事项要造册，登记册上不仅要有填写信访人姓名的栏目，而且要有填写负责接待登记的工作人员和负责回复处理意见的工作人员姓名的栏目，并要有填写答复的时间和处理意见的栏目，做到每件环境信访事项有始有终。对写满的登记表要认真处理造册归档。

（3）对受理的环境信访事项在登记后，应根据各级环保部门的职责权限和信访事项的性质，送有关部门办理。对本机关应当或者有权作出处理决定的环境信访事项，应当直接办理；对应由上级环保部门作出处理决定的，应当及时报送上级环保部门办理；对应由其他行政机关处理的，及时转送、转交其他行政机关办理。

（4）涉及两个以上环保部门管辖的环境信访事项，由受理单位同有关部门协商办理，对办理结果有争议的，由共同的上一级环保部门协调处理。

（5）环保部门直接办理的环境信访事项应在 30 日内办结，并将办理结果答复环境信访人。各级环保部门对上级交办的环境信访事项自受到之日起 90 日内办结，并将办理结果报告上级机关。不能办结的，应向上级机关说明情况。上级机关认为处理不当的，可以要求办理机关重新办理。

（6）各级环保部门应遵守环境信访办理过程中的相关纪律。《环境信访办法》明确规定，各级环保部门及其工作人员在办理信访事项过程中，不得将检举、揭发、控告材料及有关情况透露或转送给被检举、揭发、控告的人员和单位；办理环境信访的工作人员与信访事项或与信访人有直接利害关系的，应当回避。

二、排污申报与核定管理系统信息化管理

从 2018 年 1 月 1 日起，排污收费改为排污缴纳环保税。

环保部门依照《环境保护税法》和有关环境保护法律法规的规定负责对污染物的监测管理。县级以上地方人民政府应当建立税务机关、环保部门和其他相关单位分工作工作机制，加强环境保护税征收管理，保障税款及时足额入库。

环保部门应当将排污单位的排污许可、污染物排放数据、环境违法和受行政处罚情况等环境保护相关信息，定期交送税务机关。

税务机关应当将纳税人的纳税申报、税款入库、减免税额、欠缴税款以及风险疑点等环境保护税涉税信息，定期交送环保部门。

三、环境监察办公自动化

（一）环境监察办公自动化系统

环境监察办公自动化系统是为环保日常监察工作服务的办公系统，办公人员可以根据相应的操作权限各负其责，通过内部电子邮件收文、发文，提交、审批完成整个监察工作流程。它可以分为环境监察工作管理（包括污染源管理、建设项目监察、限期治理项目监察、投诉举报、污染事故处理、排污收费处理更内容）、资料管理（包括资料档案、声像档案、文书档案、照片档案等管理内容）、日常管理（包括物品管理、图书管理、车辆管理、差旅管理等内容）、会议管理（包括会议计划、会议材料、会议通知、会议纪要等内容）、公共信息管理（包括国家政策、

规章制度、意见建议、日程安排、留言板等内容）、个人信息管理等模块，并且可以根据用户需要扩展新的应用和功能。

该系统对于促进环境监察工作的规范化、制度化有着十分积极的作用。其功能简介如下：

1. 污染源管理

对分布于各处企业的污染源进行排污许可证、污染源排放、污染治理设施监察等事件管理。整理企业污染源信息表，制订监察计划，填制现场监察处罚单，根据污染源的排放情况区分正常、异常，并进行分类列表。

2. 建设项目监察

建设项目监察包括建设项目信息管理、监察计划、现场监察处罚单等事务，同时按项目监察的情况划分正常与异常情况。

3. 限期治理项目监察

对于限期治理项目发出限期治理通知书，制订项目监察计划，填写限期治理项目现场处罚单，并根据治理成效区分正常与异常情况。

4. 环境纠纷/污染事故

处理各种环境纠纷/环境污染事故投诉，能够根据环境纠纷/污染事故的处理程序和相关规定做出判断，提出整改、处罚意见。模块具有灵活的统计汇总功能，可以统计各种时段各种情况的污染事件，并形成方便、直观的报表。

5. 征收排污费

按照环境监察工作规范流程征收排污费用，简化了以往的工作程序，并为用户提供一整套排污收费的报表和各种需要的数据文档。

6. 行政处罚

建立起从立案、调查、审理、听证到结案的一系列行政处罚的流程，可嵌入包括图片、录像等各种证据，方便地实现环保法律的综合查询。

7. 工作汇总

对辖区内环境监察工作进行汇总，形成月度监察情况汇总表和环境监察工作台账等文档。

8. 环保法律综合查询

提供了环境保护法律法规目录、法律依据责任表、行政部门行为表、罚款量化的标准和案例分析 5 种方式查询。环境监察单位在执法过程中，可按照相关的法律、法规进行规范化处罚，提高监察工作的有效性和严肃性。

（二）环境监察移动办公执法系统

应用移动办公执法系统，可以达到以下目标：

①应用移动办公执法系统和报警的无线接入。

②以手机短消息和数据通信方式实现数据接入和报警接入。

环保移动办公应用整合，可广泛接入移动信息终端（PDA、WAP、手机等），实现就近告警、定向告警、移动间事故处理、移动报警、事故处理、预案分发等功能，实现环保办公系统的固定—移动互联，提高办事效率和应变能力。

移动办公执法系统主要由短信息平台、WAP 网站、Web 网站组成，功能如下。

（1）短信息平台。主要为配合有手机的移动监察人员或监察车提供短信息服务，能够接收现场办公人员的监察信息并将相关信息发给现场办公人员。

（2）WAP 网站。当外出办公人员所需信息较多的时候，可以通过 WAP 网站直接和环保局取得联系，可以方便快捷地传递各种文件、资料，和环保办公自动化系统的工作流程紧密结合起来，并可以通过 Web 网站进行实时数据和历史记录的查询。

（3）Web 网站。对于环保局的领导在外出的时候，可以通过 Web 网站了解到最新的环境状况，可以通过相应的查询系统了解企业的最新污染数据。同时，监察人员也可以通过手机或 PDA 等多种方式对企业排污数据进行查询，满足现场执法的需要。

（4）排污现场监测数据和报警的无线接入。利用中国移动的移动通信线路作为数据采集的传输介质，以定制的工业手机作为现场数据采集的通信设备，以手机内置的 Modem 接口实现数据接收和转发，以手机端信息和数据通信方式实现数据接入和报警接入。此外，借助蜂窝网的双频覆盖，实现对手机方位的估测，对违章移动适配器的操作提供报警功能。

（5）移动环境监控手段。利用中国移动覆盖广泛的移动通信网络，实现对移动环境监控的全面支持，环境监督执法人员利用中国移动手机的 WAP 服务，即可实现对目标企业污染数据的实时接入，并可实现对污染源状况的查询，这样可以大大加强执法人员对现场状况的监控能力，提高环境监察质量。作为增值服务的一部分，还可以建立监察人员的移动执法系统等。

（6）环保移动办公应用整合。利用中国移动的移动通信网络，实现对持有移动信息终端（PDA、WAP、手机等）的广泛介入，将环保信息系统的工作流管理功能与 GID、GPS（通过中国移动网络得到）相结合，实现就近告警、定向告警、移动间事故处理、移动报警（特别是存在环境隐患的物流活动、事故处理、预案分发等功能，实现环保办公的固定—移动互联，提高办事效率和应变能力。

（三）环保政务公开系统

《环保政务公开系统》作为环保局的一个对外窗口，提供美观、方便的人机交互界面，用户可通过置于环保局的大屏幕触摸屏进行操作，也可用普通计算机通过浏览器进行查询。系统接入环保信息库，提高方便的信息查询功能，公开环保局的作用流程、工作进度、处理情况、意见反馈、投诉申请等信息，实现环保局的政务公开，树立环保良好形象。

【思考与训练】

（1）简述环境举报的调查处理程序。

（2）简述环境信访的几种形式。应该如何办理？

（3）技能训练。

任务来源：按照情境案例 2 提出的要求完成相关任务。

训练要求：每个人关注环境违法行为，体验"12369 环保热线"举报电话的作用和环境执法的威力。

【相关资料】

资料 1：2017 年，全国环保举报管理平台共接到环保举报 618 856 件，见下图所示。目前已办结 589 094 件，其余 29 762 件正在办理中。

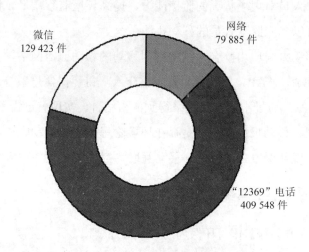

图 7-11　2017 年全国举报来源情况

1. 东中部省份、直辖市电话举报量较大

2017 年，全国共接到电话举报 409 548 件，其中举报量较大的省（直辖市）有：江苏、重庆、上海、北京、辽宁、海南等，城市有：苏州、无锡、南京、沈阳、淄博、青岛、太原、厦门、深圳等。

2. 微信举报同比增长近一倍，广东省使用率居首位

2017 年，全国共接到微信举报 129 423 件，相比上年增加 63 542 件，同比增长 96.4%。从地区来看，公众使用微信举报最频繁的前 5 个省份分别为广东、河南、山东、江苏和河北，举报数量合计占全国总数的 48%。各省微信举报量增幅较大的有河南、安徽、四川，同比分别增长 240.1%、210%、209.3%。

表 7-1 2017 年微信举报前五的省份举报量及同比情况

2017 年			2016 年			同比增长/%
排名	省份	举报量/件	排名	省份	举报量/件	
1	广东	25 670	1	广东	15 390	66.8
2	河南	15 405	2	河南	4 529	240.1
3	山东	7 707	9	山东	3 669	110.1
4	江苏	7 035	10	江苏	3 616	94.6
5	河北	6 372	7	河北	3 294	93.4
合计		62 189		合计	30 498	103.9

3. 全国举报特点分析

(1) 大气举报占近六成, 恶臭/异味及施工噪声成举报主因。

从举报污染类型来看, 涉及大气、噪声污染的举报最多, 分别占 56.7%、34.6%, 其次为涉及水污染的举报, 占 10.7%, 举报量相对较少的为固废、辐射污染和生态破坏, 分别占 2.0%、0.8%和 0.4%。

大气污染方面, 反映恶臭/异味污染最多, 占涉气举报的 30.6%, 其次为反映烟粉尘及工业废气污染, 分别占涉气举报的 26.0%和 21.7%；噪声污染方面, 反映建设施工和工业噪声较多, 分别占噪声举报的 49.0%、26.6%；水污染方面, 反映工业废水污染的最多, 占涉水举报的 51.1%。

(2) 建筑业举报占三成, 垃圾处理厂重复举报最多。

从举报行业情况来看, 公众反映最集中的行业是建筑业, 占 31.3%, 主要是夜间施工噪声问题, 其次是住宿餐饮娱乐业和化工业, 分别占 19.2%和 12.5%。在 2017 年全部举报中, 垃圾处理行业占比仅 3%, 但在公众重复举报人次最多的企业中, 垃圾处理厂占 30%, 特别是反映广东、上海等地区垃圾处理厂的举报较多。

扫一扫即可关注12369环保举报

附　录

附录一

环境监察办法

第一章　总　则

第一条　为加强和规范环境监察工作，加强环境监察队伍建设，提升环境监察效能，根据《中华人民共和国环境保护法》等有关法律、法规，结合环境监察工作实际，制定本办法。

第二条　本办法所称环境监察，是指环境保护主管部门依据环境保护法律、法规、规章和其他规范性文件实施的行政执法活动。

第三条　环境监察应当遵循以下原则：

（一）教育和惩戒相结合；

（二）严格执法和引导自觉守法相结合；

（三）证据确凿，程序合法，定性准确，处理恰当；

（四）公正、公开、高效。

第四条　环境保护部对全国环境监察工作实施统一监督管理。

县级以上地方环境保护主管部门负责本行政区域的环境监察工作。

各级环境保护主管部门所属的环境监察机构（以下简称"环境监察机构"），

负责具体实施环境监察工作。

第五条　环境监察机构对本级环境保护主管部门负责，并接受上级环境监察机构的业务指导和监督。

各级环境保护主管部门应当加强对环境监察机构的领导，建立健全工作协调机制，并为环境监察机构提供必要的工作条件。

第六条　环境监察机构的主要任务包括：

（一）监督环境保护法律、法规、规章和其他规范性文件的执行；

（二）现场监督检查污染源的污染物排放情况、污染防治设施运行情况、环境保护行政许可执行情况、建设项目环境保护法律法规的执行情况等；

（三）现场监督检查自然保护区、畜禽养殖污染防治等生态和农村环境保护法律法规执行情况；

（四）具体负责排放污染物申报登记、排污费核定和征收；

（五）查处环境违法行为；

（六）查办、转办、督办对环境污染和生态破坏的投诉、举报，并按照环境保护主管部门确定的职责分工，具体负责环境污染和生态破坏纠纷的调解处理；

（七）参与突发环境事件的应急处置；

（八）对严重污染环境和破坏生态问题进行督查；

（九）依照职责，具体负责环境稽查工作；

（十）法律、法规、规章和规范性文件规定的其他职责。

第二章　环境监察机构和人员

第七条　各级环境监察机构可以命名为环境监察局。省级、设区的市级、县级环境监察机构，也可以分别以环境监察总队、环境监察支队、环境监察大队命名。

县级环境监察机构的分支（派出）机构和乡镇级环境监察机构的名称，可以命名为环境监察中队或者环境监察所。

第八条　环境监察机构的设置和人员构成，应当根据本行政区域范围大小、经济社会发展水平、人口规模、污染源数量和分布、生态保护和环境执法任务量等因素科学确定。

第九条 环境监察机构的工作经费，应当按照国家有关规定列入环境保护主管部门预算，由本级财政予以保障。

第十条 环境监察机构的办公用房、执法业务用房及执法车辆、调查取证器材等执法装备，应当符合国家环境监察标准化建设及验收要求环境监察机构的执法车辆应当喷涂统一的环境监察执法标识。

第十一条 录用环境监察机构的工作人员（以下简称"环境监察人员"），应当符合《中华人民共和国公务员法》的有关规定。

第十二条 环境保护主管部门应当根据工作需要，制定环境监察培训五年规划和年度计划，组织开展分级分类培训。

设区的市级、县级环境监察机构的主要负责人和省级以上环境监察人员的岗位培训，由环境保护部统一组织。其他环境监察人员的岗位培训，由省级环境保护主管部门组织。

环境监察人员参加培训的情况，应当作为环境监察人员考核、任职的主要依据。

第十三条 从事现场执法工作的环境监察人员进行现场检查时，有权依法采取以下措施：

（一）进入有关场所进行勘察、采样、监测、拍照、录音、录像、制作笔录；

（二）查阅、复制相关资料；

（三）约见、询问有关人员，要求说明相关事项，提供相关材料；

（四）责令停止或者纠正违法行为；

（五）适用行政处罚简易程序，当场作出行政处罚决定；

（六）法律、法规、规章规定的其他措施。

实施现场检查时，从事现场执法工作的环境监察人员不得少于两人，并出示"中国环境监察执法证"等行政执法证件，表明身份，说明执法事项。

第十四条 从事现场执法工作的环境监察人员，应当持有"中国环境监察执法证"。

对参加岗位培训，并经考试取得培训合格证书的环境监察人员，经核准后颁发"中国环境监察执法证"。"中国环境监察执法证"颁发、使用、管理的具体办法，由环境保护部另行制定。

第十五条 各级环境监察机构应当建立健全保密制度，完善保密措施，落实保密责任，指定专人管理保密的日常工作。

第十六条 环境监察人员应当严格遵守有关廉政纪律和要求。

第十七条 各级环境保护主管部门应当建立健全对环境监察人员的考核制度。

对工作表现突出、有显著成绩的环境监察人员，给予表彰和奖励。对在环境监察工作中违法违纪的环境监察人员，依法给予处分，可以暂扣、收回"中国环境监察执法证"；涉嫌构成犯罪的，依法移送司法机关追究刑事责任。

第三章 环境监察工作

第十八条 环境监察机构应当根据本行政区域环境保护工作任务、污染源数量、类型、管理权限等，制订环境监察工作年度计划。

环境监察工作年度计划报同级环境保护主管部门批准后实施，并抄送上一级环境监察机构。

第十九条 环境监察机构应当根据环境监察工作年度计划，组织现场检查。现场检查可以采取例行检查或者重点检查的方式进行。

第二十条 对排污者申报的排放污染物的种类、数量，环境监察机构负责依法进行核定。

第二十一条 环境监察机构应当按照排污费征收标准和核定的污染物种类、数量，负责向排污者征收排污费。

对减缴、免缴、缓缴排污费的申请，环境监察机构应当依法审核。

第二十二条 违反环境保护法律、法规和规章规定的，环境保护主管部门应当责令违法行为人改正或者限期改正，并依法实施行政处罚。

第二十三条 对违反环境保护法律、法规，严重污染环境或者造成重大社会影响的环境违法案件，环境保护主管部门可以提出明确要求，督促有关部门限期办理，并向社会公开办理结果。

第二十四条 环境监察机构负责组织实施环境行政执法后督察，监督环境行政处罚、行政命令等具体行政行为的执行。

第二十五条 企业事业单位严重污染环境或者造成严重生态破坏的，环境保护主管部门或者环境监察机构可以约谈单位负责人，督促其限期整改。

对未完成环境保护目标任务或者发生重大、特大突发环境事件的，环境保护主管部门或者环境监察机构可以约谈下级地方人民政府负责人，要求地方人民政府依法履行职责，落实整改措施，并可以提出改进工作的建议。

第二十六条 对依法受理的案件，属于本机关管辖的，环境保护主管部门应当按照规定的时限和程序依法处理；属于环境保护主管部门管辖但不属于本机关管辖的，受理案件的环境保护主管部门应当移送有管辖权的环境保护主管部门处理；不属于环境保护主管部门管辖的，受理案件的环境保护主管部门应当移送有管辖权的机关处理。

环境保护主管部门应当加强与司法机关的配合和协作，并可以根据工作需要，联合其他部门共同执法。

第二十七条 相邻行政区域的环境保护主管部门应当相互通报环境监察执法信息，加强沟通、协调和配合。

同一区域、流域内的环境保护主管部门应当加强信息共享，开展联合检查和执法活动。

环境监察机构应当加强信息统计，并以专题报告、定期报告、统计报表等形式，向同级环境保护主管部门和上级环境监察机构报告本行政区域的环境监察工作情况。

环境保护主管部门应当依法公开环境监察的有关信息。

第二十八条 上级环境保护主管部门应当对下级环境保护主管部门在环境监察工作中依法履行职责、行使职权和遵守纪律的情况进行稽查。

第二十九条 对环境监察工作中形成的污染源监察、建设项目检查、排放污染物申报登记、排污费征收、行政处罚等材料，应当及时进行整理，立卷归档。

第三十条　上级环境监察机构应当对下一级环境保护主管部门的环境监察工作进行年度考核。

第四章　附　则

第三十一条　环境保护主管部门所属的其他机构，可以按照环境保护主管部门确定的职责分工，参照本办法，具体实施其职责范围内的环境监察工作。

第三十二条　本办法由环境保护部负责解释。

第三十三条　本办法自 2012 年 9 月 1 日起施行。《环境监理工作暂行办法》（〔91〕环监字第 338 号）、《环境监理工作制度（试行）》（环监〔1996〕888 号）、《环境监理工作程序（试行）》（环监〔1996〕888 号）、《环境监理政务公开制度》（环发〔1999〕15 号）同时废止。

附录二

行政主管部门移送适用行政拘留环境违法案件暂行办法

第一条 为规范环境违法案件行政拘留的实施，监督和保障职能部门依法行使职权，依据《中华人民共和国环境保护法》（以下简称《环境保护法》）的规定，制定本办法。

第二条 本办法适用于县级以上环境保护主管部门或者其他负有环境保护监督管理职责的部门办理尚不构成犯罪，依法作出行政处罚决定后，仍需要移送公安机关处以行政拘留的案件。

第三条 《环境保护法》第六十三条第一项规定的建设项目未依法进行环境影响评价，被责令停止建设，拒不执行的行为，包括以下情形：

（一）送达责令停止建设决定书后，再次检查发现仍在建设的；

（二）现场检查时虽未建设，但有证据证明在责令停止建设期间仍在建设的；

（三）被责令停止建设后，拒绝、阻扰环境保护主管部门或者其他负有环境保护监督管理职责的部门核查的。

第四条 《环境保护法》第六十三条第二项规定的违反法律规定，未取得排污许可证排放污染物，被责令停止排污，拒不执行的行为，包括以下情形：

（一）送达责令停止排污决定书后，再次检查发现仍在排污的；

（二）现场检查虽未发现当场排污，但有证据证明在被责令停止排污期间有过排污事实的；

（三）被责令停止排污后，拒绝、阻挠环境保护主管部门或者其他具有环境保护管理职责的部门核查的。

第五条 《环境保护法》第六十三条第三项规定的通过暗管、渗井、渗坑、灌注等逃避监管的方式违法排放污染物，是指通过暗管、渗井、渗坑、灌注等不经法定排放口排放污染物等逃避监管的方式违法排放污染物：

暗管是指通过隐蔽的方式达到规避监管目的而设置的排污管道，包括埋入地下的水泥管、瓷管、塑料管等，以及地上的临时排污管道；

渗井、渗坑是指无防渗漏措施或起不到防渗作用的、封闭或半封闭的坑、池、塘、井和沟、渠等；

灌注是指通过高压深井向地下排放污染物。

第六条　《环境保护法》第六十三条第三项规定的通过篡改、伪造监测数据等逃避监管的方式违法排放污染物，是指篡改、伪造用于监控、监测污染物排放的手工及自动监测仪器设备的监测数据，包括以下情形：

（一）违反国家规定，对污染源监控系统进行删除、修改、增加、干扰，或者对污染源监控系统中存储、处理、传输的数据和应用程序进行删除、修改、增加，造成污染源监控系统不能正常运行的；

（二）破坏、损毁监控仪器站房、通信线路、信息采集传输设备、视频设备、电力设备、空调、风机、采样泵及其他监控设施的，以及破坏、损毁监控设施采样管线，破坏、损毁监控仪器、仪表的；

（三）稀释排放的污染物故意干扰监测数据的；

（四）其他致使监测、监控设施不能正常运行的情形。

第七条　《环境保护法》第六十三条第三项规定的通过不正常运行防治污染设施等逃避监管的方式违法排放污染物，包括以下情形：

（一）将部分或全部污染物不经过处理设施，直接排放的；

（二）非紧急情况下开启污染物处理设施的应急排放阀门，将部分或者全部污染物直接排放的；

（三）将未经处理的污染物从污染物处理设施的中间工序引出直接排放的；

（四）在生产经营或者作业过程中，停止运行污染物处理设施的；

（五）违反操作规程使用污染物处理设施，致使处理设施不能正常发挥处理作用的；

（六）污染物处理设施发生故障后，排污单位不及时或者不按规程进行检查和维修，致使处理设施不能正常发挥处理作用的；

（七）其他不正常运行污染防治设施的情形。

第八条　《环境保护法》第六十三条第四项规定的生产、使用国家明令禁止生产、使用的农药，被责令改正，拒不改正的行为，包括以下情形：

（一）送达责令改正文书后再次检查发现仍在生产、使用的；

（二）无正当理由不及时完成责令改正文书规定的改正要求的；

（三）送达责令改正文书后，拒绝、阻挠环境保护、农业、工业和信息化、质量监督检验检疫等主管部门核查的。

国家明令禁止生产、使用的农药是指法律、行政法规和国家有关部门规章、规范性文件明令禁止生产、使用的农药。

第九条　《环境保护法》第六十三条规定的直接负责的主管人员是指违法行为主要获利者和在生产、经营中有决定权的管理、指挥、组织人员；其他直接责任人员是指直接排放、倾倒、处置污染物或者篡改、伪造监测数据的工作人员等。

第十条　县级以上人民政府环境保护主管部门或者其他负有环境保护监督管理职责的部门向公安机关移送环境违法案件，应当制作案件移送审批单，报经本部门负责人批准。

第十一条　案件移送部门应当向公安机关移送下列案卷材料：

（一）移送材料清单；

（二）案件移送书；

（三）案件调查报告；

（四）涉案证据材料；

（五）涉案物品清单；

（六）行政执法部门的处罚决定等相关材料；

（七）其他有关涉案材料等。

案件移送部门向公安机关移送的案卷材料应当为原件，移送前应当将案卷材料复印备查。案件移送部门对移送材料的真实性、合法性负责。

第十二条　案件移送部门应当在作出移送决定后3日内将案件移送书和案件相关材料移送至同级公安机关；公安机关应当按照《公安机关办理行政案件程序规定》的要求受理。

第十三条 公安机关经审查，认为案件违法事实不清、证据不足的，可以在受案后 3 日内书面告知案件移送部门补充移送相关证据材料，也可以按照《公安机关办理行政案件程序规定》调查取证。

第十四条 公安机关对移送的案件，认为事实清楚、证据确实充分，依法决定行政拘留的，应当在作出决定之日起 3 日内将决定书抄送案件移送部门。

第十五条 公安机关对移送的案件，认为事实不清、证据不足，不符合行政拘留条件的，应当在受案后 5 日内书面告知案件移送部门并说明理由，同时退回案卷材料。案件移送部门收到书面告知及退回的案卷材料后应当依法予以结案。

第十六条 实施行政拘留的环境违法案件案卷原件由公安机关结案归档。案件移送部门应当将行政处罚决定书、送交回执等公安机关制作的文书以及其他证据补充材料复印存档，公安机关应当予以配合。

第十七条 上级环境保护主管部门或者其他负有环境保护监督管理职责的部门负责对下级部门经办案件的稽查，发现下级部门应当移送而未移送的，应当责令移送。

第十八条 当事人不服行政拘留处罚申请行政复议或者提起行政诉讼的，案件移送部门应当协助配合公安机关做好行政复议、行政应诉相关工作。

第十九条 本办法有关期间的规定，均为工作日。

第二十条 本办法自 2015 年 1 月 1 日起施行。

附件：1. ××（厅）局移送涉嫌环境违法适用行政拘留处罚案件审批表（式样）（略）

2. ××（厅）局涉嫌环境违法适用行政拘留处罚案件移送书（式样）（略）

3. ××（厅）局涉嫌环境违法适用行政拘留处罚案件移送材料清单（式样）（略）

附录三

中华人民共和国环境保护税法实施条例

第一章　总　则

第一条　根据《中华人民共和国环境保护税法》（以下简称环境保护税法），制定本条例。

第二条　环境保护税法所附《环境保护税税目税额表》所称其他固体废物的具体范围，依照环境保护税法第六条第二款规定的程序确定。

第三条　环境保护税法第五条第一款、第十二条第一款第三项规定的城乡污水集中处理场所，是指为社会公众提供生活污水处理服务的场所，不包括为工业园区、开发区等工业聚集区域内的企业事业单位和其他生产经营者提供污水处理服务的场所，以及企业事业单位和其他生产经营者自建自用的污水处理场所。

第四条　达到省级人民政府确定的规模标准并且有污染物排放口的畜禽养殖场，应当依法缴纳环境保护税；依法对畜禽养殖废弃物进行综合利用和无害化处理的，不属于直接向环境排放污染物，不缴纳环境保护税。

第二章　计税依据

第五条　应税固体废物的计税依据，按照固体废物的排放量确定。固体废物的排放量为当期应税固体废物的产生量减去当期应税固体废物的贮存量、处置量、综合利用量的余额。

前款规定的固体废物的贮存量、处置量，是指在符合国家和地方环境保护标准的设施、场所贮存或者处置的固体废物数量；固体废物的综合利用量，是指按照国务院发展改革、工业和信息化主管部门关于资源综合利用要求以及国家和地方环境保护标准进行综合利用的固体废物数量。

第六条　纳税人有下列情形之一的，以其当期应税固体废物的产生量作为固体废物的排放量：

（一）非法倾倒应税固体废物；

（二）进行虚假纳税申报。

第七条 应税大气污染物、水污染物的计税依据，按照污染物排放量折合的污染当量数确定。

纳税人有下列情形之一的，以其当期应税大气污染物、水污染物的产生量作为污染物的排放量：

（一）未依法安装使用污染物自动监测设备或者未将污染物自动监测设备与环境保护主管部门的监控设备联网；

（二）损毁或者擅自移动、改变污染物自动监测设备；

（三）篡改、伪造污染物监测数据；

（四）通过暗管、渗井、渗坑、灌注或者稀释排放以及不正常运行防治污染设施等方式违法排放应税污染物；

（五）进行虚假纳税申报。

第八条 从两个以上排放口排放应税污染物的，对每一排放口排放的应税污染物分别计算征收环境保护税；纳税人持有排污许可证的，其污染物排放口按照排污许可证载明的污染物排放口确定。·

第九条 属于环境保护税法第十条第二项规定情形的纳税人，自行对污染物进行监测所获取的监测数据，符合国家有关规定和监测规范的，视同环境保护税法第十条第二项规定的监测机构出具的监测数据。

第三章 税收减免

第十条 环境保护税法第十三条所称应税大气污染物或者水污染物的浓度值，是指纳税人安装使用的污染物自动监测设备当月自动监测的应税大气污染物浓度值的小时平均值再平均所得数值或者应税水污染物浓度值的日平均值再平均所得数值，或者监测机构当月监测的应税大气污染物、水污染物浓度值的平均值。

依照环境保护税法第十三条的规定减征环境保护税的，前款规定的应税大气污染物浓度值的小时平均值或者应税水污染物浓度值的日平均值，以及监测机构当月每次监测的应税大气污染物、水污染物的浓度值，均不得超过国家和地方规定的污染物排放标准。

第十一条 依照环境保护税法第十三条的规定减征环境保护税的，应当对每一排放口排放的不同应税污染物分别计算。

第四章 征收管理

第十二条 税务机关依法履行环境保护税纳税申报受理、涉税信息比对、组织税款入库等职责。

环境保护主管部门依法负责应税污染物监测管理，制定和完善污染物监测规范。

第十三条 县级以上地方人民政府应当加强对环境保护税征收管理工作的领导，及时协调、解决环境保护税征收管理工作中的重大问题。

第十四条 国务院税务、环境保护主管部门制定涉税信息共享平台技术标准以及数据采集、存储、传输、查询和使用规范。

第十五条 环境保护主管部门应当通过涉税信息共享平台向税务机关交送在环境保护监督管理中获取的下列信息：

（一）排污单位的名称、统一社会信用代码以及污染物排放口、排放污染物种类等基本信息；

（二）排污单位的污染物排放数据（包括污染物排放量以及大气污染物、水污染物的浓度值等数据）；

（三）排污单位环境违法和受行政处罚情况；

（四）对税务机关提请复核的纳税人的纳税申报数据资料异常或者纳税人未按照规定期限办理纳税申报的复核意见；

（五）与税务机关商定交送的其他信息。

第十六条 税务机关应当通过涉税信息共享平台向环境保护主管部门交送下列环境保护税涉税信息：

（一）纳税人基本信息；

（二）纳税申报信息；

（三）税款入库、减免税额、欠缴税款以及风险疑点等信息；

（四）纳税人涉税违法和受行政处罚情况；

（五）纳税人的纳税申报数据资料异常或者纳税人未按照规定期限办理纳税申报的信息；

（六）与环境保护主管部门商定交送的其他信息。

第十七条　环境保护税法第十七条所称应税污染物排放地是指：

（一）应税大气污染物、水污染物排放口所在地；

（二）应税固体废物产生地；

（三）应税噪声产生地。

第十八条　纳税人跨区域排放应税污染物，税务机关对税收征收管辖有争议的，由争议各方按照有利于征收管理的原则协商解决；不能协商一致的，报请共同的上级税务机关决定。

第十九条　税务机关应当依据环境保护主管部门交送的排污单位信息进行纳税人识别。

在环境保护主管部门交送的排污单位信息中没有对应信息的纳税人，由税务机关在纳税人首次办理环境保护税纳税申报时进行纳税人识别，并将相关信息交送环境保护主管部门。

第二十条　环境保护主管部门发现纳税人申报的应税污染物排放信息或者适用的排污系数、物料衡算方法有误的，应当通知税务机关处理。

第二十一条　纳税人申报的污染物排放数据与环境保护主管部门交送的相关数据不一致的，按照环境保护主管部门交送的数据确定应税污染物的计税依据。

第二十二条　环境保护税法第二十条第二款所称纳税人的纳税申报数据资料异常，包括但不限于下列情形：

（一）纳税人当期申报的应税污染物排放量与上一年同期相比明显偏低，且无正当理由；

（二）纳税人单位产品污染物排放量与同类型纳税人相比明显偏低，且无正当理由。

第二十三条　税务机关、环境保护主管部门应当无偿为纳税人提供与缴纳环境保护税有关的辅导、培训和咨询服务。

第二十四条　税务机关依法实施环境保护税的税务检查，环境保护主管部门予以配合。

第二十五条　纳税人应当按照税收征收管理的有关规定，妥善保管应税污染物监测和管理的有关资料。

第五章　附　则

第二十六条　本条例自 2018 年 1 月 1 日起施行。2003 年 1 月 2 日国务院公布的《排污费征收使用管理条例》同时废止。

主要参考文献

[1] 阮亚男. 环境监察实务. 北京：中国人民大学出版社，2013.

[2] 陆新元. 环境监察（第二版）. 北京：中国环境科学出版社，2008.

[3] 程信和. 环境保护行政执法、处罚程序操作规范与典型案例评析实务全书. 北京：中国科技文化出版社，2007.

[4] 国家环境保护总局环境监察局，监察部执法监察司. 环境保护行政监察实用手册. 北京：中国环境科学出版社，2005.

[5] 环境保护部. 工业污染源现场检查技术规范（HJ 606—2011）. 北京：中国环境科学出版社，2011.

[6] 环境保护部. 突发环境事件信息报告办法（环境保护部令 第 17 号）. 2011.

[7] 环境保护部. 环境行政处罚证据指南. 2011.

[8] 环境保护部. 水质 样品的保存和管理技术规定（HJ 493—2009）. 北京：中国环境科学出版社，2009.

[9] 陈海洋. 环境监察信息化. 北京：中国环境科学出版社，2010.

[10] 国务院办公厅. 国务院办公厅关于加强环境监管执法的通知（国办发〔2014〕56 号）.

[11] 中华人民共和国环境保护法. 2015.

[12] 中华人民共和国大气污染防治法. 2016.

[13] 中华人民共和国水污染防治法. 2017.

[14] 中华人民共和国环境影响评价法. 2017.

[15] 环保部. 全国生态保护"十三五"规划纲要. 2016.

[16] 环境保护部办公厅. 关于贯彻落实《国务院办公厅关于加强环境监管执法的通知》进展情况的通报. 2015.

[17] 国务院关于修改《建设项目环境保护管理条例》的决定. 2017.

[18] 中华人民共和国环境保护税税法. 2016.

[19] 放射性废物安全管理条例. 2011.

[20] 中华人民共和国环境保护税法实施条例. 2017.

[21] 中华人民共和国民法通则. 2017.

[22] 行政拘留环境违法处理暂行办法. 2016.

[23] 环境保护部. 石油化工企业环境应急预案编制指南. 2011.

[24] 环境保护部. 环境保护部审批环境影响评价文件的建设项目目录. 2015.

[25] 中华人民共和国国家赔偿法. 2012 修订.